高职高专计算机任务驱动模式教材

Java程序设计

任务驱动式教程

主　编／陈　芸　王　华　陆　蔚
副主编／张荣超

清华大学出版社
北京

内 容 简 介

Java语言是当今最流行的计算机高级编程语言之一，Java平台则是一个完整的软件开发体系平台。Java语言具备简单性、面向对象性、分布式、解释性、健壮性、安全性、结构中立性、可移植性、高效性、多线程、动态性等特点，使用Java语言开发的软件项目现在随处可见。

本书以学生考试系统的两个不同版本——单机版和C/S版的开发为基线，分解为15个典型任务，贯穿介绍Java相关开发技术和理论，将知识点与开发实践紧密结合，从而达到学以致用的目的。读者通读本书，不仅可以全面掌握Java初级开发知识，而且可以了解更多的Java应用技巧。本书内容涉及Java语言基础知识、类与对象的基本概念、类的方法、类的重用、接口与多态、泛型和集合、输入/输出流、多线程、图形用户界面设计、JDBC与数据库访问、网络程序设计等。

本书可作为高职高专院校软件技术专业、网络技术专业及其相关专业的教材或参考书，也适合软件开发人员及其他有关人员作为自学参考书或培训教程。

图书在版编目(CIP)数据

Java程序设计任务驱动式教程/陈芸，王华，陆蔚主编. —北京：清华大学出版社，2020.1(2024.7重印)
高职高专计算机任务驱动模式教材
ISBN 978-7-302-54398-5

Ⅰ.①J… Ⅱ.①陈… ②王… ③陆… Ⅲ.①JAVA语言－程序设计－高等职业教育－教材
Ⅳ.①TP312.8

中国版本图书馆CIP数据核字(2019)第264538号

责任编辑：张龙卿
封面设计：范春燕
责任校对：赵琳爽
责任印制：宋 林

出版发行：清华大学出版社
网　　址：https://www.tup.com.cn，https://www.wqxuetang.com
地　　址：北京清华大学学研大厦A座　　**邮　　编：**100084
社 总 机：010-83470000　　**邮　　购：**010-62786544
投稿与读者服务：010-62776969，c-service@tup.tsinghua.edu.cn
质量反馈：010-62772015，zhiliang@tup.tsinghua.edu.cn
课件下载：https://www.tup.com.cn，010-83470410
印 装 者：三河市铭诚印务有限公司
经　　销：全国新华书店
开　　本：185mm×260mm　　**印　　张：**21.75　　**字　　数：**496千字
版　　次：2020年1月第1版　　**印　　次：**2024年7月第5次印刷
定　　价：59.00元

产品编号：085707-01

编审委员会

出版说明

我国高职高专教育经过十几年的发展，已经转向深度教学改革阶段。教育部于2012年3月发布了教高〔2012〕第4号文件《关于全面提高高等教育质量的若干意见》，重点建设一批特色高职学校，大力推行工学结合，突出实践能力培养，全面提高高职高专教学质量。

清华大学出版社作为国内大学出版社的领跑者，为了进一步推动高职高专计算机专业教材的建设工作，适应高职高专院校计算机类人才培养的发展趋势，2012年秋季开始了切合新一轮教学改革的教材建设工作。该系列教材一经推出，就得到了很多高职院校的认可和选用，其中部分书籍的销售量超过了三万册。现根据计算机技术发展及教改的需要，重新组织优秀作者对部分图书进行改版，并增加了一些新的图书品种。

目前，国内高职高专院校计算机相关专业的教材品种繁多，但符合国家计算机技术发展需要的技能型人才培养方案并能够自成体系的教材还不多。

我们组织国内对计算机相关专业人才培养模式有研究并且有丰富的实践经验的高职高专院校进行了较长时间的研讨和调研，遴选出一批富有工程实践经验和教学经验的"双师型"教师，合力编写了该系列适用于高职高专计算机相关专业的教材。

本系列教材是以任务驱动、案例教学为核心，以项目开发为主线而编写的。我们研究分析了国内外先进职业教育的教改模式、教学方法和教材特色，消化吸收了很多优秀的经验和成果，以培养技术应用型人才为目标，以企业对人才的需要为依据，将基本技能培养和主流技术相结合，保证该系列教材重点突出、主次分明、结构合理、衔接紧凑。其中的每本教材都侧重于培养学生的实战操作能力，使学、思、练相结合，旨在通过项目实践，增强学生的职业能力，并将书本知识转化为专业技能。

一、教材编写思想

本系列教材以案例为中心，以技能培养为目标，围绕开发项目所用到的知识点进行讲解，并附上相关的例题来帮助读者加深理解。

在系列教材中采用了大量的案例，这些案例紧密地结合教材中介绍的各个知识点，内容循序渐进、由浅入深，在整体上体现了内容主导、实例解析、以点带面的特点，配合课程采用以项目设计贯穿教学内容的教学模式。

二、丛书特色

本系列教材体现了工学结合的教改思想，充分结合目前的教改现状，突出项目式教学改革的成果，着重打造立体化精品教材。具体特色包括以下方面。

(1) 参照和吸纳国内外优秀计算机专业教材的编写思想，采用国内一线企业的实际项目或者任务，以保证该系列教材具有更强的实用性，并与理论内容有很强的关联性。

(2) 准确把握高职高专计算机相关专业人才的培养目标和特点。

(3) 每本教材都通过一个个的教学任务或者教学项目来实施教学，强调在做中学、学中做，重点突出技能的培养，并不断拓展学生解决问题的思路和方法，以便培养学生未来在就业岗位上的终身学习能力。

(4) 借鉴或采用项目驱动的教学方法和考核制度，突出计算机技术人才培养的先进性、实践性和应用性。

(5) 以案例为中心，以能力培养为目标，通过实际工作的例子来引入相关概念，尽量符合学生的认知规律。

(6) 为了便于教师授课和学生学习，清华大学出版社网站(www. tup. com. cn)免费提供教材的相关教学资源。

当前，高职高专教育正处于新一轮教学深度改革时期，从专业设置、课程体系建设到教材建设，依然有很多新课题值得我们不断研究。希望各高职高专院校在教学实践中积极提出本系列教材的意见和建议，并及时反馈给我们。清华大学出版社将对已出版的教材不断地进行修订并使之更加完善，以提高教材质量，完善教材服务体系，继续出版更多的高质量教材，从而为我国的职业教育贡献我们的微薄之力。

编审委员会

2017年3月

前　言

习近平总书记在党的二十大报告中指出：教育、科技、人才是全面建设社会主义现代化国家的基础性、战略性支撑；必须坚持科技是第一生产力、人才是第一资源、创新是第一动力；深入实施科教兴国战略、人才强国战略、创新驱动发展战略，这三大战略共同服务于创新型国家的建设。

一、教材特点

Java 作为跨平台程序开发语言，是目前主流的计算机编程语言之一。本书通过 15 个典型任务完成了两个项目的开发(学生在线考试系统的单机版、C/S 版)。以项目开发为基线，贯穿全书，将 Java 开发的关键技术融入各个工作任务中。随着三个项目开发的层层递进，再现了软件开发的工作过程，同时也体现了从程序员、网络程序员到 Web 程序员的职业能力提升。每个任务首先介绍学习目标，通过任务描述使读者在明确工作任务之后，去深入了解相关技术；在自测题中，读者可以对技术要点的掌握程度进行自我测试；拓展实践中除了按照调试程序、完善程序、编写程序的过程一步步引导读者掌握 Java 程序设计技巧以外，读者还可以利用每个任务所学知识和技能将现有项目根据要求逐步完善。另外，本书还收集了近几年软件企业面试常考的 Java 题目。

二、教材结构

本书分为三篇，共 15 个任务。第一篇为项目开发前期准备，包括任务 1～任务 5，任务 1～任务 2 介绍了 Java 的基本特性及基本语法，包括 Java 语言概述、数据类型、运算符与表达式流程控制语句以及数组。任务 3～任务5 介绍 Java 面向对象技术、常用类以及异常机制。第二篇为学生在线考试系统(单机版)，包括任务 6～任务 14，通过实现一个完整的单机版考试系统，分别介绍了图形用户界面设计中的容器、组件、布局、事件、泛型和集合框架、文件 I/O、线程、数据库访问的技术要点等内容。第三篇为学生在线考试系统(C/S 版)，包括任务 15，介绍了网络编程的技术要点。

本书适合于Java初、中级用户,读者不仅可以全面掌握Java开发知识,而且随着本书项目的不断完善,更能体会到应用Java开发项目时的基本思路及如何建立全局观。本书所提供的经典实例可以帮助读者进一步加深对Java基本概念的理解,并掌握常用技巧,养成良好的编程习惯。

三、配套资源

"Java程序设计"作为无锡市精品课程,经过多年的探索和实践,开发了丰富的数字化教学资源。本课程资源以精品课程建设为基础,进行了衔接、升级、整合,包括课程标准、教学日历、考核标准、学习指南、电子课件、实训实验、单元测试等内容。

四、致谢

本书由陈芸、王华、陆蔚任主编,张荣超任副主编。本书的编写凝聚了编者多年的教学和实践经验,但由于水平有限,疏漏之处在所难免,敬请广大读者指正,欢迎提出宝贵意见。

编　者
2023年1月

目 录

第一篇 项目开发前期准备

第二篇 学生在线考试系统(单机版)

第三篇 学生在线考试系统(C/S版)

第一篇

项目开发前期准备

- 任务1　安装配置开发环境及需求分析
- 任务2　处理考试系统中的成绩
- 任务3　创建考试系统中的类和接口
- 任务4　利用 Java API 查阅常用类
- 任务5　捕获考试系统中的异常

任务 1　安装配置开发环境及需求分析

学习目标

本任务通过安装、配置 Java 项目的开发环境以及对考试系统进行需求分析，应掌握以下内容：

- 了解 Java 语言的产生与发展。
- 理解 Java 的主要特点与实现机制。
- 熟悉 JDK 和 Eclipse 的下载、安装。
- 掌握 Eclipse 开发 Java 程序的步骤。
- 了解项目开发需求分析的内容。

1.1　任务描述

本部分的主要学习任务是安装配置开发环境及进行项目需求分析与总体设计，将其分解为四个子任务，分别是下载安装 JDK、下载安装 Eclipse、编写第一个 Java 程序、项目需求分析与设计。

1.2　技术概览

1.2.1　Java 语言的产生与发展

Java 是由 Sun 公司于 1995 年推出的面向对象程序设计语言，使用它可以在各式各样不同机器、不同操作平台的网络环境中开发软件。Java 从诞生到现在已经有二十几年的时间了，在这二十几年里 Java 这个名词不再只是表示一种程序语言，而是一种开发软件的平台，并成为开发软件的标准与架构的统称。同时，Java 正在逐步成为 Internet 应用的主要开发语言，它彻底改变了应用软件的开发模式，为迅速发展的信息世界增添了新的活力。

Java 语言的前身是 Oak 语言。1991 年 4 月，Sun 公司的 James Gosling 领导的绿色计划(Green Project)开始着力发展一种分布式系统结构，使其能够在各种消费性电子产品上运行。为了使所开发的程序能在不同的电子产品上运行，开发人员在C++基础上开发了Oak语言。Oak语言是一种可移植、跨平台的语言，利用它可以创建嵌入于各种家电设备的软件。

1994年，在Oak的基础上创建了HotJava的第一个版本，当时称为WebRunner，是Web上使用的一种图形浏览器。经过一段时间后才改名为Java。Sun虽然推出了Java，但这只是一种语言，而要想开发复杂的应用程序，还必须要有一个的强大的开发库支持，因此，Sun在1996年1月23日发布了JDK 1.0。这个版本包括两部分：运行环境(即JRE)和开发环境(即JDK)。在运行环境中包括核心API、集成API，用户界面API，发布技术，Java虚拟机(JVM)五个部分。而开发环境还包括编译Java程序的编译器(即javac)。在JDK 1.0时代，JDK除了AWT(一种用于开发图形用户界面的API)外，其他的库并不完整。

1998年12月4日，Sun发布了Java的历史上最重要的一个JDK版本：JDK 1.2(从这个版本开始的Java技术都称为Java 2)。这个版本标志着Java已经进入Java 2时代。这个时期也是Java飞速发展的时期。

1999年，Sun公司把Java 2技术分成J2SE、J2EE和J2ME。其中J2SE (Java 2 Platform Standard Edition)为创建和运行Java程序提供了最基本的环境。J2EE(Java 2 Platform Enterprise Edition)和J2ME(Java 2 Platform Micro Edition)建立在J2SE的基础上，J2EE为分布式的企业应用提供开发和运行环境，J2ME为嵌入式应用提供开发和运行环境。

在2000—2004年，Sun公司在JDK 1.3、JDK 1.4中同样进行了大量的改进，于2004年10月，Sun发布了人们期待已久的版本JDK 1.5，同时，Sun将JDK 1.5改名为J2SE 5.0。和JDK 1.4不同，J2SE 5.0的主题是易用，而JDK 1.4的主题是性能。Sun之所以将版本号1.5改为5.0，就是预示着J2SE 5.0较以前的J2SE版本有着很大的改进。2005年Java十周年大会之后，J2SE、J2EE和J2ME三门技术又分别重新更名为Java SE、Java EE、Java ME。

2007年推出J2SE 6.0。J2SE 6.0不仅在性能、易用性方面得到了前所未有的提高，而且还提供了如脚本、全新API(Swing和AWT等API已经被更新)的支持。另外，J2SE 6.0是专为Vista而设计的，它在Vista上将会拥有更好的性能。2009年Oracle公司收购Sun公司。Oracle公司于2011年正式发布JDK 7，2014年正式发布了JDK 8。对于Java来说，这又是一个里程碑式的时刻。此次升级，最大的变化就是加入了Lambda表达式以及函数式接口。目前最新版本是JDK 12。

随着Internet在全世界范围内的广泛流行，以及在各个领域的渗透，Java语言已被各行各业的人士所接受。

1.2.2 Java语言的特点

Java作为一种面向对象语言，具有自己鲜明的特点，包括简单性、面向对象性、解释执行、可移植性和平台无关性、安全性、多线程、健壮性、分布式、高性能、动态性等特点，因此日益成为图形用户界面设计、Web应用、分布式网络应用等软件开发中方便高效的工具。

1. 简单性

由于Java最初是对家用电器进行集成控制而设计的一种语言，因此它必须简单明了。Java是在C、C++的基础上开发的，继承了C和C++的许多特性，但摒弃了C++中烦琐、难以理解的、不安全的内容，如运算符重载、多重继承、指针，并且通过实现自动垃圾收集大大简化了程序设计者的内存管理工作，减少了错误的发生。

2. 面向对象性

Java语言是完全面向对象的，并且对软件工程技术有很强的支持。Java语言的设计集中于对象及其接口，它提供了简单的类机制以及动态的接口模型。对象中封装了它的状态变量以及相应的方法，实现了模块化和信息隐藏；类提供了一类对象的原型，并且通过继承机制，子类可以使用父类所提供的方法，实现了代码的复用。

3. 解释执行

Java程序的运行需要解释器(也称Java虚拟机，JVM)。Java程序在Java平台上被编译为字节码(. class的文件)，字节码是独立于计算机的。Java解释器将字节码翻译成目标机器上的机器语言，能在任何具有Java解释器的机器上运行。

4. 可移植性和平台无关性

可移植性是指Java程序不必重新编译就能在任何平台运行。平台无关性也称为体系结构中立。Java程序在Java平台上被编译为体系结构中立的字节码，利用Java虚拟机可以在任何台上运行该程序。这种途径适用于异构的网络环境和软件的分发。

Java语言是一种与平台无关、移植性好的编程语言。主要体现在两个方面，首先在源程序级就保证了其基本数据类型与平台无关；其次，Java源程序经编译后产生的二进制代码是一种与系统结构无关的指令集合，通过Java虚拟机，可以在不同的平台上运行。因此，Java语言编写的程序只要做较少的修改，甚至有时根本不需修改，就可以在Windows、Mac OS X、UNIX等平台上运行，充分体现了“一次编译，到处运行”的特性。

5. 安全性

Java作为网络编程语言，常被用于网络环境中，为此，Java提供一系列的安全机制以确保系统的安全。Java之所以具有高质量的安全性，主要是因为删除C++中的指针和释放内存等功能，避免了非法内存操作；提供了字节码检验器，以保证程序代码在编译和运行过程中接受层层安全检查，这样可以防止非法程序或病毒的入侵；提供了文件访问控制机制，严格控制程序代码的访问权限；提供了多种网络软件协议的用户接口，用户可以在网络传输中使用多种加密技术来保证网络传输的安全性和完整性。

6. 多线程

Java成为第一个在语言本身中显式地包含多线程的主流编程语言，而不再把线程看作底层操作系统的工具。Java实现了多线程技术，提供了简便的实现多线程的方法，并拥有一组复杂性较高的同步机制。在Java程序设计中，可以方便地创建多个线程，使在一个程序中可以同时执行多个小任务，这样很容易地实现了网络上的实时交互功能。多线程大大提升了程序的动态交互性能和实时控制性能。

7. 健壮性

Java致力于检查程序在编译和运行时的错误，强类型机制帮助人们检查出许多开发早期出现的错误。通过Java提供的异常处理机制来解决出现的异常，而不必像传统编程语言需要一系列指令来处理“除数为零”“Null指针操作”“文件未找到”等异常，有效地防止了系统崩溃。Java提供垃圾收集器，可以自动收集闲置对象占用的内存，防止程序员在管理内存时出现错误。

8. 分布式

Java语言支持Internet应用的开发，在基本的Java应用编程接口中有一个网络应用编程接口(java.net)，它提供了用于网络应用编程的类库，包括URL、URLConnection、Socket、ServerSocket等适合分布式环境应用的类。

9. 高性能

与其他解释型的高级脚本语言相比，Java已具有专门的代码生成器，可以很容易地使用JIT(Just-In9-Time)编译技术将字节码直接转换成高性能的本机代码。

10. 动态性

Java语言的设计目标之一是适用于动态变化的环境。Java程序需要的类能动态地被载入运行环境，也可以通过网络来载入所需要的类。另外，程序库可以自由为Java中的类增加新方法和新属性，而不影响该类的其他用户。

1.2.3 Java语言的工作机制

对于大多数高级语言程序的运行，只需将程序编译或者解释为运行平台能理解的机器代码，即可被执行。然而这种机器代码对计算机处理器和操作系统都有一定的依赖性。例如，操作系统Windows能识别的机器语言不能被Linux所识别，因此为Windows操作系统所编写并编译或解释好的程序，无法直接放在Linux操作系统上运行。

为了解决在不同平台间运行程序的问题，Java的程序被执行需要经过两个过程，首先将Java源程序进行编译，并不直接将其编译为与平台相对应的原始机器语言，而是编译为与系统无关的“字节码”。其次，为了要运行Java程序，运行的平台上必须安装有

Java 虚拟机 JVM(Java Virtual Machine),将编译生成的字节码在虚拟机上解释执行并生成相应的机器语言。因此,不同的平台对应不同的虚拟机,通过 Java 虚拟机屏蔽了底层运行的差别,从而体现了 Java 的跨平台性。如图 1-1 所示,所有的 *.class 文件都是在 JVM 上运行,再由 JVM 去适应各种不同的操作系统,通过 JVN 实现在不同平台上的运行。

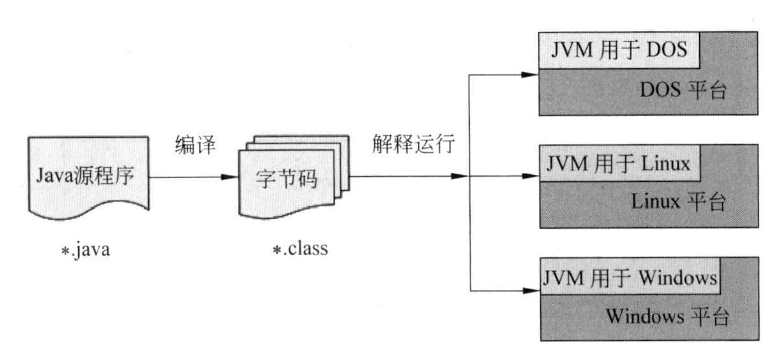

图 1-1 Java 工作机制

1.3 任务 1-1 下载并安装 JDK

Java 语言有两种开发环境:一种是命令行方式下的 JDK (Java Developers Kits,Java 开发工具集);另一种是集成开发环境,如 NetBeans、JBuilder、Eclipse、JCreator 等。不同的开发环境在使用的方便性有所差异,但是无论在哪种开发环境下运行 Java 程序,都必须首先安装 JDK。JDK 是 Sun 公司对 Java 开发人员发布的免费软件开发工具包。

在 Oracle 公司的网站 www.oracle.com 上可以下载 JDK 的最新版。JDK 下载网址为 http://www.oracle.com/technetwork/java/javase/downloads/index.html,下载界面如图 1-2 所示。在安装界面提供了 JDK 各版本的安装文件,选择相应操作系统平台的下载链接可以下载相应的安装文件。本书以官网发布的最新版 JDK 12.0 的下载及安装为例进行说明,如图 1-3 所示。

启动安装执行文件后显示如图 1-4 所示的安装向导,可以根据需要更改安装路径。如无特殊要求,可以连续单击“下一步”按钮,直至出现成功安装的界面,如图 1-5 所示。

根据向导的提示可以迅速方便地将 JDK 安装在默认目录中,成功安装后该目录下将生成如下子目录。

- bin 目录:该目录提供的是 JDK 的工具程序,包括 javac、java、javadoc、appletviewer 等程序。
- demo 目录:该目录下提供了 Java 编写好的示例程序。
- jre 目录:该目录下的文件是 JDK 自己附带的 JRE 资源包。
- lib 目录:该目录下提供了 Java 工具所需的资源文件。

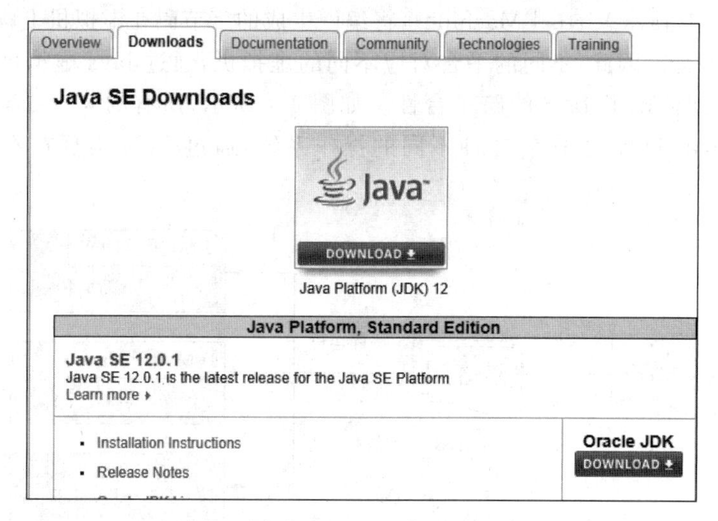

图 1-2　JDK 下载页面

Product / File Description	File Size
Linux ARM 32 Hard Float ABI	72.86 MB
Linux ARM 64 Hard Float ABI	69.76 MB
Linux x86	174.11 MB
Linux x86	188.92 MB
Linux x64	171.13 MB
Linux x64	185.96 MB
Mac OS X x64	252.23 MB
Solaris SPARC 64-bit (SVR4 package)	132.98 MB
Solaris SPARC 64-bit	94.18 MB
Solaris x64 (SVR4 package)	133.57 MB
Solaris x64	91.93 MB
Windows x86	202.62 MB
Windows x64	215.29 MB

图 1-3　JDK 版本

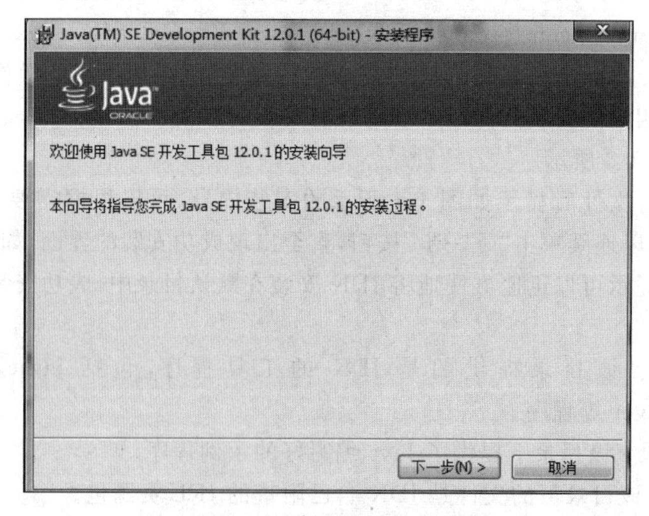

图 1-4　启动 JDK 安装

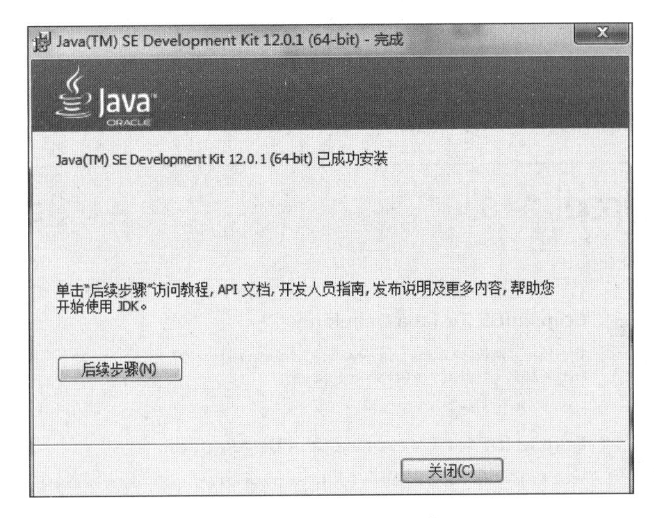

图 1-5　JDK 成功安装

- src. zip 资源包：该资源包提供了 API 类的源代码压缩文件。如果要了解 API 某些功能的实现方法，可以查看这个文件中的源代码内容。

1.4　任务 1-2　下载并安装 Eclipse

Eclipse 是一个开放源代码的、基于 Java 的可扩展开发平台。就其本身而言，它只是一个框架和一组服务，用于通过插件组件构建开发环境。Eclipse 附带了一个标准的插件集，包括 Java 开发工具(Java Development Tools，JDT)。Eclipse 最初由 OTI 和 IBM 两家公司的 IDE 产品开发组创建，起始于 1999 年 4 月。IBM 提供了最初的 Eclipse 代码基础，包括 Platform、JDT 和 PDE。目前由 IBM 牵头，围绕 Eclipse 项目已经发展成为一个庞大的 Eclipse 联盟，有 150 多家软件公司参与到 Eclipse 项目中，其中包括 Borland、Rational、Red Hat 及 Sybase 公司，最近 Oracle 公司也计划加入 Eclipse 联盟中。Eclipse 可以直接从 www. eclipse. org 网站下载到最新版本，如图 1-6 所示。

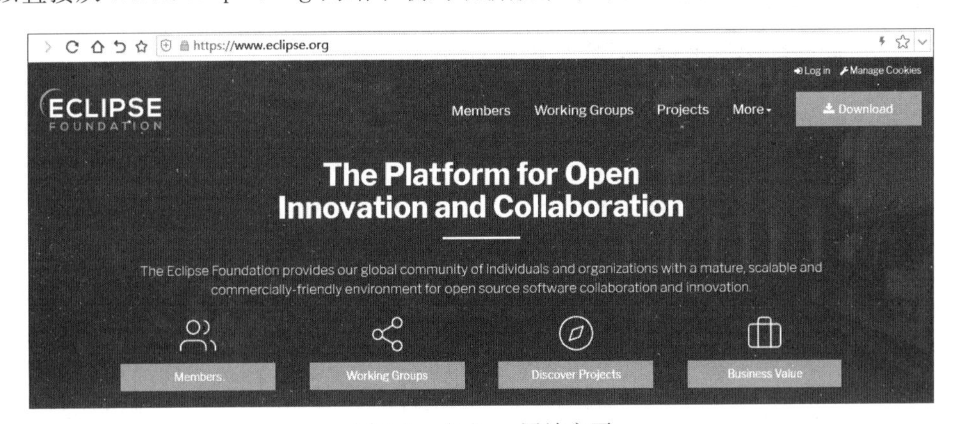

图 1-6　Eclipse 网站主页

本书以官网发布的 Eclipse 最新版本为例，安装向导界面如图 1-7 所示，选择 Eclipse IDE for Java Developers。

安装成功后出现如图 1-8 所示界面。

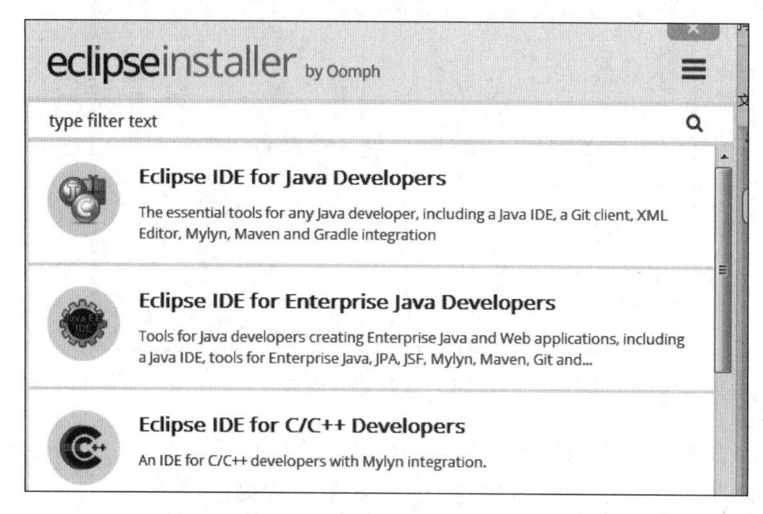

图 1-7　Eclipse 安装向导界面

图 1-8　Eclipse 成功安装界面

启动 Eclipse 之后会询问用户建立工作空间的路径，如图 1-9 所示。

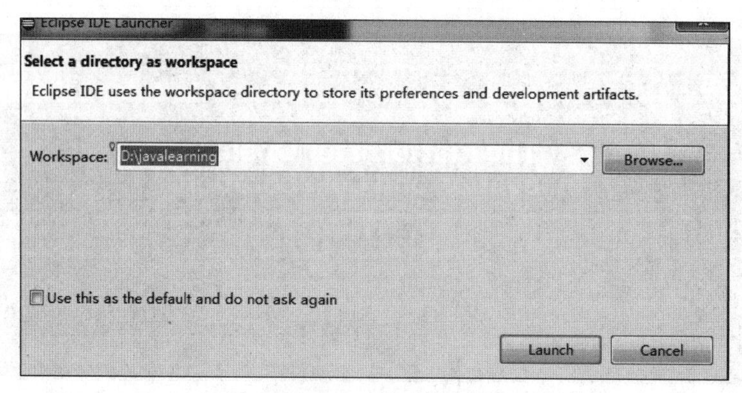

图 1-9　建立工作空间的路径

设置好工作空间路径后，即可进入 Eclipse 的工作空间界面，如图 1-10 所示。

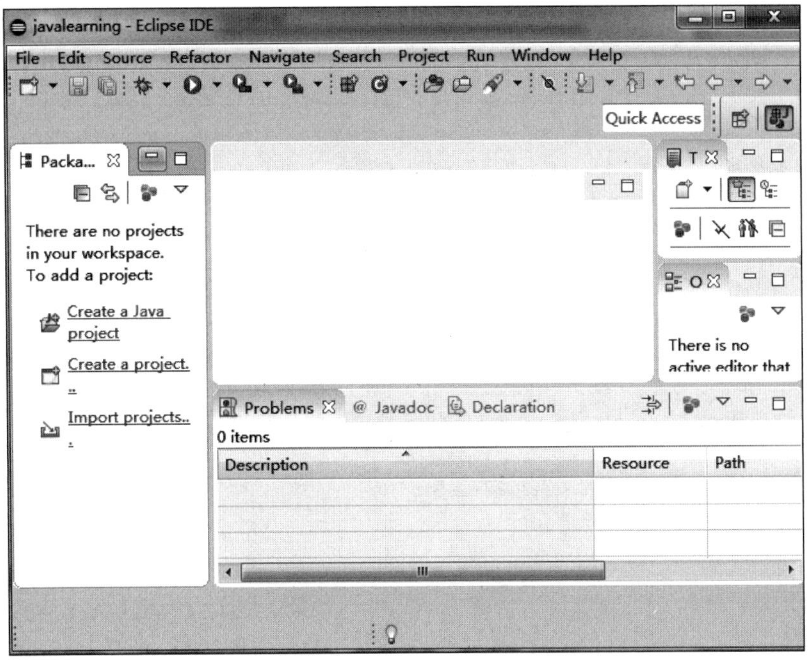

图 1-10　Eclipse 工作空间主界面

1.5　任务 1-3　编写第一个 Java 程序

在 Eclipse 中开发 Java 应用程序一般需要经过三个过程，即新建项目；新建 Java 文件，在 Eclipse 中自动生成字节码文件（*.class）；最后在 Eclipse 中运行字节码文件。

1. 新建项目

在 Eclipse 的工作空间界面下新建项目。选择 File→New→Java Project 命令，进入如图 1-11 所示界面。

输入项目名，单击 Finish 按钮后，在工作窗口左侧会出现项目的结构树，如图 1-12 所示。

2. 新建 Java 文件

如图 1-13 所示，右击项目下的 src 文件夹，选择 New→Class 命令，在图 1-14 所示的界面中输入类名 HelloWorld。

类建立完成后，自动编译并生成 HelloWorld.class 文件。该实例相应的代码如例 1-1 所示。

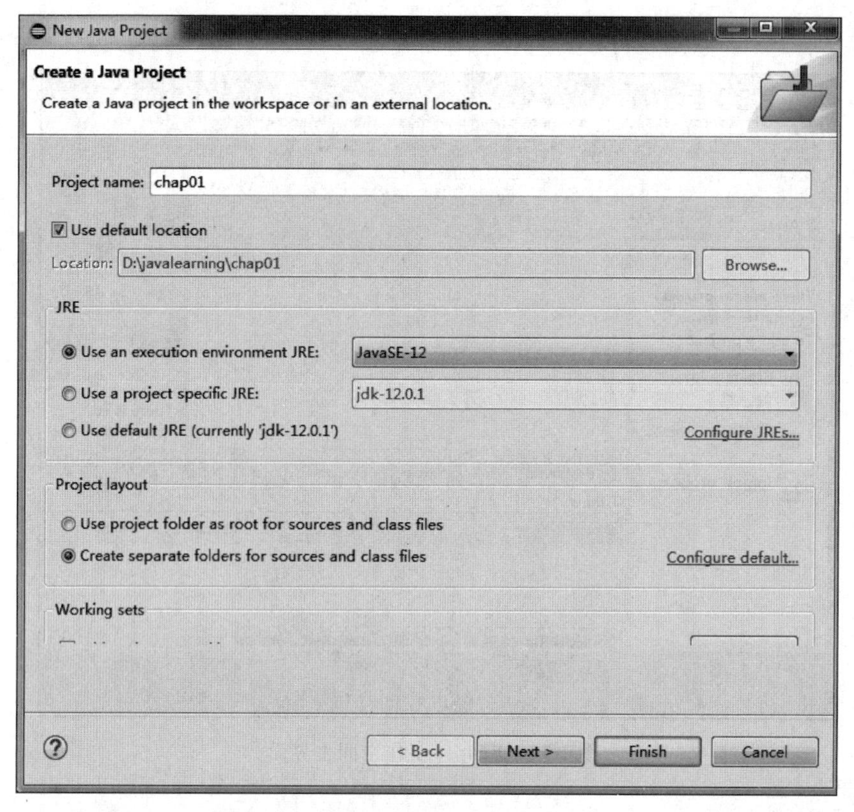

图 1-11　新建项目

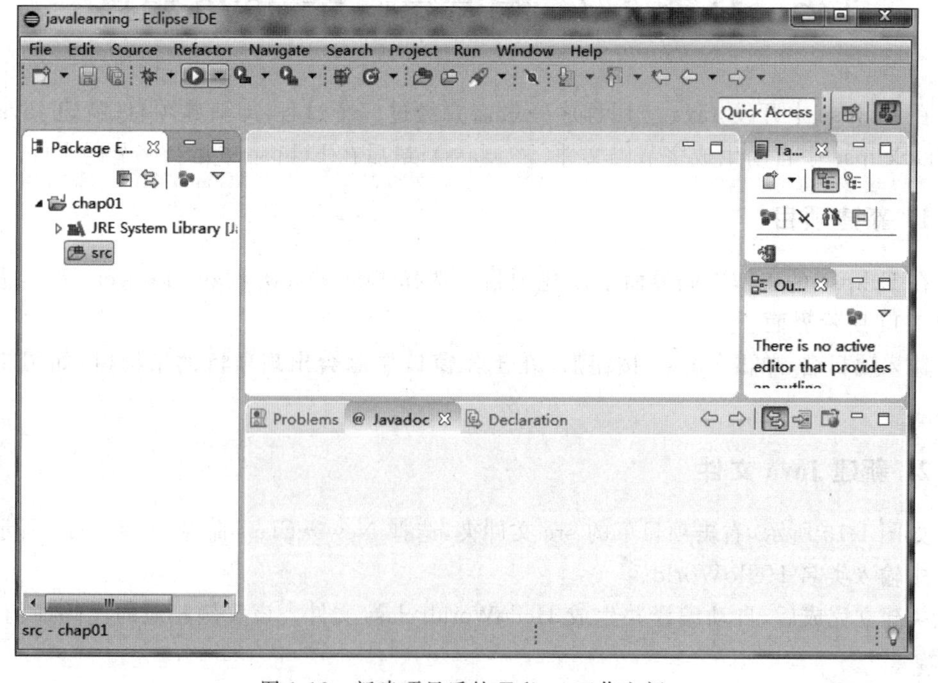

图 1-12　新建项目后的 Eclipse 工作空间

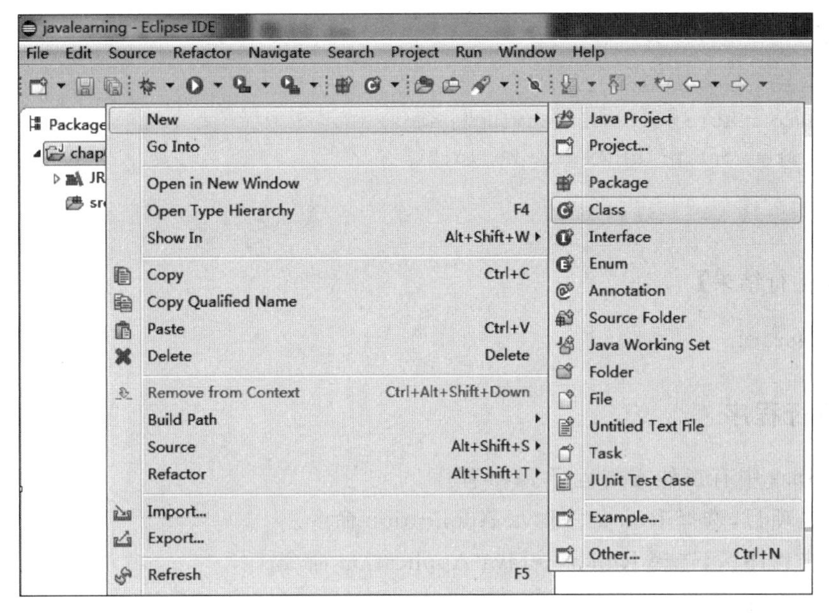

图 1-13　新建类

图 1-14　输入新建类的名称

【例 1-1】 HelloWorld.java

```
1  public class HelloWorld {
2  public static void main(String[] args) {
3    System.out.print("Hello World!");
4    }
5  }
```

【程序运行结果】

```
Hello World!
```

3. 运行程序

在 Eclipse 中有三种方式运行 Java 程序。

- 右击项目,选择 Run as→Java Application 命令。
- 右击程序区,选择 Run as→Java Application 命令。
- 选择 Run 菜单,选择 Run as→Java Application 命令。

运行结果在下方控制台输出,如图 1-15 所示。

图 1-15 控制台输出

通过这个程序,我们可以看到 Java 应用程序中最基本的组成要素以及一些基本规定。

(1) 一个 Java 程序由一个或多个类组成,每个类可以有多个变量和方法,但是最多只有一个公共类 public。

(2) 对于 Java 应用程序必须有且仅有一个 main()方法,该方法是执行应用程序时的入口。其中,关键字 public 表明所有的类都可以调用该方法,关键字 static 表明该方法是一个静态方法,关键字 void 表示 main()方法无返回值。包含 main()方法的类成为该应用程序的主类。

(3) 在 Java 语言中字母严格区分大小写。

(4) 文件名必须与主类的类名保持一致,且两者的大小写要保持一致。

(5) System.out.println 语句用于在屏幕上输出字符串,功能与 C 语言中的 printf()函数相同。

(6) Java 程序中的每条语句都要以分号(;)结束(包括以后程序中出现的类型说明等)。

(7) 为了增加程序的可读性,程序中可以加入一些注释行,例如,用"//"开头的行。

1.6　任务 1-4　项目需求分析与设计

1. 开发背景

随着计算机技术和网络技术的迅猛发展，利用计算机进行各类考试也越来越普遍。传统的考试包括出卷、制卷、评卷、登分，工作量大，且人工出卷和评卷容易受到教师主观因素的影响。利用计算机进行自动出卷、评卷，大大减轻了教师的工作量。Java 语言作为一种当今流行的编程语言，它具有面向对象、平台独立、多线程等特点，非常适合开发桌面应用程序以及网络环境的应用程序。特别是 Java 提供的 Socket 技术，使人们进行网络应用程序开发时不必考虑网络底层代码设计，大大简化了原有的网络操作过程。

2. 需求分析

- 系统操作简单，界面友好。
- 对于考生进行必要的身份验证，提供注册功能。
- 考试系统支持倒计时功能。
- 考试系统能够根据考生的题目完成情况进行评分。
- C/S 版本的考试支持多个考生在客户端同时连接服务器进行考试。

3. 系统设计

(1) 考试系统(单机版 V1.0)——实现用户注册、登录、考试的功能。主要程序介绍如表 1-1 所示。

表 1-1　考试系统(单机版 V1.0)主要程序

程　序　名	功 能 说 明
Login_GUI. java	系统登录
Register_GUI. java	注册
Register_Login. java	对用户信息进行读写操作
Test_GUI. java	进入考试环境
Calculator. java	计算器的实现
test. xml	试题文件
users. txt	考生信息

(2) 考试系统(单机版 V1.1)——功能同单机版 V1.0，但是我们将用户信息及试题信息存放于数据库中，将文件读写改为对数据库的读写。对已有程序进行修改，同时新增部分程序，新增程序名及数据表名如表 1-2 所示。

表 1-2　考试系统(单机版 V1.1)新增程序文件

新增程序名及数据表名	功能说明
test_tm	试题文件,MySQL 数据库下的数据表
test_time	考试时间,MySQL 数据库下的数据表
userin	考生信息,MySQL 数据库下的数据表
DatabaseConnection.java	连接数据库

(3) 考试系统(C/S 版 V1.2)。

- 服务器端——保存了用户信息及试题信息。负责监听用户的连接,为每一个连接成功的用户启动一个线程,对用户进行身份验证及发送试题。我们将表 1-3 中的程序文件放置于服务器端。

表 1-3　考试系统(C/S 版 V1.2)服务器端程序文件

程序名	功能说明
Server.java	定义服务器端套接字
Server_ReadText.java	发送试题
Register_Login.java	实现登录、注册信息的读写与判断
Leave_Room.java	结束考试,消除 Socket 连接
test.xml	试题文件
users.txt	考生信息

- 客户端——负责提供用户的登录、注册、考试功能。当与服务器连接成功后,接收服务器端发送的试题文件到本地,考试相关基本操作同单机版。客户端程序文件如表 1-4 所示。

表 1-4　考试系统(C/S 版 V1.2)客户端程序文件

程序名	功能说明	程序名	功能说明
Login_GUI.java	系统登录	Load_Text.java	读取试题
Register_GUI.java	注册	Calculator.java	计算器的实现

4. 开发环境

操作系统:Windows 10 及更高版本。

Java 开发包:JDK 8 及更高版本。

数据库:MySQL 5.0 及更高版本。

自 测 题

一、选择题

1. Java 语言最初设计时面向的应用领域是(　　)。

A. Internet　　B. 制造业

C. 消费电子产品　　D. CAD

2. JDK 安装后,在安装路径下有若干子目录,其中包含 Java 开发包中开发工具的是目录(　　)。

A. \bin　　B. \demo　　C. \include　　D. \jre

3. main()方法是 Java Application 程序执行的入口点。关于 main()方法的方法头,以下合法的是(　　)。

A. public static void main()

B. public static void main(String[ ] args)

C. public static int main(String[ ] arg)

D. public void main(String arg[ ])

4. 在 Java 语言中,最基本的元素是(　　)。

A. 方法　　B. 包　　C. 对象　　D. 接口

5. Java Application 源程序的主类是指包含(　　)方法的类。

A. main()　　B. toString()

C. init()　　D. actionPerfromed()

6. Java 源文件和编译后的文件扩展名分别为(　　)。

A. .class 和.java　　B. .java 和 .class

C. .class 和.class　　D. .java 和.java

7. Java 语言不是(　　)。

A. 高级语言　　B. 编译型语言

C. 结构化设计语言　　D. 面向对象设计语言

8. 下列关于运行字节码文件的命令行参数的描述中,正确的是(　　)。

A. 命令行的命令字被存放在 args[0]中

B. 数组 args[]的大小与命令行中参数的个数无关

C. 第一个命令行参数(紧跟命令字的参数)被存放在 args[0]中

D. 第一个命令行参数被存放在 args[1]中

9. 对于可以独立运行的 Java 应用程序,下列说法正确的是(　　)。

A. 无须 main()方法　　B. 必须有两个 main()方法

C. 可以有多个或零个 main()方法　　D. 必须有一个 main()方法

10. 下列选项中,不属于 Java 语言特点的一项是(　　)。

A. 分布式　　B. 安全性　　C. 编译执行　　D. 面向对象

二、填空题

1. 开发与运行 Java 程序需要经过的三个主要步骤为________、________和________。

2. 如果一个 Java 程序文件中定义有 3 个类，则使用 Sun 公司的 JDK 编译器编译该源程序文件将产生________个文件名与类名相同而扩展名为________的字节码文件。

3. Java 源程序的编译命令是________，运行程序的命令是________。

4. Java 应用程序中有一个 main()方法，它前面的三个修饰符是________、________、________。

5. 根据程序的构成和运行环境的不同，Java 源程序分为两大类：____________程序和________程序。

6. 缩写的 JDK 代表________，JRE 代表________。

7. Java 源程序是由类定义组成的。每个程序中可以定义若干个类，但是只有一个类是主类。在 Java Application 中，这个主类是指包含____________方法的类。

8. Java 程序可以分为 Application 和 Applet 两大类，能在 WWW 浏览器上运行的是 ________。

9. 在 Java 语言中，将后缀名为________的源代码编译后形成后缀名为________的字节码文件。

10. Java 虚拟机缩写是_________。

拓 展 实 践

【实践 1-1】 下载并安装最新版 JDK。

【实践 1-2】 下载并安装最新版本 Ecpipse。

【实践 1-3】 在 Ecpipse 中调试并运行一个简单的 Java 应用程序。

【实践 1-4】 了解 Ecpipse 中快捷键的使用方法。

面试常考题

【面试题 1-1】 JDK 和 JRE 的区别是什么？它们各自有什么作用？

【面试题 1-2】 简述 JVM 及其工作原理。

任务2　处理考试系统中的成绩

学习目标

通过完成对考试成绩进行相关处理的任务来学习Java编程基础，应掌握以下内容：

- 掌握关键字、标识符的概念。
- 掌握基本数据类型和表示方法及其类型转换。
- 掌握常量、变量、运算符和表达式的概念和运算规则。
- 理解并掌握三种基本的流程控制语句及实现方法。
- 掌握数组的声明、创建、初始化和引用。

2.1　任务描述

本部分的主要学习任务是对考试成绩进行相关数据处理。我们将其分解为两个子任务，分别是成绩的评价和成绩的排序。

2.2　任务2-1　成绩的评价

对于给定的成绩，按照一定规则评价分数的等第。规则为90分及以上为“优秀”，80分及以上为“良好”，70分及以上为“中等”，60分及以上为“及格”，低于60分为“不及格”。

2.2.1　技术要点

完成成绩评价这个任务所要掌握的技术要点主要包括Java最基本语言要素的应用以及流程控制语句的使用。其中流程控制语句是用于控制程序执行的顺序，使程序不仅仅只按照语句的先后次序执行。Java语言中的结构化程序设计方法使用顺序结构、分支结构和循环结构来定义程序的流程。顺序结构是三种结构中最简单的一种，语句的执行顺序就是按照语句的先后次序进行。成绩的评价主要使用分支结构来完成。

1. 标识符、变量和常量

1）标识符

标识符是指可被用于为类、变量或方法等命名的字符序列，换言之，标识符就是用户自定义的名称来标识类、变量或方法等。标识符若能被编译器识别，需要按照一定的规则。Java 语言标识符的命名规则如下。

（1）由字母、下画线(_)或美元符($)开头，并且由字母、0～9 的数字、下画线(_)或美元符($)组成，不能以数字开头。

（2）区分大小写字母，长度没有限制。标识符不宜过短，过短的标识符会导致程序的可读性变差；但也不宜过长，否则将增加录入工作量和出错的可能性。

（3）不能将关键字当作普通的标识符使用。例如，stu_id、$name、_btn2 为合法的标识符，stu-id、name *、2btn、class 为不合法的标识符。

2）关键字

关键字又称保留字，是 Java 语言保留下来作专门用途的字符串，在大多数的编辑软件中，关键字会以不同的方式醒目显示。

Java 语言常用关键字如表 2-1 所示。

表 2-1　关键字

基本数据类型	boolean，byte，int，char，long，float，double
访问控制符	private，public，protected
与类相关的关键字	abstract，class，interface，extends，implements
与对象相关的关键字	new，instanceof，this，super，null
与方法相关的关键字	void，return
控制语句	if，else，switch，case，default，for，do，while，break，continue
逻辑值	true，false
异常处理	try，catch，finally，throw，throws
其他	package，import，synchronized，native，final，static
停用的关键字	goto，const

其中，go 和 const 是 C 语言中的关键字，虽然在 Java 不被使用，但是仍然属于 Java 关键字。

3）变量和常量

变量是指在程序运行过程中可以改变的量；常量是指一经建立，在程序运行的整个过程中其值保持不变的量。

变量声明的基本格式如下：

[访问控制符]　数据类型　变量名 1 [[=变量初值]，变量名 2[=变量初值]，…]

例如：

```
int a=10;
```

常量在程序中可以是具体的值，例如，123，12.3，'c'。也可以用符号表示使用的常量，称为符号常量。符号常量声明的基本格式如下：

```
final  数据类型  常量名=常量值
```

例如：

```
final double PI=3.14159;
```

通常，符号常量名用大写字母表示。

2. 数据类型及其转换

1）基本数据类型

Java 语言中的数据类型可以分为基本数据类型和复合数据类型，如图 2-1 所示。基本数据类型又称为简单类型或原始数据类型，是不可再分割、可以直接使用的类型；复合数据类型又称为引用数据类型，是指由若干相关的基本数据组合在一起形成的复杂的数据类型。在 Java 中，各种数据类型占用固定的不同长度的字节数，与程序所在的软硬件平台无关，这一点也确保了 Java 平台无关性。

本节重点介绍的是基本数据类型，复合数据类型将在后续章节进行介绍。

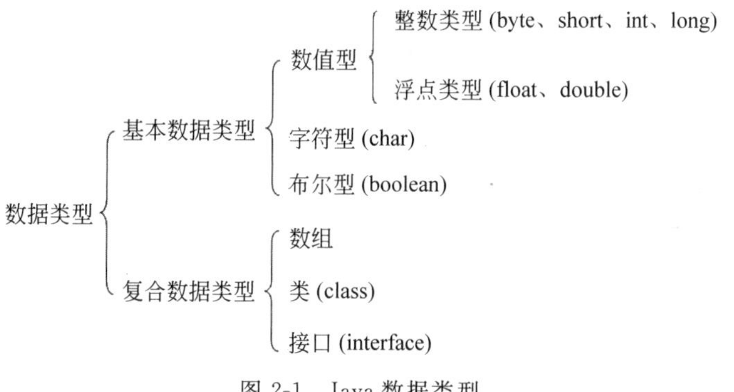

图 2-1　Java 数据类型

（1）整型

① 整型变量。Java 定义了四种整数类型：字节型(byte)、短整型(short)、整型(int)、长整型(long)。整数类型的取值范围变化和占用字节数如表 2-2 所示。

表 2-2　整数类型

类　型	占用字节数	取值范围
字节型(byte)	1	−128～127
短整型(short)	2	−32768～32767
整型(int)	4	$-2^{31} \sim -2^{31}-1$
长整型(long)	8	$-2^{63} \sim 2^{63}-1$

② 整型常量。Java 的整型常量有三种形式：十进制、八进制和十六进制。

- 十进制：以非 0 开头的数字开头，由 0～9 和正负号组成，如 12、－34 等。
- 八进制：以数字 0 开头，由 0～7 和正负号组成，如 0567。
- 十六进制：以 0X 或 0x 开头，由数字 0～9、字母 A～F 和正负号组成，如 0x3A。

Java 的整型常量默认是 int 类型。若声明为长整型，则需在末尾加“l”或“L”，如 123l、456L 等。

(2) 实型(浮点类型)

① 实型变量。Java 中定义了两种实型：单精度(float)和双精度(double)。实数类型的取值范围变化和占用字节数如表 2-3 所示。

表 2-3　实数类型

类　型	占用字节数	取值范围
单精度(float)	4	10^{-38}～10^{38}和-10^{38}～10^{-38}
双精度(double)	8	10^{-308}～10^{308}和-10^{308}～10^{-308}

② 实型常量。实型常量包括标准记数法和科学记数法两种表示方法。标准记数法由数字和小数点组成，且必须有小数点，如 0.123、5.0 等。科学记数法是数字中带 e 或 E，其中 e 或 E 之前必须有数字，且 e 或 E 后面的数字(表示以 10 为底的乘幂部分)必须为整数，如 12.3e3。

Java 的实型常量默认是 double 类型，因此在声明实型常量时，应在数字末尾加上“f”或“F”，否则编译会提示出错。例如：

```
float sum=12.3;          //产生编译错误
double sum=12.3;         //正确
float sum=12.3f;         //正确
```

(3) 字符型

① 字符型变量。Java 中的字符型变量的类型说明符为 char，采用的是 Unicode 编码。Unicode 定义的国际化的字符集能表示迄今为止人类语言的所有字符集。它是几十个字符集的统一，包括拉丁文、希腊语、阿拉伯语、古代斯拉夫语、希伯来语、日文片假名、匈牙利语等。

我们所熟知的标准字符集 ASCII 码是 7 位，表示的范围是 0～127，扩展后的 8 位表示的范围是 0～255。但是对于复杂的文字，255 个字符显然不够用。

Unicode 编码在机器中占 16 位，范围为 0～65535，因此 Java 中的字符占 2 个字节，占 16 位，取值范围为\u0000～\uFFFF 或 0～65535。虽然英语、德语、西班牙语等语言完全可以由 8 位表示，但是作为全球语言统一编码的 Unicode 通过牺牲字节空间，为 Java 程序在不同平台间实现移植性奠定了基础。

字符型变量只能存放一个字符，不能存放多个字符，如“char ch='am';”的定义赋值是错误的。

② 字符型常量。字符型常量是用单引号括起来的单个字符。例如，'a'、'A'、'z'、'$'、'!'。

注意：'a'和'A'是两个不同的字符常量。

除了以上形式的字符常量外，Java 语言还允许使用一种以"\"开头的特殊形式的字符序列，这种字符常量称为转义字符，其含义是表示一些不可显示的或有特殊意义的字符。常见的转义字符如表 2-4 所示。

表 2-4　转义字符表

功　能	字符形式	功　能	字符形式
回车	\r	单引号	\'
换行	\n	双引号	\"
水平制表	\t	八进制位模式	\ddd
退格	\b	十六进制模式	\Udddd
换页	\f	反斜线	\\

(4) 布尔型

① 布尔型变量。布尔型变量的类型说明符为 boolean，用于表示逻辑值，在内存中占 1 个字节。

② 布尔型常量。布尔常量只有两个值 true 和 false，表示"真"和"假"，均为关键字。标准 C 语言没有定义布尔型的数据类型，它使用"0"表示"假"，"非 0"表示真。Java 语言中，布尔型数据是独立的数据类型，不支持用"非 0"和"0"表示的"真"和"假"两种状态。下面通过例 2-1 说明基本类型的使用。

【例 2-1】　Example1.java

```
1  public class Example1 {
2    public static void main(String[] args) {
3      int n=50;
4      float f1=1.25f;
5      double d1=3.14e2;
6      char ch1=97;
7      char ch2='a';
8      System.out.println("n="+n);
9      System.out.println("f1="+f1);
10     System.out.println("d1="+d1);
11     System.out.println("ch1="+ch1);
12     System.out.println("ch2="+ch2);
13   }
14 }
```

【程序运行结果】

```
n=50
f1=1.25
d1=314.0
```

```
ch1=a
cha2=a
```

2) 类型转换

Java是一种强类型语言，当把一个表达式赋值给一个变量时，或是在一个方法中传递参数以及整型、实型、字符型数据的混合运算中，都要求数据类型的相互匹配。因此在实际操作中，需要将不同类型的数据按照一定规则先转化为同一类型，类型转换可分为自动类型转换和强制类型转换两种。

(1) 自动类型转换

自动类型转换是指数据在一定条件下自动转换成精度更高的类型数据。各类型从低级到高级的顺序为：byte→short→char→int→long→float→double。例如：

```
int x=10;
float y=x;
```

若输出y的值，结果是10.0。

(2) 强制类型转换

高级数据要转换成低级数据，也即容量大的数据向容量小的数据转换，需用使用强制类型转换。这种使用可能会导致溢出或精度的下降，应慎用。强制类型转换的格式为：

```
(type)变量;
```

其中，type为要转换成的变量类型。例如：

```
long x=10;
int y=x;        //产生编译错误
```

应写为：

```
int y=(int)x;
```

3. 运算符和表达式

Java中的运算符按其功能可以分为六类：算术操作、位操作、关系操作、逻辑操作、赋值操作和条件操作运算符。表达式是由常量、变量、方法调用以及一个或多个运算符按照一定的规则组合，它用于计算或对变量进行赋值。

1) 算术运算符及表达式

算术运算符主要是用于数学表达式中，主要对数值型数据进行运算，如表2-5所示。算术表达式就是用算术运算符将变量、常量、方法调用等连接起来的式子，其运算结果为数值常量。算术运算符主要包括以下几种：

+(加法)　-(减法)　*(乘法)　/(除法)　%(模运算)　++(递增)　--(递减)

2）关系运算符及表达式

关系运算是用于对两个操作数的比较运算。关系表达式就是用关系运算符将两个表达式连接起来的式子，其运算结果为布尔逻辑值。运算过程为，如果关系表达式成立则结果为真(true)，否则为假(false)。Java 语言中的关系运算符如表 2-5 所示。

表 2-5　关系运算符

运算符	名　称	运算符	名　称
==	等于	<	小于
!=	不等于	<=	小于等于
>	大于	> =	大于等于

3）逻辑运算符及表达式

逻辑运算符的操作数是逻辑型数据，关系表达式的运算结果是逻辑型数据，因此逻辑表达式就是用逻辑运算符将关系表达式连接起来的式子，其运算结果为布尔类型。Java 语言的逻辑运算符如表 2-6 所示。

表 2-6　逻辑运算符

运算符	名　称	运算符	名　称
&	与	&&	短路与
|	或	||	短路或
^	异或	!	逻辑非

逻辑运算的规则如表 2-7 所示。

表 2-7　逻辑运算规则

表达式 A	表达式 B	A&B	A|B	A^B	! A
false	false	false	false	false	true
false	true	false	true	true	true
true	false	false	true	true	false
true	true	true	true	false	false

提示：运算符“&”与“&&”的不同之处是 Java 计算整个表达式时所进行的处理不同。如果使用“&&”，当“&&”左边表达式的值是 false 时，由于整个表达式的值肯定为 false，则不必计算右边表达式的值；如果使用“&”，则不管何种情况，“&”两边表达式的值都要计算出来。同理，运算符“||”左边表达式的值是 true 时，不必计算右边表达式的值即可得到整个表达式的值，“|”则在任何情况下都必须计算运算符两边表达式的值。关系运算符和逻辑运算符在一起使用，一般用于流程控制语句的判断条件。

例 2-2 演示了运用逻辑运算符的方法。

【例 2-2】　Example2. java

```
1  public class Example2 {
```

```
2   public static void main(String[] args) {
3     int i=1, j=3, k=5;
4     if(j>k &&(++i)==2)
5       System.out.println("Java 程序设计");
6     System.out.println("i="+i);
7    }
8  }
```

【程序运行结果】

```
i=1
```

【程序解析】

第 4 行代码中由于 j>k 表达式的值是 false，因此 && 不必计算右边表达式(++i)==2 即可得出结果为 false，因此 i 的值不变，仍为 1。

4) 赋值运算符及表达式

赋值运算符"="就是把右边表达式或操作数的值赋给左边操作数。赋值表达式就是用赋值运算符将变量、常量、表达式连接起来的式子。赋值运算符左边操作数必须是一个变量，右边操作数可以是常量、变量、表达式。

在赋值运算符"="前面加上其他运算符，可以组成复合运算符，表 2-8 列出了 Java 语言常用的复合运算符。

表 2-8　赋值复合运算符

运算符	名　称	使用方式	说　明
+=	加法赋值	a+=b	加并赋值，a=a+b
-=	减法赋值	a-=b	减并赋值，a=a-b
*=	乘法赋值	a*=b	乘并赋值，a=a*b
/=	除法赋值	a/=b	除并赋值，a=a/b
%=	模运算赋值	a%=b	取模并赋值，a=a%b

5) 条件运算符及表达式

条件运算符的运算符号只有一个"?"，是一个三目运算符，要求有三个操作数。它与 C 语言的使用规则完全相同。一般形式为：

```
<表达式 1>? <表达式 2>:<表达式 3>
```

其中表达式 1 是一个关系表达式或逻辑表达式。

条件运算符的执行过程：先计算表达式 1 的值。若表达式 1 的值为真，则计算表达式 2 的值，且作为整个条件表达式的结果；若表达式 1 的值为假，则计算表达式 3 的值，且作为整个条件表达式的结果。例如：

```
int x=6,y=9,z;
int k=x<5 ? x : y ;            //x<5 为假，所以 k 的值取 y 的值，结果为 9
```

```
int z=x>0 ? x : -x;          //z 为 x 的绝对值
```

6）位运算符

整型数据在内存中是以二进制的形式表示，位运算符是用于对整型（long、int、char 和 byte）中的数以位（bit）为单位进行运算和操作。表 2-9 列出了 Java 语言的全部位运算符。

表 2-9　位运算符

<table>
<tr><th>运算符</th><th>含　义</th><th>运算符</th><th>含　义</th></tr>
<tr><td>~</td><td>按位非</td><td>&=</td><td>位与并赋值</td></tr>
<tr><td>&</td><td>按位与</td><td>|=</td><td>位或并赋值</td></tr>
<tr><td>|</td><td>按位或</td><td>^=</td><td>位异或并赋值</td></tr>
<tr><td>^</td><td>按位异或</td><td>>>=</td><td>右移并赋值</td></tr>
<tr><td><<</td><td>左移</td><td>>>>=</td><td>右移填 0 并赋值</td></tr>
<tr><td>>></td><td>右移</td><td><<=</td><td>左移并赋值</td></tr>
<tr><td>>>></td><td>右移，左边空出的位以 0 填充</td><td></td><td></td></tr>
</table>

在位运算过程中，如果碰到两个操作数类型不同，即长度不同，例如 A&B，A 是 short 型（16 位），B 是 int 型（32 位），则系统首先将 A 扩展到 32 位，高 16 位用 0 补齐，再按位进行位运算，见表 2-10。

表 2-10　位运算符示例

x（十进制）	二进制表示	x<<2	x>>2	x>>>2
20	00010100	01010000	00000101	00000101
−20	11101100	10110000	11111011	11111011

7）运算符的优先级

当表达式存在多个运算符时，运算符的优先级决定了表达式各部分的计算顺序。优先级顺序是指多种运算操作在一起时的运算顺序。优先级高的先运算，在两个相同的优先级的运算符运算操作时，则采用左运算符优先规则，即从左到右执行。Java 语言的运算符优先级如表 2-11 所示。

表 2-11　运算符的优先级顺序

运　算　符	描　　述	优先级（数越大则优先级越高）	同等优先级结合顺序
()	圆括号	15	左→右
new	创建类实例	15	左→右
[ ]	数组下标运算符	15	左→右
.	成员（属性、方法）选择	15	左→右

续表

<table>
<tr><th>运 算 符</th><th>描 述</th><th>优先级(数越大则优先级越高)</th><th>同等优先级结合顺序</th></tr>
<tr><td>++、--</td><td>后缀自增(自减)1</td><td>14</td><td>右→左</td></tr>
<tr><td>++、--</td><td>前缀自增(自减)1</td><td>13</td><td>右→左</td></tr>
<tr><td>~</td><td>按位取反</td><td>13</td><td>右→左</td></tr>
<tr><td>!</td><td>逻辑非</td><td>13</td><td>右→左</td></tr>
<tr><td>-、+</td><td>算术负(正)号</td><td>13</td><td>右→左</td></tr>
<tr><td>(Type)</td><td>强制类型转换</td><td>13</td><td>右→左</td></tr>
<tr><td>*、/、%</td><td>乘、除、取模运算</td><td>12</td><td>左→右</td></tr>
<tr><td>+、-</td><td>加、减运算</td><td>11</td><td>左→右</td></tr>
<tr><td><<、>>、>>></td><td>左右移位运算</td><td>10</td><td>左→右</td></tr>
<tr><td>instanceof、<、<=、>、>=</td><td>关系运算</td><td>9</td><td>左→右</td></tr>
<tr><td>==、!=</td><td>相等性运算</td><td>8</td><td>左→右</td></tr>
<tr><td>&</td><td>位逻辑与</td><td>7</td><td>左→右</td></tr>
<tr><td>^</td><td>位逻辑异或</td><td>6</td><td>左→右</td></tr>
<tr><td>|</td><td>位逻辑或</td><td>5</td><td>左→右</td></tr>
<tr><td>&&</td><td>条件与</td><td>4</td><td>左→右</td></tr>
<tr><td>||</td><td>条件或</td><td>3</td><td>左→右</td></tr>
<tr><td>?:</td><td>条件运算符</td><td>2</td><td>右→左</td></tr>
<tr><td>=、*=、/=、%=、+=、-=、<<=、>>=、>>>=、&=、^=、|=</td><td>赋值运算符</td><td>1</td><td>右→左</td></tr>
</table>

4. 分支语句

分支语句又称为选择语句,根据给定条件进行判断并选择执行不同的流程分支。Java语言中提供了两种分支语句,即if语句和switch语句。

1) if语句

if语句是Java语言最基本的条件选择语句,是一种“二选一”的控制结构,基本功能是根据判断条件的值,从两个程序块中选择其中一块执行。

(1) if语句的一般形式

```
if(<条件表达式>)
  <语句组 1>;
[else
    <语句组 2>;]
```

说明：

① if 后面的条件可以是任意一个返回布尔值的表达式，其值为真或假。

② if 语句的执行过程为：若条件返回值为真，则执行语句组 1；否则执行语句组 2。

③ 语句组可以是单条语句，也可以是复合语句。复合语句须用花括号({})括起。

④ [ ]所括的 else 子句部分是可选的。else 不能单独使用，必须和 if 配对使用。

if 语句和 if-else 流程控制分别如图 2-2 和图 2-3 所示。

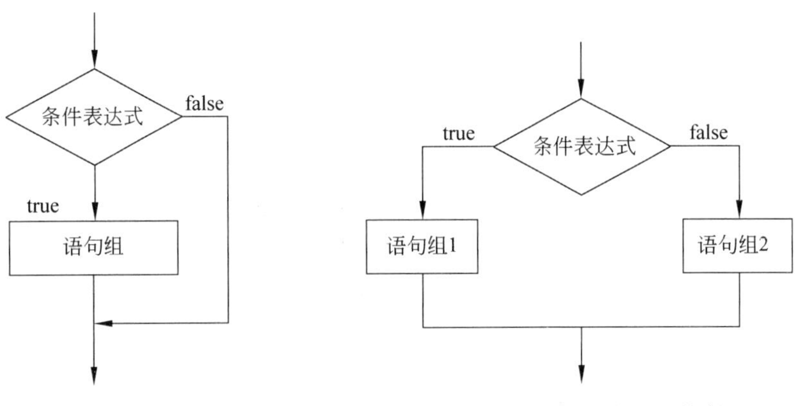

图 2-2　if 语句流程控制　　　图 2-3　if-else 语句流程控制

例 2-3 演示了 if 语句的用法。

【例 2-3】　TestIF1.java

```
1  public class TestIF1 {
2    public static void main(String[] args){
3       int score=65;
4       if(score>=60)
5          System.out.println("及格");
6       else
7          System.out.println("不及格");
8    }
9  }
```

【程序运行结果】

```
及格
```

(2) if 语句的嵌套形式

在 if 语句中又包含一个或多个 if 语句时，这种形式称为 if 语句的嵌套。形式如下：

```
if(<条件表达式 1>)
    if(<条件表达式 2>)<语句组 1>;
    else <语句组 2>;
else
    if(<条件表达式 3>)<语句组 3>;
    else <语句组 4>;
```

以下的if语句是一个多项分支选择其一的结构，实际上if嵌套常用的是if-else-if阶梯形式，它是一种特殊的嵌套形式。形式如下：

```
if(<条件 1>)
    <语句块 1>;
else if(<条件 2>)
    <语句块 2>;
else if(<条件 3>)
…
else<语句 n>;
```

其中，else总是和距它最近的if匹配。

执行过程：条件表达式从上到下被求值。一旦找到为真的条件，就执行与它关联的语句，该阶梯的其他部分就被忽略了。如果所有的条件都不为真，则执行最后的else语句。最后的else语句经常被作为默认的条件，即如果所有其他条件测试失败，就执行最后的else语句。如果没有最后的else语句，而且所有其他的条件都失败，程序将不做任何动作。

例2-4演示了应用if语句的嵌套形式的效果。

【例2-4】 TestIF2.java

```
1  public class TestIF2{
2    public static void main(String[] args){
3      int score=88;
4      if(score>=90)
5          System.out.println("优秀");
6      else if(score>=80)
7          System.out.println("良好");
8      else if(score>=70)
9          System.out.println("中等");
10     else if(score>=60)
11         System.out.println("及格");
12     else
13         System.out.println("不及格");
14   }
15 }
```

【程序运行结果】

```
良好
```

2）switch语句

switch语句又称多路分支选择语句，它提供了一种基于一个表达式的值来使程序执行不同部分的简单方法。使用switch语句代替if语句处理多种分支情况时，可以简化程序，使程序结构清晰明了，增强程序的可读性。因此，它提供了一个比使用一系列if-else语句更好的选择。

(1) switch语句的一般形式

```
switch(<表达式>)
{
    case<值 1>:<语句块 1>; break;
    case<值 2>:<语句块 2>; break;
    …
    case<值 n>:<语句块 n>; break;
  [default:<默认语句块>;]
}
```

说明：

① 表达式必须为byte、short、int或char类型。表达式的返回值和case语句中的常量值的类型必须一致。

② case语句中的常量值不允许相同，类型必须一致。

③ 每个分支最后加上break语句，表示执行完相应的语句即跳出switch语句。

④ 默认语句可以省略。

⑤ 语句块可以是单条语句，也可以是复合语句，复合语句不必用{}括起来。

⑥ switch语句的执行过程如下：将表达式的值与每个case语句中的常量值1、2等作比较。如果发现了一个与之相匹配的值，则执行该case语句后的代码；如果没有一个case常量值与表达式的值相匹配，则执行default语句；如果没有相匹配的case语句，也没有相应的default语句，则什么也不执行。在case语句序列中的break语句将使程序流从整个switch语句退出。当遇到一个break语句时，程序将从整个switch语句结束后的下一行代码开始继续执行。

(2) switch语句的特殊形式

switch语句中多个case可以共用一组执行语句，没有执行语句的case后不要加break语句。其形式为：

```
switch(<表达式>)
{
   case<值 1>:
   case<值 2>:
   case<值 3>:<语句块 3>; break;
   …
   case<值 n>:<语句块 n>;break;
   [default :<默认语句>;]
}
```

执行过程：如果表达式的返回值与某个case中的常量值相匹配时，则执行距该case最近的语句；如果没有break，则不跳出switch语句，继续执行下一条语句，直到整个switch语句结束。

2.2.2 任务实施

【例 2-5】 TestSwitch.java

```
1  public class TestSwitch {
2    public static void main(String[] args) {
3          int score=95;
4          int i=score/10;
5          switch(i) {
6            case 10:
7            case 9:
8                 System.out.println("优秀");
9                 break;
10           case 8:
11                System.out.println("良好");
12                break;
13           case 7:
14                System.out.println("中等");
15                break;
16           case 6:
17                System.out.println("及格");
18                break;
19           default:
20                System.out.println("不及格");
21         }
22    }
23 }
```

【程序运行结果】

优秀

【程序解析】

在实际应用中,数据通常是通过用户的键盘输入。Java 中可定义 Scanner 对象实现从键盘输入。

2.3 任务 2-2 成绩的排序

对于给定的年龄,采用冒泡排序算法,按照从高到低的顺序输出。

2.3.1 技术要点

完成成绩排序所要掌握的技术要点就是循环语句和数组的使用。

1. 循环语句

循环语句的作用是反复执行一段代码，直到满足循环终止条件时为止。Java 语言支持 while、do-while 和 for 三种循环语句。所有的循环结构一般应包括 4 个基本部分。

- 初始化部分：用于设置循环的一些初始条件，如计数器清零等。
- 测试条件：通常是一个布尔表达式，每一次循环要对该表达式求值，以验证是否满足循环终止条件。
- 循环体：这是反复循环的一段代码，可以是单一的一条语句，也可以是复合语句。
- 迭代部分：这是在当前循环结束、下一次循环开始时执行的语句，常用于使计数器加 1 或减 1。

1）while 语句

while 语句是 Java 语言最基本的循环语句。

while 语句的一般形式如下：

```
while(<条件表达式>)
{
    <循环体>;
}
```

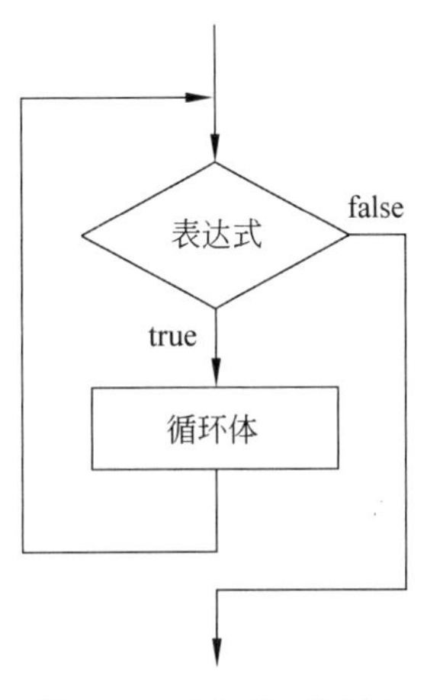

图 2-4　while 循环语句

条件表达式可以是任何布尔表达式。在循环体执行前先判断循环条件，如果为真，就执行循环体语句；如果条件表达式的值为假，程序控制就转移到 while 语句的后面一条语句执行。

while 语句的执行过程如图 2-4 所示。

【例 2-6】　TestWhile.java

```
1   public class TestWhile {
2    public static void main(String[] args){
3      int i=1,sum=0;
4      while(i<=100){
5          sum+=i;
6          i++;
7      }
8      System.out.println("sum="+sum);
9    }
10  }
```

【程序运行结果】

```
sum=5050
```

2）do-while 语句

do-while 语句与 while 语句非常类似，不同的是 while 语句先判断后执行，而 do-while 语句先执行后判断，循环体至少被执行一次，所以称 while 语句为“当型”循环，而称

do-while 语句为“直到型”循环。

do-while 语句的一般形式为：

```
do {
    <循环体语句>;
} while(<条件表达式>);
```

do-while 语句的执行过程如图 2-5 所示。

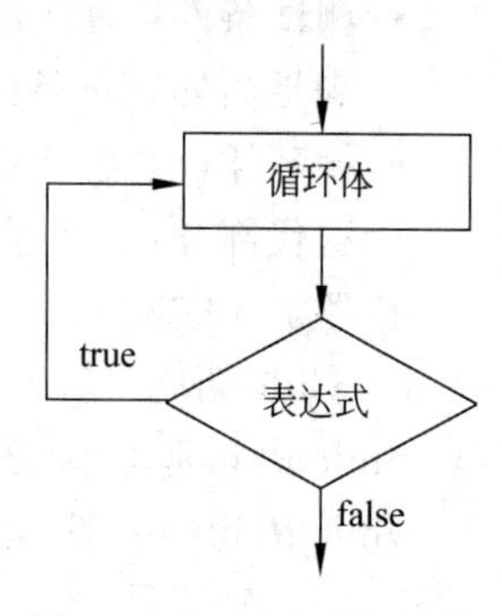

图 2-5 do-while 循环语句

【例 2-7】 TestDoWhile.java

```
1   public class TestDoWhile {
2     public static void main(String[] args){
3           int i=1,sum=0;
4           do{
5               sum+=i;
6               i++;
7           }
8           while(i<=100);
9           System.out.println("sum="+sum);
10    }
11  }
```

【程序运行结果】

```
sum=5050
```

3）for 语句

for 语句是 Java 语言中功能最强的循环语句之一。for 语句的一般形式为：

```
for(<表达式 1>;<表达式 2>;<表达式 3>)
{
    <循环体语句>
}
```

其中，表达式 1 是设置控制循环变量的初值；表达式 2 作为条件判断部分，可以是任何布尔表达式；表达式 3 是修改控制循环变量递增或递减，从而改变循环条件。

for 语句的执行过程如图 2-6 所示，分析如下。

① 执行表达式 1，完成必要的初始化工作。

② 判断表达式 2 的返回值，如果为真则执行循环体语句；如果为假，就跳出 for 语句循环。

③ 执行表达式 3，改变循环条件，为下次循环做准备。

④ 返回步骤②。

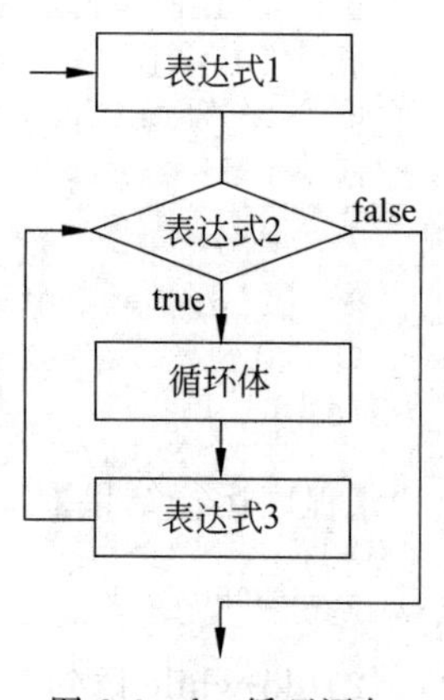

图 2-6 for 循环语句

【例 2-8】 TestFor.java

```
1  public class TestFor {
2    public static void main(String[] args){
```

```
3          int i,sum=0;
4          for(i=1;i<=100;i++)
5              sum+=i;
6          System.out.println("sum="+sum);
7      }
8  }
```

【程序运行结果】

```
sum=5050
```

2. 跳转语句

跳转语句可以用于直接控制程序的执行流程。Java 语言提供的跳转语句有 break 和 continue。这些语句在循环体内部分支比较复杂时，可用于简化分支语句的条件，使程序更易阅读和理解。

1) break 语句

在 Java 语言中，break 语句有以下三个作用。

① 在 switch 语句中，break 语句的作用是直接中断当前正在执行的语句序列。

② 在循环语句中，break 语句可以强迫退出循环，使本次循环终止。

③ 与标号语句配合使用，从内层循环或内层程序块中退出。

【例 2-9】 TestBreak. java

```
1  public class TestBreak {
2    public static void main(String[] args){
3        int i,sum=0;
4        for(i=1;i<=100;i++){
5            if(i%15==0)  break;
6            sum+=i;
7        }
8        System.out.println("sum="+sum);
9    }
10 }
```

【程序运行结果】

```
sum=105
```

【例 2-10】 TestBreakLabel. java

```
1  public class TestBreakLabel {
2    public static void main(String[] args){
3        boolean t=true;
4        one:{
5            two:{
6                three:{
7                    System.out.println("break之前的语句正常输出:");
8                    if(t) break two;
```

```
9                    System.out.println("two程序块中break之后的语句不被执行:");
10                 }
11                 System.out.println("two程序块中break之后的语句不被执行");
12             }
13             System.out.println("two程序块外的语句将被正常执行:");
14         }
15     }
16 }
```

【程序运行结果】

```
break之前的语句正常输出
two程序块外的语句将被正常执行
```

2）continue语句

continue语句主要有两种作用，一是在循环结构中，用于结束本次循环；二是与标号语句配合使用，实现从内循环中退到外循环。无标号的continue语句结束本次循环，有标号的continue语句可以选择哪一层的循环被继续执行。continue语句用于for、while、do-while等循环体中，常与if语句一起使用。

continue语句和break语句虽然都用于循环语句中，但存在着本质区别：continue语句只用于结束本次循环，再到循环开始位置去判断条件；而break语句用于终止循环，强迫循环结束，不再去判断条件。

【例2-11】 TestContinue.java

```
1  public class TestContinue {
2    public static void main(String[] args){
3        int i,sum=0;
4        for(i=1;i<=100;i++){
5            if(i%15==0) continue;
6            sum+=i;
7        }
8        System.out.println("sum="+sum);
9    }
10 }
```

【程序运行结果】

```
sum=4735
```

利用continue语句可以实现乘法九九表的输出，见例2-12。

【例2-12】 TestContinueLabel.java

```
1  public class TestContinueLabel {
2    public static void main(String[] args){
3        outer:for(int i=1;i<10;i++){
4          for(int j=1;j<10;j++){
5            if(j>i){
6              System.out.println();
```

```
7                continue outer;
8            }
9            System.out.print(i+"*"+j+"="+(i*j)+"   ");
10         }
11       }
12       System.out.println();
13     }
14  }
```

【程序运行结果】

```
1*1=1
2*1=2  2*2=4
3*1=3  3*2=6  3*3=9
4*1=4  4*2=8  4*3=12  4*4=16
5*1=5  5*2=10  5*3=15  5*4=20  5*5=25
6*1=6  6*2=12  6*3=18  6*4=24  6*5=30  6*6=36
7*1=7  7*2=14  7*3=21  7*4=28  7*5=35  7*6=42  7*7=49
8*1=8  8*2=16  8*3=24  8*4=32  8*5=40  8*6=48  8*7=56  8*8=64
9*1=9  9*2=18  9*3=27  9*4=36  9*5=45  9*6=54  9*7=63  9*8=72  9*9=81
```

3. 数组

数组是Java语言中提供的一种简单的复合数据类型，是相同类型变量的集合。数组中的每个元素具有相同的数据类型，可以用一个统一的数组名和下标来唯一地确定数组中的元素。下标从0开始。数组有一维数组和多维数组。

1）数组的声明

一维数组的声明有下列两种格式：

- 数组的类型[ ] 数组名
- 数组的类型 数组名[ ]

二维数组的声明有下列两种格式：

- 数组的类型[ ][ ] 数组名
- 数组的类型 数组名[ ][ ]

其中，数组的类型可以是任何Java语言的数据类型；数组名可以是任何Java语言合法的标识符；数组名后面的方括号[ ]可以写在前面，也可以写在后面，前者也符合Sun公司的命名规则。

注意：与C/C++不同，Java不允许在声明数组中的方括号内指定数组元素的个数，否则会导致语法错误。

2）数组的创建

Java创建数组有两种方式，一种是通过关键字new创建，另一种是通过为数组元素赋初值的方式创建。

（1）用关键字new创建数组

在这种方式下创建数组，可先进行数组的声明。但是数组的声明并不为数组分配内存，因此不能访问数组元素。Java中需要通过new关键字为其分配内存。

为一维数组分配内存空间的格式如下：

```
数组名=new 数组元素的类型[数组元素的个数];
```

例如：

```
int a
a=new int[10];
```

也可以写成一条语句：

```
int a=new a[10];
```

Java语言中，由于把二维数组看作数组的数组，数组空间不是连续分配的，所以不要求二维数组每一维的大小相同。

二维数组的常用创建方法如下：

```
数组的类型 数组名[ ][ ]= new 类型标识符[第一维长度][第一维长度];
```

例如：

```
int b[ ][ ] =new int[3][4];
```

数组创建后，系统会给每个数组元素一个默认的值，如表2-12所示。

表2-12 简单类型数组元素的初值

类　型	初　值	类　型	初　值
byte、short、int、long	0	boolean	false
float	0.0f	char	'u0000'
double	0.0		

(2) 用为元素赋初值的方式创建数值

这种创建数组的方式又称为数组的静态初始化，即声明数组的同时为数组的每一个元素赋初始值。

语法格式：

```
类型<数组变量名>[ ]={逗号分隔的值列表};
```

例如：

```
int a[]={1,2,3,4};
String stringArray[]={"How","are" "you"};
int b[ ][ ]={{1,2},{2,3},{3,4,5}};
```

以下写法是错误的：

```
int [ ] a;
a={1,2,3,4};          //error
```

数组直接初始化可由花括号({})括起的一串由逗号分隔的表达式组成，逗号(,)分隔各数组元素的值。在语句中不必明确指明数组的长度，因为它已经体现在所给出的数据元素个数之中了，系统会自动根据所给的元素个数为数组分配一定的内存空间，如上面的代码中数组 a 的长度自动设置为 4。应该注意的是，{ }里的每一个数组元素的数据类型必须是相同的。

3）数组的引用

一旦数组使用 new 分配了空间之后，数组长度就固定了。这时可以通过下标引用数组元素。

一维数组元素的引用方式为：

```
数组名[索引号]
```

二维数组元素的引用方式为：

```
数组名[索引号 1][索引号 2]
```

其中，索引号为数组下标，它可以为整型常数或表达式，从 0 开始。例如：

```
a[0]=1;
b[1][2]=2;
```

每个数组都有一个属性 length 指明它的长度，也即数组元素个数，例如，a.length 指明数组 a 的长度。

注意：与 C/C++ 不同，Java 对数组元素要进行越界检查以保证安全性。

【例 2-13】　ArrayTest1.java

```
1  public class ArrayTest1{
2     public static void main(String args[ ]) {
3       int i;
4       int a[ ]=new int[5];
5       for(i=0; i<a.length ; i++){
6           a[i]=i;
7       }
8       for(i=a.length-1; i>=0; i--) {
9           System.out.println("a["+i+"]="+a[i]);
10      }
11    }
12 }
```

【程序运行结果】

```
a[4]=4
a[3]=3
a[2]=2
a[1]=1
a[0]=0
```

【例 2-14】　ArrayTest2.java

```
1  class ArrayTest2{
```

```
2   public static void main(String[] args) {
3     float[][] numthree;                 //定义一个 float 类型的二维数组
4     numthree=new float[5][5];           //为它分配 5 行 5 列大小的空间
5     numthree[0][0]=1.1f;                //通过下标索引去访问
6     numthree[1][0]=1.2f;
7     numthree[2][0]=1.3f;
8     numthree[3][0]=1.4f;
9     numthree[4][0]=1.5f;
10    System.out.println(numthree[0][0]);
11    System.out.println(numthree[1][0]);
12    System.out.println(numthree[2][0]);
13    System.out.println(numthree[3][0]);
14    System.out.println(numthree[4][0]);
15  }
```

【程序运行结果】

```
1.1
1.2
1.3
1.4
1.5
```

4）数组的相关操作

（1）数组的复制

System 提供了一个静态方法 arraycopy()来实现数组之间的复制。其原型是：

```
public static void arraycopy(Object src, int srcPos, Object dest, int destPos,
int length)
```

src 表示源数组；srcPos 表示源数组要复制的起始位置；dest 表示目的数组；destPos 表示目的数组放置的起始位置；length 表示复制的长度。

注意：src 和 dest 都必须是同类型或者可以进行类型转换的数组。

【例 2-15】 CopyArray. java

```
1  public class CopyArray1{
2    public static void main(String args[]) {
3      int array_a[]=new int[] { 5, 34, 15, 27, 96, 63, 78, 47, 50, 82 };
4      int array_b[]=new int[] { 0, 0, 0, 0, 0, 0, 0, 0, 0, 0 };
5      System.arraycopy(array_b, 2, array_a, 3, 5);
6      for(int x : array_a)
7          System.out.print(x+" ");
8    }
9  }
```

【程序运行结果】

```
5 34 15 0 0 0 0 0 50 82
```

【程序解析】

代码第6行是 Java 5.0 新出现的 foreach 语句的应用。在遍历数组、集合方面，foreach 语句为开发人员提供了极大的方便。foreach 语句并不是一个关键字，习惯上将这种特殊的 for 语句格式称为 foreach 语句。

foreach 语句的格式：

```
for(元素类型 元素变量 x : 遍历对象 obj){
    引用了 x 的 Java 语句;
}
```

foreach 语句是 for 语句的特殊简化版本，任何的 foreach 语句都可以改写为 for 语句版本。但是 foreach 语句并不能完全取代 for 语句，若要引用数组或者集合的索引，则 foreach 语句无法做到。

(2) 数组的排序

Arrays 类的静态方法 sort 是利用快速排序的算法对数组进行升序排列。其原型为：

```
public static void sort(int[] a)
```

其中，数组类型还可以是 char、float、double 等基本数据类型。因为传入的是一个数组的引用，所以排序完成的结果也通过这个引用来更改数组。

【例 2-16】 SortArray.java

```
1  import java.util.Arrays;
2  public class SortArray {
3   public static void main(String[] args) {
4     int number[]={ 80, 65, 76, 99, 83, 54, 92, 87, 74, 62 };
5     Arrays.sort(number);          //进行排序
6     for(int i : number) {
7         System.out.print(i+" ");
8     }
9    }
10 }
```

【程序运行结果】

```
54 62 65 74 76 80 83 87 92 99
```

5) 数组与方法调用

数组变量是引用变量，作为参数传递时是传值(对数组对象的引用)，所以被调方法中的参数数组变量和实际参数的数组变量引用的是同一个数组对象。因此，如果在方法中修改了任何一个数组元素，则作为实际参数的数组变量引用的数组对象也将发生改变。

【例 2-17】 CallArray.java

```
1 public class CallArray{
2   static void f(int x){
3     x=10;
4   }
```

```
5    static void fArray(int[ ] anArray){
6      anArray[0]=10;
7    }
8    public static void main(String []args){
9         int x=0;
10        f(x);
11        System.out.println("x="+x);
12        int [ ] array={0,1};
13        fArray(array);
14        for(int i=0;i<array.length;i++){
15        System.out.print(array[i]+"  ");
16        }
17    }
18  }
```

【程序运行结果】

```
x=0
10  1
```

2.3.2 任务实施

在例 2-18 中，利用数组存储分数和冒泡排序的算法对分数进行排序并输出。

【例 2-18】 Sort.java

```
1  public class Sort {
2    public static void main(String [] args) {
3      int number[]={80, 65, 76, 99, 83, 54, 92, 87, 74, 62};
4        for(int i=0;i<number.length; i++) {
5          for(int j=i+1; j<number.length; j++){
6            if(number[i]>number[j]){
7                int temp=number[i];
8                number[i]=number[j];
9                number[j]=temp;
10           }
11         }
12       }
13       for(int i=0; i<number.length; i++) {
14         System.out.println(number[i]+" ");
15     }
16   }
17 }
```

【程序运行结果】

```
54 62 65 74 76 80 83 87 92 99
```

【程序解析】

在本例中，通过 for 循环嵌套语句对数组中元素进行排序。与例 2-5 类似，在实际应用中，数据通常也是根据用户的键盘输入获得。

自　测　题

一、选择题

1. 以下代码段执行后的输出结果为(　　)。

```
int x=-3; int y=-10;
System.out.println(y%x);
```

A. −1　　B. 2　　C. 1　　D. 3

2. 以下标识符中不合法的是(　　)。

A. BigMeaninglessName　　B. $int

C. 2stu　　D. _$theLastOn

3. 编译并运行以下程序后，关于输出结果的说明正确的是(　　)。

```
public class Conditional{
    public static void main(String args[ ]){
        int x=4;
        System.out.println("value is "+((x>4) ? 99.9 :9));
    }
}
```

A. value is 99.99　　B. value is 9

C. value is 9.0　　D. 编译错误

4. 下面语句中不正确的是(　　)。

A. float a=1.1f　　B. byte d=128

C. double c=1.1/1.0　　D. char b=(char)1.1f

5. 下列不是 Java 中保留字的是(　　)。

A. if　　B. sizeof　　C. private　　D. null

6. Java 的字符类型采用的是 Unicode 编码方案，每个 Unicode 码占用(　　)个比特位。

A. 8　　B. 16　　C. 32　　D. 64

7. 设 a=8，则表达式 a>>>2 的值是(　　)。

A. 1　　B. 2　　C. 3　　D. 4

8. 下列不属于 Java 语言的简单数据类型的是(　　)。

A. 整数型　　B. 数组　　C. 字符型　　D. 浮点型

9. 若 a 的值为 3，下列程序段被执行后，则 c 的值是(　　)。

```
c=1;
if(a>0)
    if(a>3)
```

```
        c=2;
    else c=3;
else c=4;
```

A. 1　　B. 2　　C. 3.　　D. 4

10. 设 x=5,则 y=x－－和 y=－－x 的结果分别为(　　)。

A. 5,5　　B. 5,3　　C. 5,4　　D. 4,4

11. 执行完以下程序后,c 与 result 的值是(　　)。

```
boolean a=false;
boolean b=true;
boolean c=(a&&b)&&(!b);
int result=c==false?1:2;
```

A. c=false,result=1　　B. c=true,result=2

C. c=true,result=1　　D. c=false,result=2

12. 下列关于基本数据类型的说法中,不正确的一项是(　　)。

A. boolean 类型变量的值只能取 true 或 false

B. float 是带符号的 32 位浮点数

C. double 是带符号的 64 位浮点数

D. char 是 8 位 Unicode 字符

13. 下列关于基本数据类型的取值范围的描述中,正确的是(　　)。

A. byte 类型的取值范围是－128～128

B. boolean 类型的取值范围是真或假

C. char 类型的取值范围是 0～65536

D. short 类型的取值范围是－32767～32767

14. 对下面定义的语句叙述错误的是(　　)。

```
int a[ ]={66,77,88};
```

A. 定义了一个名为 a 的一维数组　　B. a 数组有 3 个元素

C. a 数组的元素的下标为 1～3　　D. 数组中的每一个元素都是整型

15. 在编写 Java 程序时,如果不为类的成员变量定义初始值,Java 会给出它们的默认值,下列说法中不正确的是(　　)。

A. byte 的默认值是 0　　B. boolean 的默认值是 false

C. char 类型的默认值是'\0'　　D. long 类型的默认值是 0.0L

二、填空题

1. 在 Java 的基本数据类型中,char 型采用 Unicode 编码方案,每个 Unicode 码都会占用________内存空间,其中 int 类型占用________内存空间,boolean 类型占用________内存空间。

2. 设 x=2,则表达式(x++)/3 的值是________。

3. 若 x=5,y=10,则 x<y 和 x>=y 的逻辑值分别为________和________。

4. 设 x 为 float 型变量,y 为 double 型变量,a 为 int 型变量,已知 x=2.5f,a=7,y=4.22,则表达式 x+a%3*(int)x%(int)y 的值为________。

5. 设 x=2,则表达式(x++)*3 的值是________。

6. 设 x 为 float 型变量,y 为 double 型变量,a 为 int 型变量,b 为 long 型变量,c 为 char 型,则表达式 x+y*a/x+b/y+c 的值为________类型。

7. Java 语言中,逻辑常量只有________和________两个值。

8. 若 a 和 b 为 int 型变量且已分别赋值为 2 和 4。表达式"!(++a!=b--)"的值是________。

9. 较长数据要转换为短数据时,需要进行________类型转换。

10. 设 x、y、max、min 均为 int 型变量,x、y 已赋值。用三目条件运算符求变量 x、y 的最大值和最小值,并分别赋值给变量 max 和 min,这两个赋值语句分别是________和________。

拓展实践

【实践 2-1】 调试并修改以下程序,使其能正确求解 1!+2!+3!+4!+5!。

```
class Ex2_1{
  public static void main(String[] args) {
    float sum=0.0,count=1.0;
    for(int i=1;i<=5;++i){
      count=1.0;
      for(int j=1;j<=i;++j){
         count *=j;
         sum+=count;
      }
    }
    System.out.println("1!+2!+3!+4!+5!的值为: "+sum);
  }
}
```

【实践 2-2】 求 Fibonacci 数列 1,1,2,3,5,8,…的前 20 个数,并且按照每行 4 个数输出。

```
public class Ex2_2{
  public static void main(String[] args) {
    System.out.println("** 斐波那契数列的前 20 个数为**");
    long f1=1, f2=1;
    for(int i=1;  【代码 1】  ; i++) {
       System.out.print(f1+"   "+f2+"   ");
```

```
            if( 【代码 2】 ) {
               System.out.println();
            }
            f1= 【代码 3】 ;
            f2= 【代码 4】 ;
        }
    }
}
```

【实践 2-3】 求100～200的所有素数,并计算它们的和。

【实践 2-4】 利用循环语句输出8行杨辉三角。

```
1
1   1
1   2   1
1   3   3   1
1   4   6   4   1
1   5   10  10  5   1
1   6   15  20  15  6   1
1   7   21  35  35  21  7   1
```

【实践 2-5】 用嵌套的for循环语句改写例2-10的乘法九九表程序。

面试常考题

【面试题 2-1】 switch语句能否作用在byte、long或String上?

【面试题 2-2】 语句“short s1 = 1; s1 = s1 + 1;”是否正确?语句“short s1 = 1; s1 += 1;”是否正确?

【面试题 2-3】 char型变量中能不能存储一个中文汉字?为什么?

任务3　创建考试系统中的类和接口

学习目标

本任务通过完成对考试系统中基本类和对象的创建，介绍了Java语言的面向对象编程技术。应掌握以下内容：

- 了解面向对象的基本特性。
- 掌握类的定义和对象的创建。
- 掌握方法、变量的定义与使用。
- 熟悉类的访问权限。
- 掌握继承的使用。
- 掌握抽象类和接口的使用。
- 掌握包的创建和引用。

3.1　任务描述

本任务将创建考试系统中所需要的用户信息类（Person类）、试题类（Question类）等。

3.2　技术要点

3.2.1　面向对象编程概述

面向对象编程（Object-Oriented-Programming，OOP）是当今最流行的程序设计技术，它具有代码易于维护、可扩展性好和代码可重用等优点。面向对象的设计方法的基本原理是按照人们习惯的思维方式建立问题的模型，模拟客观世界。从现实世界中客观存在的事物（即对象）出发，并且尽可能运用人类的自然思维方式来构造软件系统。Java是一种面向对象的程序设计语言。

1. 面向对象编程的基本概念

1）对象

对象(Object)是系统中用于描述客观事物的一个实体，它是构成系统的一个基本单位。在面向对象的程序中，对象就是一组变量和相关方法的集合，其中变量表明对象的属性，方法表明对象所具有的行为。

2）类

类(Class)是具有相同属性和行为的一组对象的集合，它为属于该类的所有对象提供了统一的抽象描述，其内部包括属性和行为两个主要部分。可以说类是对象的抽象化表示，对象是类的一个实例。

3）消息

对象之间相互联系和相互作用的方式称为消息(Message)。一个消息由5个部分组成：发送消息的对象、接收消息的对象、传递消息的方法、消息的内容以及反馈信息。对象提供的服务是由对象的方法来实现的，因此发送消息实际上就是调用对象的方法。通常，一个对象调用另一个对象中的方法，即完成了一次消息传递。

2. 面向对象的编程思想

先前所学的面向过程的程序设计，例如C语言程序设计，采用的就是一种自上而下的设计方法，把复杂的问题一层层地分解成简单的过程，用函数来实现这些过程，其特征是以函数为中心，用函数来作为划分程序的基本单位，数据在过程式设计中往往处于从属的位置，如图3-1所示。

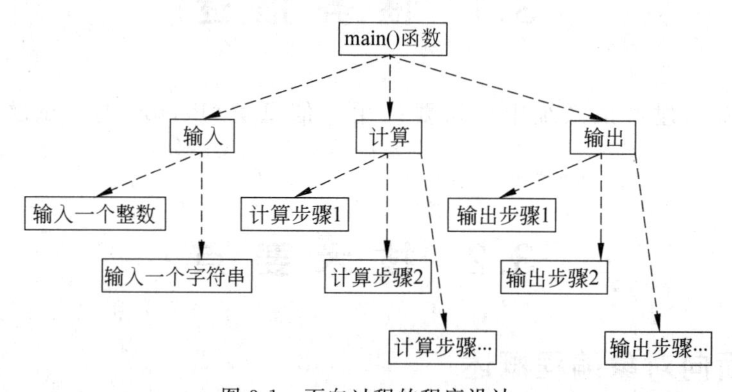

图3-1　面向过程的程序设计

面向对象程序设计是把复杂的问题按照现实世界中存在的形式分解成很多对象，这些对象以一定的形式进行交互(通信、协调和配合)来实现整个系统。在图3-2的例子中，无锡的同学A通过邮局将花送给在北京的同学B。同学A只需将同学B的地址、花的品种告诉邮局，通过同学B当地的邮局联系花商，使花商准备这些花，并与送花人联系送花。其中，同学A、同学B、邮电局、送花人可以看作对象。对象之间相互通信，发送消息，请求其他对象执行动作来完成送花这项任务。对于同学A、同学B不必关心整个过程的细节。

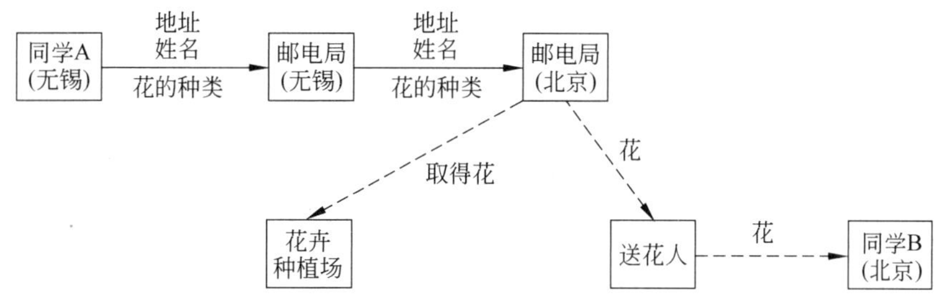

图 3-2　面向对象的程序设计

3. 面向对象的基本特性

面向对象的编程主要体现以下 3 个特性。

1）封装性

面向对象编程的核心思想之一就是封装性。封装性就是把对象的属性和行为结合成一个独立的单元，并且尽可能隐蔽对象的内部细节，对外形成一个边界，只保留有限的对外接口并使之与外部发生联系。封装的特性使对象以外的部分不能随意存取对象的内部数据（属性），保证了程序和数据不受外部干扰且不被误用。

面向对象的编程语言主要通过访问控制机制来实现封装，Java 语言中提供了以下 4 种访问控制级别。

（1）public：对外公开，访问级别最高。

（2）protected：只对同一个包中的类或子类公开。

（3）默认：只对同一个包中的类公开。

（4）private：不对外公开，只能在对象内部访问，访问级别最低。

2）继承性

继承是一个类获得另一个类的属性和方法的过程。在 Java 语言中，通常将具有继承关系的类称为父类（又称超类，superclass）和子类（又称派生类，subclass）。子类可以继承父类的属性和方法，同时又可以增加子类的新属性和新方法。例如，作为“人类”的子类“中国人”，除了继承“人类”的属性和方法，同时也具有自己所特有的新属性和新方法。

3）多态性

多态是一种机制、一种能力，而非某个关键字。它在类的继承中得以实现，在类的方法调用中得以体现。Java 语言中含有方法重载与对象多态两种形式的多态性。

（1）方法重载：在一个类中允许多个方法使用同一个名字，但方法的参数不同，完成的功能也不同。

（2）对象多态：子类对象可以与父类对象进行相互转换，而且根据其使用的子类的不同，完成的功能也不同。

多态能够改善代码的组织结构和可读性，使程序有良好的扩展性。

3.2.2 类

1. 类的定义

类通过关键词 class 来定义，一般形式为：

```
[类定义修饰符] class  <类名>
{  //类体
  [成员变量声明]
  [成员方法]
}
```

说明：

(1) 类的定义通过关键字 class 来实现，所定义的类名应符合标识符的规定，一般类名的第一个字母大写。

(2) 类的修饰符用于说明类的性质和访问权限，包括 public、private、abstract、final。其中 public 表示可以被任何其他代码访问，abstract 表示抽象类，final 表示最终类。

(3) 类体部分定义了该类所包括的所有成员变量和成员方法。

2. 成员变量

成员变量是类的属性，声明的一般格式为：

```
[变量修饰符]<成员变量类型>  <成员变量名>
```

Java 语言中，用于说明成员变量的访问权限的修饰符包括 public、protected、private 和默认(friendly)。

成员变量分为实例变量和类变量。实例变量记录了某个特定对象的属性，在对象创建时可以对它赋值，只适用于该对象本身。变量之前用 static 进行修饰，则该变量成为类变量。类变量是一种静态变量，它的值对于这个类的所有对象是共享的，因此它可以在同一个类的不同对象之间进行信息的传递。

3. 成员方法

成员方法定义的类的操作和行为的一般形式为：

```
[方法修饰符]<方法返回值类型><方法名>([<参数列表>])
{
    方法体
}
```

成员方法修饰符主要有 public、private、protected、final、static、abstract 和 synchronized 七种，前三种访问权限、说明形式和含义与用于修饰成员变量时一致。

与成员变量类似，成员方法也分为实例方法和类方法。如果方法定义中使用了 static，则该方法为类方法。public static void main(String [] args)就是一个典型的类方法。

例如，定义一个 Person 类。

```
class Person {
      String name;              //实例变量
      static int age;           //类变量
      void move() {             //实例方法
        System.out.println("Person move");
      }
      static void eat() {       //类变量
        System.out.println("Person eat");
      }
}
```

4. 方法重载

方法重载是类的重要特性之一。重载是指同一个类的定义中有多个同名的方法，但是每个重载方法的参数类型、数量或顺序必须是不同的。每个重载方法可以有不同的返回类型，但返回类型并不足以区分所使用的是哪个方法。

例如，定义一个 Area 类，其中定义了同名方法 getArea，实现了方法的重载。

```
class  Area{
  double getArea(float r)            //计算圆的面积
  {
    return 3.14159 * r * r;
  }
  double getArea(float l,float w)    //计算矩形的面积
  {
    return  l * w;
  }
}
```

3.2.3　对象

1. 对象的创建

对象的创建分为两步。

(1) 进行对象的声明，即定义一个对象变量的引用。

一般形式为：

```
<类名>  <对象名> ;
```

例如，声明 Person 类的一个对象 a 的代码如下：

```
Person a;
```

(2) 实例化对象，为声明的对象分配内存。这是通过 new 运算符实现的。

new 运算符为对象动态分配(即在运行时分配)实际的内存空间,用于保存对象的数据和代码,并返回对它的引用。该引用就是 new 分配给对象的内存地址。一般形式为:

```
<对象名>=new <类名>;
```

例如:

```
a=new Person();
```

以上两步也可合并。形式如下:

```
<类名> <对象名>=new <类名>
```

例如:

```
Person a=new Person();
```

从图 3-3 中可以看到对象的声明只是创建变量的引用,并不分配内存。要分配实际内存空间,必须使用 new 关键字。

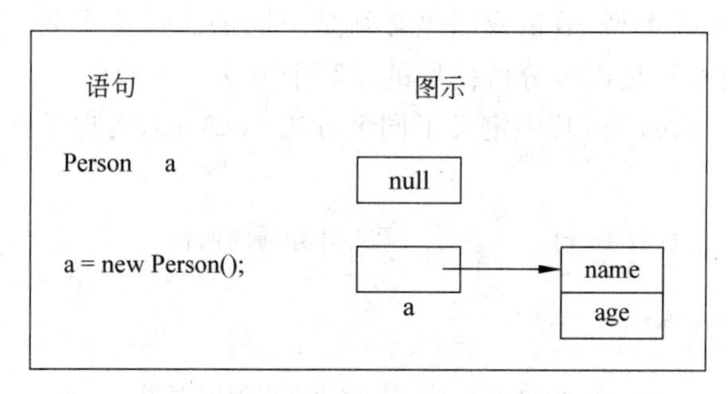

图 3-3 创建对象的过程

2. 对象的引用

对象创建之后,通过“. ”运算符访问对象中的成员变量和成员方法。一般形式为:

```
<对象名>.<成员>
```

由于类变量和类方法不属于某个具体的对象,因此直接使用类型替代对象名访问类变量或类方法。

例如,访问 Person 类中的类变量和类方法的代码如下。

```
Person .age=3;
Person.eat();
```

【例 3-1】 ObjectDemo. java

```
1 public class ObjectDemo {
2   public static void main(String[] args) {
3     Person a=new Person();
4     Person b=new Person();
5     Person c=null;
```

```
6       a.name="张三";
7       Person.age=18;
8       b.name="李四";
9       c=b;
10       System.out.println(a.name+" is "+Person.age+"  years old");
11       System.out.println(b.name+" is "+Person.age+"  years old");
12       System.out.println(c.name+" is "+Person.age+"  years old");
13       a.move();
14       Person.eat();
15     }
16  }
17  class Person {
18     String name;                  //实例变量
19     static int age;               //类变量
20     void move() {                 //实例方法
21        System.out.println("Person move");
22     }
23     static void eat() {           //类方法
24        System.out.println("Person eat");
25     }
26  }
```

【程序运行结果】

```
张三 is 18  years old
李四 is 18  years old
李四 is 18  years old
Person move
Person eat
```

【程序解析】

类属于数据引用类型。代码第 9 行是利用对象的引用赋予值。对象 b 和 c 指向同一个堆内存，因此两个对象输出的内容是相同的。

Java 中主要存在四块内存空间。

(1) 栈内存空间：保存所有对象的名称。

(2) 堆内存空间：保存每个对象的具体属性内容。

(3) 全局数据区：保存 static 类型的属性。

(4) 全局代码区：保存所有方法的定义。

3. 构造方法

构造方法是定义在类中的一种特殊的方法，在创建对象时被系统自动调用，主要完成对象的初始化，即为对象的成员变量赋初值。对于 Java 语言中每个类，系统将提供默认的不带任何参数的构造方法。如果程序中没有显示地定义类的构造方法，则创建对象时系统会调用默认的构造方法。一旦程序中定义了构造方法。系统将不再提供该默认的构造方法。

构造方法具有以下特点。

（1）构造方法名必须和类名完全相同，而类中其他成员方法不能和类名相同。

（2）构造方法没有返回值类型，也不能返回 void 类型。其修饰符只能是访问控制修饰符，即 public、private、protected、default(默认)中的任意一个。

（3）构造方法不能直接通过方法名调用，必须通过 new 运算符在创建对象时自动调用。

（4）一个类可以有任意个构造方法。不同的构造方法根据参数个数的不同或参数类型的不同进行区分，称为构造方法的重载。

【例 3-2】 ConstructorDemo.java

```
1  class Person {
2    private String name;
3    private int age;
4    public Person() {
5      this.name="张三";
6      this.age=18;
7    }
8    public Person(int age) {
9      this.age=age;
10   }
11   public Person(String name, int age) {
12     this.name=name;
13     this.age=age;
14   }
15   public int getAge() {
16     return age;
17   }
18   public void setAge(int age) {
19     this.age=age;
20   }
21   public String getName() {
22     return name;
23   }
24   public void setName(String name) {
25     this.name=name;
26   }
27 }
28 public class ConstructorDemo {
29   public static void main(String args[]) {
30   Person a=new Person();
31   Person b=new Person();
32   Person c=new Person("王五", 21);
33   System.out.println(a.getName()+" is "+a.getAge()+"  years old");
34   System.out.println(b.getName()+" is "+b.getAge()  +"  years old");
35   System.out.println(c.getName()+" is "+c.getAge()  +"  years old");
36   }
37 }
```

【程序运行结果】

```
张三 is 18  years old
张三 is 18  years old
王五 is 21  years old
```

【程序解析】

- 在面向对象编程中，我们习惯将属性定义成 private，对属性进行封装；而将方法定义为 public。对于被封装的属性，一般通过 setter 和 getter 方法设置和获得相应的属性值。在 Eclipse 中，右击代码区，选择快捷菜单中“源代码”→“生成 getter 和 setter 方法”命令。
- 第 4 行、第 8 行和第 11 行代码分别定义了无参构造方法和有参构造方法，是构造方法的重载。
- 第 13 行代码“this. name＝name;”中使用关键字 this 明确指出类中的属性，从而区分同名的属性名和参数名。关键字 this 还可用强调本类中的方法，表示类中的属性或当前对象；也可以使用 this 调用本类的构造方法。

3.2.4　继承

代码复用是面向对象程序设计的目标之一，通过继承可以实现代码复用。Java 中所有的类都是通过直接或间接地继承 java. lang. Object 类得到的，Object 类位于所有类的顶部。子类不能继承父类中访问权限为 private 的成员变量和方法。子类可以重写父类的方法，还可以命名与父类同名的成员变量。与 C++ 不同的是，Java 只支持单继承，不支持多重继承，即一个类只能有一个父类，一个父类可以有多个子类。

1. 子类的创建

Java 中的继承通过 extends 关键字实现，创建子类一般形式如下：

```
class 类名 extends 父类名{
    子类体
}
```

子类可以继承父类的所有特性，但其可见性，由父类成员变量、成员方法的修饰符决定。对于被 private 修饰的类成员变量或方法，其子类是不可见的，也即不能直接访问；对于定义为默认访问(没有修饰符修饰)的类成员变量或方法，只有与父类同处于一个包中的子类可以访问；对于定义为 public 或 protected 的类成员变量或方法，所有子类都可以访问。

2. 成员变量的隐藏和方法的覆盖

子类中可以声明与父类同名的成员变量，这时父类的成员变量就被隐藏起来了，在子类中直接访问到的是子类中定义的成员变量。

同理，子类中也可以声明与父类相同的成员方法，包括返回值类型、方法名、形式参数都应保持一致，称为方法的覆盖。

如果在子类中需要访问父类中定义的同名成员变量或方法，需要用关键字 super。Java 中通过 super 来实现对被隐藏或被覆盖的父类成员的访问。super 的使用有三种形式。

• super.成员变量名；

这种形式用于访问父类被隐藏的成员变量和成员方法。

• super.成员方法名([参数列])；

这种形式用于调用父类中被覆盖的方法。

• super([参数列表])；

这种形式用于调用父类的构造方法。其中，super()只能在子类的构造方法中出现，并且永远都是位于子类构造方法中的第一条语句。

【例 3-3】 InheritDemo1.java

```
1   package inheritDemo;
2   class Person {
3     private String name;
4     private int age;
5     public int getAge() {
6       return age;
7     }
8     public void setAge(int age) {
9       this.age=age;
10    }
11    public String getName() {
12      return name;
13    }
14    public void setName(String name) {
15      this.name=name;
16    }
17    public void move() {
18      System.out.println("Person move");
19    }
20  }
21  class Student extends Person {
22    private float weight;                //子类新增成员
23    public float getWeight() {
24      return weight;
25    }
26    public void setWeight(float weight) {
27      this.weight=weight;
28    }
29    public void move() {                 //覆盖了父类的方法 move()
30      super.move();                      //用 super 调用父类的方法
31      System.out.println("Student Move");
32    }
```

```
33  }
34  public class InheritDemo1 {
35    public static void main(String args[]) {
36      Student stu=new Student();
37      stu.setAge(18);
38      stu.setName("张三");
39      stu.setWeight(85);
40      System.out.println(stu.getName()+" is "+stu.getAge()+" years old");
41      System.out.println("weight: "+stu.getWeight());
42      stu.move();
43    }
44  }
```

【程序运行结果】

```
张三 is 18 years old
weight: 85.0
Person move
Student Move
```

【程序解析】

第37行代码不能直接写 stu.age=18,这样会出现编译错误,因为 Person 类中的 age 属性被 private 修饰。

3. 构造方法的继承

子类对于父类的构造方法的继承遵循以下的原则。

(1) 子类无条件地继承父类中的无参构造方法。

(2) 若子类的构造方法中没有显式地调用父类的构造方法,则系统默认调用父类无参构造方法。

(3) 若子类构造方法中没有显式地调用父类的构造方法,且父类中没有无参构造方法的定义,则编译出错。

(4) 对于父类的有参构造方法,子类可以在自己的构造方法中使用 super 关键字来调用它,但必须位于子类构造方法的第一条语句。子类可以使用 this(参数列表) 调用当前子类中的其他构造方法。

【例 3-4】 InheritDemo2. java

```
1   package InheritDemo;
2   class SuperClass {
3     SuperClass() {
4         System.out.println("调用父类无参构造方法");
5     }
6     SuperClass(int n) {
7         System.out.println("调用父类有参构造方法: "+n);
8     }
9   }
10  class SubClass extends SuperClass{
```

```
11      SubClass(int n) {
12      System.out.println("调用子类有参构造方法: "+n);
13      }
14      SubClass(){
15        super(200);
16          System.out.println("调用子类无参构造方法");
17      }
18    }
19    public class  InheritDemo2{
20      public static void main(String arg[]) {
21        SubClass s1=new SubClass();
22        SubClass s2=new SubClass(100);
23    }
24  }
```

【程序运行结果】

```
调用父类有参构造方法: 200
调用子类无参构造方法
调用父类无参构造方法
调用子类有参构造方法: 100
```

【程序解析】

- 第3～5行代码定义父类的无参构造函数。
- 第6～8行代码定义父类的有参构造函数。
- 第11～13行代码定义子类的无参构造函数。
- 第14～17行代码定义子类的有参构造函数。

4. 对象的多态性

Java中的多态性体现在方法的重载与覆盖以及对象的多态性方面。对象的多态性包括向上转型和向下转型。对于向上转型,程序会自动完成;而向下转型必须明确指出转型的子类类型。

(1) 向上转型

格式如下:

```
父类 父类对象=子类实例;
```

要理解Java中的多态性,要先认识向上转型和向下转型。在现实中我们常常这样说:“这个人会唱歌。”在这里,我们并不关心这个人是黑人还是白人,是成人还是小孩,也就是说我们更倾向于使用抽象概念“人”。再比如,麻雀是鸟类的一种(鸟类的子类),而鸟类则是动物中的一种(动物的子类)。现实中我们也经常这样说:“麻雀是鸟。”

这两种说法实际上就是所谓的向上转型,通俗地说就是子类转型成父类,这也符合Java提倡的面向抽象编程思想。

【例3-5】 UpcastDemo.java

```
1   class A {
2     void aMthod() {
3       System.out.println("Superclass->aMthod");
4     }
5   }
6   class B extends A {
7     public void aMthod() {
8       System.out.println("Childrenclass->aMthod");      //覆盖父类方法
9     }
10    void bMethod() {
11      System.out.println("Childrenclass->bmethod");
12    }        //B类定义了自己的新方法
13  }
14  public class  UpcastDemo {
15    public static void main(String[] args) {
16      A a=new B();      //向上转型
        a.aMthod();
17    }
18  }
```

【程序运行结果】

```
Childrenclass->aMthod
```

【程序解析】

在例 3-5 中，类 A 和类 B 之间存在继承关系，子类 B 中实现了方法 aMthod()的覆盖，通过 A a ＝new B()实现了向上转型。需要注意的是，在向上转型中，所调用的方法一定是被子类覆盖的方法，因此，a. bMethod()则产生编译错误，因为 bMethod()是子类 B 新增的方法。

本例中若直接定义为：

```
B a=new B();
a.aMthod();
```

虽然可行，但这样就丧失了面向抽象的编程特色，降低了可扩展性。

提示： 子类尽量不要定义与父类同名的属性，定义的属性尽可能为新增属性；子类定义的方法尽可能是对父类同名方法的覆写。

(2)向下转型

格式如下：

```
子类 子类对象=(子类)父类实例;
```

子类转型成父类是向上转型，反过来说，父类转型成子类就是向下转型。但是，向下转型可能会带来一些问题：我们可以说麻雀是鸟，但不能说鸟就是麻雀。

【例 3-6】 DowncastDemo. java

```
1   class A {
2     void aMthod() {
```

```
3          System.out.println("A method");
4      }
5   }
6   class B extends A {
7      void bMethod1() {
8          System.out.println("B method 1");
9      }
10     void bMethod2() {
11         System.out.println("B method 2");
12     }
13  }
14  public class DowncastDemo {
15     public static void main(String[] args) {
16        A a1=new B();     //向上转型
17        a1.aMthod();      //调用父类 aMthod(),a1 遗失 B 类方法 bMethod1()、bMethod2()
18        B b1= (B) a1;     //向下转型,编译无错误,运行时无错误
19        b1.aMthod();      //调用父类方法
20        b1.bMethod1();    //调用子类方法
21        b1.bMethod2();    //调用子类方法
22        A a2=new A();
23        B b2= (B) a2;     //向下转型,编译无错误,运行时将出错
24        b2.aMthod();
25        b2.bMethod1();
26        b2.bMethod2();
27     }
28  }
```

【程序运行结果】

```
A method
A method
B method 1
B method 2
Exception in thread "main" java.lang.ClassCastException: DowncastDem.A
    at DowncastDem.DowncastDemo.main(DowncastDemo.java:23)
```

【程序解析】

在进行对象向下转型(第 18 行代码)前,必须首先发生对象的向上转型(第 16 行代码),否则将出现对象转换异常(第 23 行代码)。出错是因为 a1 是指向一个子类 B 的对象,所以子类 B 的实例对象 b1 当然也可以指向 a1。而 a2 是一个父类对象,子类对象 b2 不能指向父类对象 a2。那么如何避免在执行向下转型时发生运行时 ClassCastException 异常? 使用 instanceof 就可以了。对相关代码进行如下修改:

```
A a2=new A();
if(a2  instanceof  B) {
  B b2= (B) a2;
  b2.aMthod();
  b2.bMethod1();
```

```
    b2.bMethod2();
}
```

其中 instanceof 运算符是用于在运行时指出对象是否是特定类的一个实例。Instanceof 通过返回一个布尔值来指出，这个对象是否是这个特定类或者是它的子类的一个实例。这样处理后，可以避免在类型转换时会发生 ClassCastException 异常。

3.2.5 抽象类和接口

抽象类和接口体现了面向对象技术中对类的抽象定义的支持。因此抽象类和接口之间存在一定联系，同时又存在区别。

1. 抽象类

定义抽象类的目的是建立抽象模型，为所有的子类定义一个统一的接口。在 Java 中用修饰符 abstract 将类说明为抽象类，一般格式如下：

```
abstract class 类名{
    类体
}
```

说明：

(1) 抽象类是不能直接实例化对象的类，也即抽象类不能使用 new 运算符去创建对象。抽象类必须被子类继承，子类(若非抽象类)必须实现父类(抽象类)中的全部抽象方法。

(2) 抽象类一般包括一个或若干个抽象方法。抽象方法需在 abstract 修饰符进行修饰，抽象方法只有方法的声明部分，没有具体的方法实现部分。抽象类的子类必须重写父类的所有抽象方法才能实例化，否则子类仍然是一个抽象类。

(3) 抽象类中不一定包含抽象方法，但是包含抽象方法的类必须说明为抽象类。

【例 3-7】 AbstractDemo.java

```
1   abstract class Person {
2     private String name;
3       public String getName() {
4       return name;
5     }
6    public void setName(String name) {
7       this.name=name;
8     }
9    abstract void study();
10   }
11  class Student extends Person {
12    void study() {
13    System.out.println("learning Java");
14    }
15   }
```

```
16  class AbstractDemo {
17    public static void main(String args[]) {
18        Person stu=new Student();
19        stu.setName("张三");
20        System.out.print(stu.getName()+" is ");
21        stu.study();
22    }
23  }
```

【程序运行结果】

```
张三 is learning Java
```

【程序解析】

- 第 9 行代码定义抽象类中的抽象方法 study()。
- 第 11～15 行代码中子类继承抽象类，覆写父类中的抽象方法。

2. 接口

C++ 允许类有多个父类，这种特性称为多重继承。由于多重继承使语言变得复杂且低效，Java 语言不支持多重继承，而是采用接口技术取代 C++ 程序中的多继承性。一个类可以同时实现多个接口。接口与多继承有同样的功能，但是省去了多继承在实现和维护上的复杂性。如图 3-4 所示，作为父类的鸟和鸽子与大雁之间是单重继承，昆虫类派生出的蚂蚁和蜜蜂子类之间也是单重继承。单重继承虽然简单，但是也存在缺陷。例如，在鸟类和昆虫类中都包含“飞()”这个方法，如果在一个程序中则存在重复定义的累赘。我们可以提取出一个“飞行动物”的接口来解决这一问题，如图 3-5 所示。

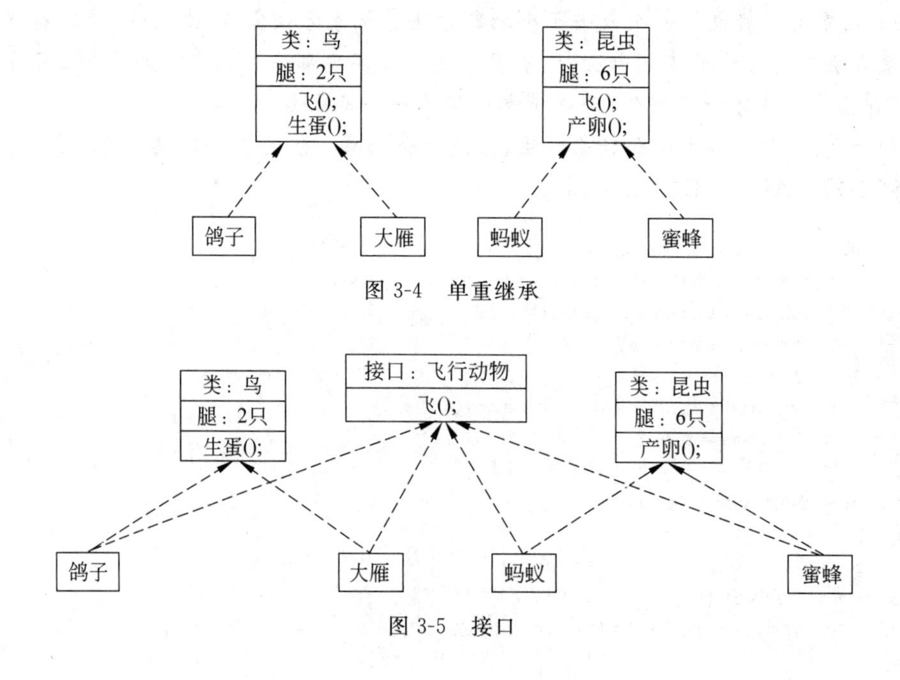

图 3-4　单重继承

图 3-5　接口

接口通过关键字 interface 来定义，接口定义的一般形式为：

```
[访问控制符] interface <接口名>{
  类型标识符 final 符号常量名 n=常数;
    返回值类型 方法名([参数列表]);
      …
}
```

说明：

(1) 接口中的成员变量默认为 public、static、final，必须被显式地初始化，修饰符可以省略。

(2) 接口中的成员方法只能是抽象方法，默认为 public、abstract，修饰符可以省略。

(3) 接口不能被实例化，必须通过类来实现接口。

接口实现的一般形式为：

```
class 类名[extends 父类名] implements 接口 1[,接口名 2…]{
    //类体
}
```

在实现接口的类中，一般必须覆盖实现所有接口中声明的方法，除非将实现的类声明为 abstract 类，并将未实现的方法声明为抽象方法。

【例 3-8】 InterfaceDemo.java

```
1   interface Flyanimal{
2      void fly();
3   }
4   class Insect {
5      int legnum=6;
6   }
7   class Bird {
8     int legnum=2;
9     void egg(){};
10  }
11  class Ant extends Insect implements Flyanimal {
12     public void fly(){
13         System.out.println("Ant can fly");
14     }
15  }
16  class Pigeon extends Bird implements Flyanimal {
17     public void fly(){
18         System.out.println("Pigeon can fly");
19     }
20     public void egg(){
21         System.out.println("Pigeon can lay eggs ");
22     }
23  }
24  public class InterfaceDemo{
25     public static void main(String args[]){
```

```
26        Ant a=new Ant();
27        a.fly();
28        System.out.println("Ant's legs are "+a.legnum);
29        Pigeon p=new Pigeon();
30        p.fly();
31        p.egg();
32    }
33  }
```

【程序运行结果】

```
Ant can fly
Ant's legs are 6
Pigeon can fly
Pigeon can lay eggs
```

【程序解析】

- 第 11 行代码中的 Ant 类继承了 Insect 类,并实现了 Flyanimal 接口。
- 第 16 行代码中的 Pigeon 类继承了 Bird 类,并实现了 Flyanimal 接口。

我们可以从以下几点对接口和抽象类进行区别比较。

- 抽象类和接口都可以有抽象方法。
- 接口中只可以有常量,不能有变量;而抽象类既可以有常量,也可以有变量。
- 接口中只可以有抽象方法,抽象类中既可以有抽象方法,也可以有非抽象方法。

3. final 关键字

final 关键字在 Java 中表示的意思是最终,也可以称为完结器。被 final 修饰的类不能被继承,没有子类。被 final 修饰的方法不能被子类的方法覆盖,因此抽象类不可以使用 final 关键字声明。如果变量被修饰为 final,则该变量就是常量,常量必须显式地初始化,且只能被赋值一次。例如:

```
final int PI=3.1415;
```

3.2.6 包

包是 Java 语言中有效地管理类的一个机制,是一组相关类的集合,类似于操作系统平台对文件的管理时采用的目录树的管理形式。Java 中的包相当于目录,对包含的类文件进行组织管理,只是它们对目录的分隔表达方式不同。为了区别于各种平台,包中采用了“.”来分隔目录。Java 语言每个类都包含在相应的某个包中。包机制引入的作用体现在以下几个方面。

(1) 能够实施访问权限的控制。

(2) 利用包可以区分名字相同的类。在同一包中不允许出现同名类,不同包中可以存在同名类。

(3) 利用包可以对于不同的类文件划分和组织管理。

Java 为用户提供了 130 多个预先定义好的包，本书常用的包如下。

- java.applet：包含所有实现 Java Applet 的类。
- java.awt：包含抽象窗口工具集的图形、文本、窗口 GUI 类。
- java.awt.event：包含由 AWT 组件触发的不同类型事件的接口和类的集合。
- java.lang：包含 Java 程序设计所必需的最基本的类集，如 String、Math、Interger、System 和 Thread，提供常用功能。
- java.util：包含常用的类库、日期等操作，是工具包。
- java.net：包含所有实现网络功能的类。
- java.io：包含所有输入/输出类。
- javax.swing：包含所有图形界面设计中 swing 组件的类。

如果需要使用包中的类，则需要用 import 语句导入包。其中 java.lang 包是 Java 语言的核心类库，它包含运行 Java 程序必不可少的系统类，系统自动为程序导入 java.lang 包中的类，因此，不需要使用 import 语句导入该包中的类。

1. 包的创建

创建包用于将 Java 类放入特定的包中，包可以通过关键词 package 来创建，package 语句必须是 Java 语言程序的第一条语句。

包创建的一般形式为：

```
package<包名 1>.[<包名 2>.[<包名 3>...]]
```

package 语句通过使用“.”来创建不同层次的包，这个包的层次对应于文件系统的目录结构。在 Java 源程序中一旦声明了 package 语句，则该程序编译时生成的 class 文件就会保存在指定的包中，否则将全部放在默认的无名包中，即和源文件相同的文件夹中。

在同一个 Java 源文件中只允许一个 package 语句，多个源程序也可以包含相同的 package 语句，但 package 语句不是必需的。

例如，将 4 个 Java 程序放在同一目录下，编译后将产生如图 3-6 所示目录结构。

```
//*******程序 A.java*******
class A {
    ...
}

//*******程序 Library.java*******
package jsit;
class Library {
    ...
}

//*******程序 Book.java*******
package jsit.library;
class Book {
    ...
```

```
}
//*******程序 Student.java*******
package jsit.library;
class Student {
   ...
}
```

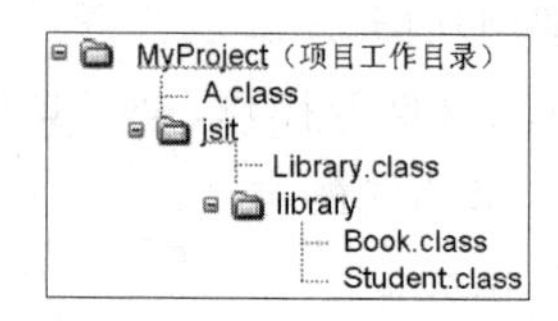

图 3-6　包对应的目录结构

说明：

（1）MyProject 为当前项目工作目录，存放以上 4 个 Java 程序。

（2）A. java 中未定义包，因此编译生成的 class 文件放在默认包中，即当前目录中。

（3）Library. java 中创建 jsit 包，编译后在当前目录下生成的 jsit 目录，并将生成的 Library . class 放在 Myroject\jsit 目录中。

（4）jsit. library 包中的类 Book 和 Student 会放在 Myroject\jsit\library 目录中。

2. 包的引用

如果在 Java 源文件中引用已定义好的类或接口，一般有两种方法。

方法 1：直接使用包，即在要引用的类名前加上包名作为修饰符。一般用于在引用其他包中的类或接口的次数较少的情况下。例如：

```
jsit.library.Book b=new jsit.library.Book();
```

方法 2：使用包引用语句 import。

在 Java 程序中，可以定义多条 import 语句。如果有 package 语句，则 import 语句紧接在其后，否则 import 语句应位于程序的第一条语句。

import 语句常用的格式有两种。

格式 1：

```
import <包名>. <类名>
```

导入指定包中的一个 public 类或者接口。

```
import java.util.Date;
import javax.swing.JButton;
```

格式 2：

```
import <包名>. *
```

导入包中的当前类需要使用的所有类或接口，注意此时不能引用该包中其他文件夹中的类。这种格式一般不被推荐，因为它常导致程序加载许多不需要的类，增加了系统的负载，同时也加大了类名冲突的概率。因此一般建议使用第一种格式。例如：

```
import java.io.*;
import javax.swing.*;
```

在例3-9中，我们将例3-2中的Person类单独保存为Animal.java，编译后在当前目录下生成mypackage目录，其中包含所生成的Person.class文件。在例3-9的另一个文件PackageDemo.java中如果要访问Animal3类，必须在程序第一条语句中通过import引入类或包。

【例3-9】 Person.java

```
1  package mypackage1;
2  public class Person {
3    private String name;
4    private int age;
5    public Person() {
6      this.name="张三";
7      this.age=18;
8    }
9    public Person(int age) {
10     this.age=age;
11   }
12   public Person(String name, int age) {
13      this.name=name;
14      this.age=age;
15   }
16   public int getAge() {
17      return age;
18   }
19   public void setAge(int age) {
20      this.age=age;
21   }
22   public String getName() {
23      return name;
24   }
25   public void setName(String name) {
26      this.name=name;
27   }
28 }
```

【例3-10】 PackageDemo .java

```
1  package mypackage2;
2  import mypackage1.*;
3  public class PackageDemo {
4    public static void main(String args[]) {
5      Person a=new Person();
```

```
6        Person b=new Person();
7        Person c=new Person("王五", 21);
8        System.out.println(a.getName()+" is "+a.getAge()+"years old");
9        System.out.println(b.getName()+" is "+b.getAge()+"years old");
10       System.out.println(c.getName()+" is "+c.getAge()+"years old");
11   }
12 }
```

【程序运行结果】

```
张三 is 18 years old
张三 is 18 years old
王五 is 21 years old
```

【程序解析】

若将第1行代码 package mypackage2 改为 package mypackage1，则 PackageDemo 类和 Person 类均在同一个 mypackage1 包中，此时则可删除第3行代码 import mypackage1.*，无须导入包。具体原因请看3.2.7小节。

3.2.7 访问控制权限

定义类及类成员时，可以通过一些关键字对它们的访问权限进行限制，这些关键字称为修饰符。最常用的修饰符是public(公共的)、protected(保护的)和private(私有的)，如果修饰符默认，则使用默认的访问权限，如表3-1所示。

表3-1 常用修饰符及其访问范围

可见度	public	protected	private	默认
同一类中可见	是	是	是	是
同一包中对子类可见	是	是	否	是
同一包中对非子类可见	是	是	否	是
不同包中对子类可见	是	是	否	否
不同的包中对非子类可见	是	否	否	否

表3-1中所涉及的包及子类的概念，我们将在后续章节进行详细介绍。对于Java中定义的类，只能被public或默认的修饰符修饰。其中public修饰的类可以供所有的类访问。Java默认的修饰符限定的是包级访问权限，即在同一个包下的类都可以访问。类不能被private或protected修饰符修饰。

对于类的成员，若被声明为public，则可以被任何地方的代码访问，即访问权限不受包的限制；若被声明为private，则只能被同一个类中的其他成员所访问，并且该成员不能被子类继承；若被声明为protected，则可由继承的子类访问，也可由包内其他元素访问。对于类的成员，Java默认的仍然是包一级的访问权限。

3.3 任务实施

考试系统中定义的类，在 Person 类中定义了相关属性和方法。

【例 3-11】 Person 类

```
1   class Person implements Serializable {
2     private String name;
3     private String password;
4     public String getName() {
5       return name;
6     }
7     public void setName(String name) {
8       this.name=name;
9     }
10     public String getPassword() {
11       return password;
12     }
13     public void setPassword(String password) {
14       this.password=password;
15     }
16  }
```

【程序解析】

Java 程序中，在类中所定义的属性建议采用 private 访问权限，并通过定义方法 set××××和 get××××修改和获得属性值。这是一种良好的编程习惯，体现了面向对象程序中的封装性。

【例 3-12】 Question 类

```
1  class Question{
2     private String detail="";
3     private String standardAnswer;
4     private String selectedAnswer;
5     public String getDetail(){
6       return detail;
7     }
8     public String getStandardAnswer(){
9       return standardAnswer;
10     }
11     public String getSelectedAnswer(){
12       return selectedAnswer;
13     }
14     public void setDetail(String s){
15       detail=s;
16     }
17     public void setStandardAnswer(String s){
```

```
18        standardAnswer=s;
19      }
20      public void setSelectedAnswer(String s){
21        selectedAnswer=s;
22      }
23      public boolean checkAnswer(){
24        if(standardAnswer.equals(selectedAnswer))
25          return true;
26        return false;
27      }
28      public String toString(){
29        return(standardAnswer+"\t"+selectedAnswer);
30      }
31    }
```

【程序解析】

Question类定义了每道选择题的相关信息,其中:

- 第2行代码中的detail定义的是题目内容;
- 第3行代码中的standardAnswer用于定义标准答案;
- 第4行代码中的selectedAnswer用于定义用户选择的答案;
- 第5~22行代码分别为上述属性定义getter和setter方法;
- 第23行代码中的checkAnswer方法用于比较用户输入的答案与标准答案。

自 测 题

一、选择题

1. 关于被私有访问控制符private修饰的成员变量,以下说法正确的是(　　)。

A. 可以被三种类所引用:该类自身,与它在同一个包中的其他类,在其他包中的该类的子类

B. 可以被两种类访问和引用:该类本身、该类的所有子类

C. 只能被该类自身所访问和修改

D. 只能被同一个包中的类访问

2. 下列关于修饰符混用的说法,错误的是(　　)。

A. abstract不能与final并列修饰同一个类

B. abstract类中不可以有private的成员

C. abstract方法必须在abstract类中

D. staic方法中不能处理非static的属性

3. 能被其他类及类成员访问的控制符的是(　　)。

A. public　　B. private　　C. static　　D. protected

4. 为AB类的一个无形式参数无返回值的method方法书写方法头,若直接使用类

名AB作为前缀就可以调用它,该方法头的形式为(　　)。

A. static void method()　　B. public void method()

C. final void method()　　D. abstract void method()

5. 对于构造方法,下列叙述不正确的是(　　)。

A. 构造方法是类的一种特殊函数,它的方法名必须与类名相同

B. 构造方法的返回类型只能是void型

C. 构造方法的主要作用是完成对类的对象的初始化

D. 一般在创建新对象时,系统会自动调用构造方法

6. 下面关于类及其修饰符的一些描述中不正确的是(　　)。

A. abstract类只能用来派生子类,不能用来创建abstract类的对象

B. final类不但可以用来派生子类,也可以用来创建final类的对象

C. abstract不能与final同时修饰一个类

D. abstract方法必须在abstract类中声明,但abstract类定义中可以没有abstract方法

7. 不使用static修饰符限定的方法称为对象(或实例)方法,下列说法不正确的是(　　)。

A. 实例方法可以直接调用父类的实例方法

B. 实例方法可以直接调用父类的类方法

C. 实例方法可以直接调用其他类的实例方法

D. 实例方法可以直接调用本类的类方法

8. 在Java中,一个类可同时定义许多同名的方法,这些方法的形式参数的个数、类型或顺序各不相同,传回的值也可以不相同。这种面向对象程序特性称为(　　)。

A. 隐藏　　B. 覆盖

C. 重载　　D. Java不支持此特性

9. 在使用interface声明一个接口时,只可以使用(　　)修饰符修饰该接口。

A. private　　B. protected

C. private protected　　D. public

10. 对于子类的构造方法说明,下列叙述中不正确的是(　　)。

A. 子类无条件地继承父类的无参构造方法

B. 子类可以在自己的构造方法中使用super关键字来调用父类的含参数构造方法,但这个调用语句必须是子类构造方法的第一个可执行语句

C. 在创建子类的对象时,将先执行继承自父类的无参构造方法,然后再执行自己的构造方法

D. 子类不但可以继承父类的无参构造方法,也可以继承父类的有参构造方法

二、填空题

1. this是________的引用,super是对________的引用。

2. 在Java程序中,通过类的定义只能实现________重继承,但通过接口的定义可以

实现________重继承关系。

3. 当类的成员未用访问权限修饰符修饰时，Java 默认此成员的访问权限是________。

4. 最终类不能被________，定义最终类的关键字是________。

5. 如果子类中的某个方法的名字、返回值类型和参数列表与它的父类中的某个方法完全一样，则称子类中的这个方法 ________了父类的同名方法。

6. 同类中多个方法具有相同的方法名，不同的________称为方法的重载。

7. 定义类时需要________关键字，继承类时需要________关键字，实现接口时需要关键字________。

8. 在接口中声明成员变量时，变量在默认情况下是________、________、________。

9. 接口中的成员方法只能是抽象方法，默认为________、________。

拓展实践

【实践 3-1】 调试并修改以下程序，使其能正确编译运行。

```
public class Student
{ String name="张三";
  int age;
  public Student()
  {
      age=18;
  }
  public void static main(String args[])
  {
      System.out.println("姓名: "+name+",年龄: "+age);
  }
}
```

【实践 3-2】 实现一个 Person 的类和它的子类 Studen。Person 类只定义了一个属性 name(姓名)，以及有参构造方法，通过构造方法可以对 name 进行初始化。子类 Student 有新增加属性 stuID(学号)。定义一个学生对象(张三,20080601)，输出他的姓名和学号。

```
class People{
   String name;
   People(String name){
  ______【代码 1】______;          //对成员变量 name 初始化
  }
}
class Student extends People{
   String stuID;
   Student(String name,String stuID){
```

```
    ______【代码 2】______;         //对继承自父类的成员变量 name 初始化
    ______【代码 3】______;         //对成员变量 stuID 初始化
  }
}
public class  PeopleDemo{
  public static void main(String arg[]) {
      ______【代码 4】______;  //定义对象
      ______【代码 5】______;  //输出对象的姓名和学号
  }
}
```

【实践 3-3】 编写一个程序,程序中包含以下内容。

(1) 一个学生类(Student),包含的内容如下。

属性:学号 s_No,姓名 s_Name,性别 s_Sex,年龄 s_Age。

方法:构造方法,显示学号方法 showNo(),显示姓名方法 showName(),显示性别方法 showSex(),显示年龄方法 showAge(),修改年龄方法 modifyAge()。

(2) 主类(Ex3_3),包含的内容如下。

主方法 main(),在其中创建两个学生对象 s1 和 s2 并初始化,两个对象的属性自行确定,然后分别显示这两个学生的学号、姓名、性别、年龄,再修改 s1 的年龄并显示修改后的结果。

面试常考题

【面试题 3-1】 静态变量和实例变量的区别是什么?

【面试题 3-2】 是否可以从一个 static 方法内部发出对非 static 方法的调用?

【面试题 3-3】 Integer 与 int 的区别是什么?

【面试题 3-4】 Overload 和 Override 有什么区别? Overloaded 的方法是否可以改变返回值的类型?

【面试题 3-5】 接口是否可继承接口?抽象类是否可实现接口?抽象类是否可继承具体类?抽象类中是否可以有静态的 main()方法?

任务4 利用 Java API 查阅常用类

学习目标

本任务中介绍了如何利用 Java API 查阅常用类，并介绍了 Java 常用类的作用及其方法，应掌握以下内容：

- 熟悉 java. lang 中的 Math 类。
- 熟悉 java. lang 中的 String 类和 StringBuffer 类。
- 熟悉日期相关的 Date、Calendar 和 SimpleDateFormat 类。
- 熟悉 java. lang，math 中的 BigInteger 和类 BigDecimal 类。
- 掌握 Java API 文档的使用方法。

4.1 任务描述

学会利用 Java API 查阅编程时所需使用的类或接口，是每个 Java 程序员都应该掌握的基本技能，本任务中将学会利用 Java API 文档查阅 Java 常用类。

4.2 技术要点

类库就是 Java API(Application Programming Interface，应用程序接口)，是系统提供的已实现的标准类的集合。在程序设计中，合理和充分利用类库提供的类和接口，不仅可以完成字符串处理、绘图、网络应用、数学计算等多方面的工作，而且可以大大提高编程效率，使程序简练、易懂。

Java 类库中的类和接口大多封装在特定的包里，每个包具有自己的功能。附录列出了 Java 中一些常用的包及其功能介绍。有关类的介绍和使用方法，Java 中提供了极其完善的技术文档。我们只需了解技术文档的格式就能方便地查阅文档。

本任务所涉及的常用类分别在 java. lang 包和 java. util 包中。java. lang 是 Java 语言最广泛使用的包，它所包括的类是其他包的基础，由系统自动引入，程序中不必用 import 语句就可以使用其中的任何一个类。java. lang 中所包含的类和接口对所有实际的 Java 程序都是必要的。除了 java. lang 外，其他的包都需要 import 语句引入之后才能使用。下面我们将分别介绍几个常用的类。

4.2.1　字符串类

java.lang 包中提供了 String 类和 StringBuffer 类来处理字符串。与其他许多程序设计语言不同,Java 语言将字符串作为内置的对象来处理,其中 String 类是不可变类。一个 String 对象所包含的字符串内容创建后不能被改变,而 StringBuffer 对象创建的字符串内容可以被修改。

1. String 类

Java 使用 String 类作为字符串的标准格式。Java 编译器把字符串转换成 String 对象。String 对象一旦被创建了,就不能被改变。

1) 创建 String 对象

创建字符串对象的方法有两种:一种是直接赋值;另一种是利用 String 类的构造方法来创建字符串。

(1) 直接赋值法

```
String s1="Hello";
String s2="How are you";
```

(2) 利用构造方法

String 类常用的构造方法为:

```
public String(String value)
```

初始化一个新的 String 对象,使其包含和参数字符串相同的字符序列。

```
String s3=new String("How are you");
```

【例 4-1】 TestString.java

```
1  public class TestString {
2    public static void main(String args[]){
3      String s1="Hello!";
4      String s2;
5      s2=s1;
6      String s3=new String("How are you");
7      System.out.println(s1);
8      System.out.println(s2);
9      System.out.println(s3);
10   }
11 }
```

【程序运行结果】

```
Hello!
Hello!
```

```
How are you!
```

【程序解析】

一个字符串就是String类的匿名对象。用new关键字创建String对象会在内存开辟两个空间，造成内存浪费，因此在实际开发中，建议使用直接赋值的方法创建String对象。

2）字符串的访问

Java语言提供了多种处理字符串的方法，常用的方法说明如下。

(1) int length()：获取字符串的长度，也即字符串中字符的个数。例如：

```
String s4="张三 18 岁";
int len=s4.length();
```

则len的值为5。

(2) char charAt(int index)：获取给定的index处的字符。其中index的取值范围是：0～字符串长度减1。例如：

```
String s4="张三 18 岁";
char ch=s4.charAt(4);
```

则ch中的字符为“岁”。

charAt方法常用于将字符串中的字符逐一读出进行比较等操作。例4-2中通过键盘输入字符串，并检查该串是否为“回文”。

【例4-2】 Palindrome. java

```
1   import java.util.Scanner;
2   public class Palindrome {
3     public static void main(String args[]) {
4         int i,j;
5         char ch1,ch2;
6         String str;
7         boolean flag=true;
8         Scanner s=new Scanner(System.in);
9         System.out.print("输入字符串:");
10        str=s.next();
11        for(i=0, j=str.length()-1; i<j; i++, j--) {
12           ch1=str.charAt(i); ch2=str.charAt(j);
13           if(ch1 !=ch2) {
14              flag=false;
15              break;
16           }
17        }
18    if(flag) System.out.println("字符串"+str+"是回文");
19       else System.out.println("字符串"+str+"不是回文");
20    }
21  }
```

【程序运行结果】

```
输入字符串: level
字符串 level 是回文
```

【程序解析】

通过创建 Scanner 对象从键盘读入字符串(第 8 行、第 10 行),详细介绍请参见任务 11。

3) 字符串的比较

Java 语言提供了字符串的比较方法,这些方法有些类似于操作符,常用的有 equals、equalsIgnoreCase 和 compareTo 方法。一般格式如下。

- s1. equals(s2): 如果 s1 等于 s2,则返回 true;否则为 false。
- s1. equalsIgnoreCase (s2): 功能同 equals 方法,忽略大小写。
- s1. compareTo (s2): 如果 s1<s2,则返回小于 0 的值;如果 s1=s2,则返回 0;如果 s1>s2,则返回大于 0 的值。
- s1. compareToIgnoreCase(s2): 功能同 compareTo 方法,忽略大小写。

【例 4-3】 StrCompare. java

```
1  public class StrCompare {
2    public static void main(String[] args) {
3      String s1="Beijing";
4      String s2=new String("Beijing");
5      String s3="beijing";
6      String s4="Jiangsu";
7      String s5=s1;
8      System.out.println("字符串 s1==字符串 s2-->"+(s1==s2));
9      System.out.println("字符串 s1 equals 字符串 s2-->"+(s1.equals(s2)));
10     System.out.println("字符串 s1 equalsIgnoreCase 字符串 s3-->"
11         +(s1.equalsIgnoreCase(s3)));
12     System.out.println("字符串 s1<字符串 s4-->"+(s1.compareTo(s4)<0));
13     System.out.println("字符串 s1==字符串 s5-->"+(s1==s5));
14     System.out.println("字符串 s1 equals 字符串 s5-->"+(s1.equals(s5)));
15   }
16 }
```

【程序运行结果】

```
字符串 s1==字符串 s2-->false
字符串 s1 equals  字符串 s2-->true
字符串 s1 equalsIgnoreCase 字符串 s3-->true
字符串 s1<字符串 s4-->true
字符串 s1==字符串 s5-->true
字符串 s1  equals  字符串 s5-->true
```

【程序解析】

- 比较字符串还可以使用操作符"==",用于比较两个字符串的地址是否相等(第 8 行)。
- 因为 s1 与 s5 指向同一地址空间,所有 s1==s5 返回的值是 true(第 7、13 行)。

4）字符串的搜索

在字符串中查找字符和子串，确定它们的位置，常用的方法为：indexOf、lastIndexOf。调用形式如下。

- s1. indexOf (int char)：返回 s1 中字符 char 在字符串中第一次出现的位置。
- s1. lastIndexOf (int char)：返回 s1 中字符 char 在字符串中最后一次出现的位置。
- s1. indexOf (String s2)：返回 s2 在 s1 中第一次出现的位置。
- s1. lastIndexOf (String s2)：返回 s2 在 s1 中最后一次出现的位置。

5）字符串的连接和替换

（1）连接字符串

String 类的 concat()方法用于将指定的字符串与参数中的字符串连接，生成一个新的字符串。一般形式如下。

- s1. concat(s2)：将两个字符串连接起来。
- s1. concat("字符串常量")：将字符串和字符串常量连接起来。

例如：

```
String s1="北京";
String s2="欢迎您!"
String s3=s1.concat(s2);
```

将 s1 和 s2 连接生成的新字符串“北京欢迎您!”且 s1 和 s2 的值不发生变化。

（2）修改字符串

修改字符串的常用方法有 replace、toLowerCase、toUpperCase、trim。调用形式如下。

- s1. replace(oldchar,newchar)：用新字符 newchar 替代旧字符 oldchar。若指定字符不存在，则不替代。
- s1. toLowerCase()：将 s1 中的所有大写字母转换为小写字母。
- s1. toUpperCase()：将 s1 中的所有小写字母转换为大写字母。
- s1. trim()：删除 s1 中的首、尾空格。

例如：

```
String s1="Java ";
String  S2=s1.replae('a', 'b');
```

则字符串 s2 为"Jbvb"。

```
String s3=s1.toLowerCase();
String s4=s1. toUpperCase();
```

则字符串 s3 为"java"。

字符串 s4 为"JAVA"。

6）字符数组与字符串间的转换

String 类中提供了字符数组与字符串间的转换方法，使用 toCharArray 方法可以将字符串转换为字符数组，使用 String 类的构造方法可将字符数组转换为字符串。

【例 4-4】 Strchange. java

```
1   public class StrChang {
2     public static void main(String[] args) {
3       String s1="Hello!";
4       char c[]=s1.toCharArray();
5       System.out.print("字符串转换成字符数组:");
6       for(int i=0; i<c.length; i++) {
7           System.out.print(c[i]+" ");
8       }
9       System.out.println();
10      String s2=new String(c);
11      System.out.println("字符数组转换成字符串:"+s2);
12    }
13  }
```

【程序运行结果】

```
字符串转字符数组: Hello!
字符数组转字符串: Hello!
```

【程序解析】

- 第 4 行代码中的 toCharArray()方法将字符串转换成字符数组。
- 第 10 行代码利用 String 的构造方法之一将字符数组作为参数来构建新的字符串。

2. StringBuffer 类

缓冲字符串类 StringBuffer 与 String 类相似，它具有 String 类的很多功能，甚至更丰富。它们主要的区别是：StringBuffer 对象可以方便地在缓冲区内被修改，如增加、替换字符或子串。StringBuffer 对象可以根据需要自动增长存储空间，故特别适合于处理可变字符串。当完成了缓冲字符串数据操作后，可以通过调用其方法 StringBuffer. toString()或 String 构造函数把它们有效地转换回标准字符串格式。

1）创建 StringBuffer 对象

StringBuffer 对象不能通过直接赋值获得，只能使用构造方法来创建 StringBuffer 对象。StringBuffer 类常用的构造函数如表 4-1 所示。

表 4-1　StringBuffer 常用的构造函数

常用的构造函数	用　　途
public StringBuffer()	创建一个空 StringBuffer 对象且初始长度为 16 个字符的空间
public StringBuffer(int length)	创建一个长度为 length 的 StringBuffer 对象
public StringBuffer(String str)	创建一个 StringBuffer 对象，其内容初始化为指定的字符串 str

例如，创建 StringBuffer 对象。

```
StringBuffer s1=new StringBuffer();
s1.append("Java");
StringBuffer s2=new StringBuffer(10);
S2.insert(0, "Java");
StringBuffer s3=new StringBuffer("Java");
```

2）StringBuffer 类的常用方法

StringBuffer 类是可变字符串，因此它的操作主要集中在对字符串内容的改变上。

（1）读取和修改字符

读取 StringBuffer 对象中字符的方法有 charAt 和 getChar，这与 String 对象方法一样。在 StringBuffer 对象中，设置字符及子串的方法有 setCharAt 和 replace；删除字符及子串的方法有 delete 和 deleteCharAt。一般形式如下。

- s1.setCharAt(int index,char ch)：用 ch 替代 s1 中 index 位置上的字符。
- s1.replace(int start,int end,s2)：s1 中从 start(含)开始到 end(不含)结束之间的字符串以 s2 代替。
- s1.delete(int start,int end)：删除 s1 中从 start(含)开始到 end(不含)结束之间的字符串。
- s1.deleteCharAt(int index)：删除 s1 中 index 位置上的字符。

例如：

```
StringBuffers1=new StringBuffer("Java");
s1.setCharAt(1, 'b');              //字符串 s1 为 Jbva
s1.replace(1,3, "ab");             //字符串 s1 为 Jaba
s1.delete(1,3);                    //字符串 s1 为 Ja
s1.deleteCharAt(1);                //字符串 s1 为 J
```

（2）插入和追加字符串

可以在 StringBuffer 对象的字符串之中插入字符串，或在其之后追加字符串，经过扩充之后形成一个新的字符串，方法有 append 和 insert，一般形式如下。

- s1.append(s2)：将字符串 s2 加到 s1 之后。
- s1.insert(int offset,s2)：在 s1 从起始处 offset 开始插入字符串 s2。

例如：

```
StringBuffer s1=new StringBuffer("I am ");
s1.append("a teacher");            //字符串 s1 为：I am a teacher
s1.insert(6, " computer");         //字符串 s1 为：I am a computer teacher
```

4.2.2　Math 类

Math 类位于 java.lang 包中，提供了用于几何学、三角学以及几种一般用途方法的浮点函数，用于执行很多数学运算。Math 类定义的方法是静态的，可以通过类名直接调用。表 4-2 列出了 Math 类的常用方法。

表 4-2　Math 类的常用方法

常 用 方 法	用　　途
static double sin(double a)	三角函数正弦
static double cos(double a)	三角函数余弦
static double tan(double a)	三角函数正切
static double asin(double a)	三角函数反正弦
static double acos(double a)	三角函数反余弦
static double atan(double a)	三角函数反正切
public static double exp(double a)	返回 a 的 e 值
static double log(double a)	返回 a 的自然对数
static double pow (double y,double x)	返回以 y 为底数,以 x 为指数的幂值
static double sqrt(double a)	返回 a 的平方根
static int abs(int a)	返回 a 的绝对值
static int max(int a,int b)	返回 a 和 b 的最大值
static int min(int a,int b)	返回 a 和 b 的最小值
static int ceil(double a)	返回大于或等于 a 的最小整数
static int floor(double a)	返回小于或等于 a 的最大整数
public static double random()	返回一个伪随机数,其值为 0～1

此外,Math 类还定义了如下两个双精度常量。

- double E：常量 E(2.7182818284590452354)。
- double PI：常量 PI(3.14159265358979323846)。

【例 4-5】　MathDemo.java

```
1   public class MathDemo{
2     public static void main(String args[]){
3       int a=16,b=-4;
4       System.out.println("sin(π/4) is "+Math.sin(Math.PI/4.0));
5       System.out.println("2 的 4 次方是 "+Math.pow(2,4));
6       System.out.println("以 e 为底的 e 的对数是 "+Math.log(Math.E));
7       System.out.println("81 的平方根是 "+Math.sqrt(81));
8       System.out.println("abst("+b+")="+Math.abs(a));
9       System.out.println("max("+a+","+b+")="+Math.max(a,b));
10    }
11  }
```

【程序运行结果】

```
sin(π/4) is 0.7071067811865475
2 的 4 次方是 16.0
```

```
以 e 为底的 e 的对数是 1.0
81 的平方根是 9.0
abst(-4)=16
max(16,-4)=16
```

4.2.3 Random 类

Java 中有两种方式生成随机数，一种是 Math 类中的 random()方法，Math. random()返回的是[0,1)中的 double 值小数。如果生成 50～100 的随机数，就先放大 50 倍，即 0～50；如果需要的是整数随机数，需强制转换成 int，然后再加上 50，即为 50～100。例如：

```
(int)(Math.random() * 50)+50
```

另一种生成随机数的方法是使用 java. util. Random 类生成随机数。Random 是随机数产生类，可以指定一个随机数的范围，之后可以任意产生在此范围中的数字。

在生成随机数时，随机算法的起源数字称为种子数(seed)。在种子数的基础上进行一定的变换，从而产生需要的随机数字。相同种子数的 Random 对象用相同次数生成的随机数字是完全相同的。也就是说，两个种子数相同的 Random 对象，第一次生成的随机数字完全相同，第二次生成的随机数字也完全相同。Random 类的常用方法如表 4-3 所示。

表 4-3　Random 类的常用方法

常用方法	用　途
public Random()	创建一个新的随机数生成器
public Random(1000)	使用单个 long 种子创建一个新的随机数生成器
public boolean nextBoolean()	随机生成 boolean 值
public double nextDouble()	随机生成 double 值
public float nextFloat()	随机生成 float 值
public int nextInt()	随机生成 int 值
public int nextInt(int n)	随机生成给定最大值的 int 值
public long nextLong()	随机生成 long 值

【例 4-6】 RandomDemo. java

```
1   import java.util.Random;
2   public class RandomDemo {
3     public static void main(String args[]){
4       for(int i=0;i<5;i++)         //输出 1~10 的随机数
5         System.out.print((int)(1+Math.random() * 10)+"\t");
6       System.out.println();
7       for(int i=0;i<5;i++)         //输出 1~100 的随机数
8         System.out.print(new Random().nextInt(100)+"\t");
```

```
9     }
10  }
```

【程序运行结果】(运行结果不确定)

```
5     9    8    10    1
88    46   7    39    13
```

4.2.4　日期相关的类

Java 中处理日期的类主要有 Date、SimpleDateFormat 和 Calendar。

1. Data 类

Date 类位于 java.util 包中。使用 Date 类的无参构造函数创建的对象可以获取本地当前的时间。常用构造函数及方法如表 4-4 所示。

表 4-4　Date 类的常用构造函数及方法

常用的构造函数及方法	用　途
public Data()	用当前的日期和时间初始化对象
public Data(long miillisec)	接收一个参数,该参数等于从 1970 年 1 月 1 日午夜起至今的毫秒数
public long getTime()	返回自 1970 年 1 月 1 日至今的毫秒数
publicvoid setTime(long time)	设置此 Date 对象,以表示 1970 年 1 月 1 日午夜起至今的以毫秒为单位的时间值
public String toString()	把 Date 对象转换为字符串形式并返回结果

2. SimpleDateFormat 类

日期格式化类 SimpleDateFormat 位于 java.text.DateFormat 包中,主要用于创建格式化对象,提供了将日期/时间信息进行格式化处理的功能,主要是将日期/时间信息(Date 类型数据)转换成人们所习惯的格式字符串以及反向转换的功能。

SimpleDateFormat 有一个常用构造方法,即

```
public SimpleDateFormat(String pattern)
```

该构造方法可以用参数 pattern 指定的格式创建一个对象,该对象调用 format(Data date)方法格式化时间对象 date。需要注意的是,pattern 中应当含有一些有效的字符序列。例如:

- y 或 yy 表示用两位数字输出年份,yyyy 表示用四位数字输出年份。
- M 或 MM 表示用两位数字或文本输出月份。如果想用汉字输出月份,pattern 中应连续包含至少 3 个 M,如 MMM。
- d 或 dd 表示用两位数字输出日。

- H 或 HH 表示用两位数字输出小时。
- m 或 mm 表示用两位数字输出分。
- s 或 ss 表示用两位数字输出秒。
- E 表示用字符串输出星期。

【例 4-7】 DateDemo.java

```
1   import java.util.*;
2   public class DateDemo {
3     public static void main(String[] args) {
4       Date now=new Date();
5       System.out.println("现在的时间: "+now);
6       SimpleDateFormat matter1=new SimpleDateFormat("yyyy年MM月dd日HH时
        mm分ss秒");
7       String timePattern=matter1.format(now);
8       System.out.println(timePattern);
9     }
10  }
```

【程序运行结果】

```
现在的时间: Mon Dec 09 20:15:23 CST 2013
2013年12月09日20时15分23秒
```

3. Calendar 类

目前,Date 类中对年、月、日、小时、分钟和秒值各字段访问的函数已经过时(被废弃了),这些功能被迁移到 java.util.Calendar 类中。

Calendar 类的常用方法见表 4-5。

表 4-5 Calendar 类的常用方法

常用方法	用途
public static Calendar getInstance()	使用默认时区和语言环境获得一个日历
public int get(int field)	返回给定日历字段的值
public void set(int field,int value)	将参数 filed 指定的时间域设置为 value 指定的值
public final void set(int year,int month,int date)	设置当前日期的年月日

Calendar 类是一个抽象类,不能直接用 new 实例化,但可以使用 Calendar 类的静态方法 getInstance()初始化一个日历对象,例如:

```
Calendar calendar=Calendar.getInstance();
```

【例 4-8】 CalendarDemo.java

```
1   import java.util.*;
2   import static java.util.Calendar.*;          //静态导入
3   public class CalendarDemo {
```

```
4     public static void main(String args[]) {
5       Calendar calendar=Calendar.getInstance();
6       calendar.setTime(new Date());
7       String 年=String.valueOf(calendar.get(YEAR)), 月=String
8           .valueOf(calendar.get(MONTH)+1), 日=String.valueOf(calendar
9           .get(DAY_OF_MONTH)), 星期=String.valueOf(calendar
10          .get(DAY_OF_WEEK) -1);
11       System.out.println("现在的时间是：");
12       System.out.println(""+年+"年"+月+"月"+日+"日 "+"星期"+星期);
13    }
14  }
```

【程序运行结果】

```
现在的时间是:
2014年10月1日 星期三
```

【程序解析】

- 第 2 行代码是静态导入。静态导入之后可以让程序使用其导入类中定义的类方法和类变量，而且这些类方法和类变量就像在本地定义的一样。也就是说，静态导入允许在调用其他类中定义的静态成员时，可以忽略类名。
- 直接使用 SimpleDateFormat 类取得时间会比 Calendar 类更加方便，因此在开发中，如果需要取得一个日期，习惯上使用的是 SimpleDateFormat。

4.2.5 BigInteger 类

当一个数字非常大时，则肯定无法使用基本类型接收，所以最早碰到大数字时往往会使用 String 类进行接收，然后再采用拆分的方式进行计算，但操作非常麻烦，所以在 Java 中为了解决这样的难题提供了 BigInteger 类。BigInteger 是大整数类，定义在 java.math 包中，如果在操作时一个整型数据已经超过了整数的最大类型长度 long，数据无法装入，此时可以使用 BigInteger 类进行操作。

BigInteger 类的常用方法见表 4-6。

表 4-6　BigInteger 类的常用方法

常用方法	用　途
public BigInteger(String val)	构造一个十进制的 BigInteger 对象
public BigInteger add(BigInteger val)	返回当前大整数对象与参数指定的大整数对象的和
public BigInteger subtract(BigInteger val)	返回当前大整数对象与参数指定的大整数对象的差
public BigInteger multiply(BigInteger val)	返回当前大整数对象与参数指定的大整数对象的积
public BigInteger divide(BigInteger val)	返回当前大整数对象与参数指定的大整数对象的商
public BigInteger abs()	返回当前大整数对象的绝对值

【例 4-9】 BigIntegerDemo.java

```
1   import java.math.BigInteger;
2   public class BigIntegerDemo {
3     public static void main(String[] args) {
4       BigInteger b1=new BigInteger("123456789");    //定义 BigInteger 对象
5       BigInteger b2=new BigInteger("987654321");    //定义 BigInteger 对象
6       System.out.println("加法操作："+b2.add(b1));             //加法操作
7       System.out.println("减法操作："+b2.subtract(b1));        //减法操作
8       System.out.println("乘法操作："+b2.multiply(b1));        //乘法操作
9       System.out.println("除法操作："+b2.divide(b1));          //除法操作
10    }
11  }
```

【程序运行结果】

```
加法操作：1111111110
减法操作：864197532
乘法操作：121932631112635269
除法操作：8
```

4.2.6 BigDecimal 类

BigDecimal 类和 BigInteger 类都能实现大数字的运算，不同的是 BigDecimal 类加入了小数的概念。一般的 float 型和 double 型数据只可以用于做科学计算或工程计算，但由于在商业计算中要求数字精度比较高，所以要用到 java.math.BigDecimal 类。BigDecimal 类支持任何精度的定点数，可以用它来精确计算货币值。

BigDecimal 类的常用方法见表 4-7。

表 4-7 BigDecimal 类的常用方法

常用方法	用途
public BigDecimal(int)	创建一个具有参数所指定整数值的对象
public BigDecimal(long)	创建一个具有参数所指定双精度值的对象
public BigDecimal(double)	创建一个具有参数所指定长整数值的对象
public BigDecimal(String)	创建一个具有参数所指定以字符串表示的数值的对象
public add(BigDecimal)BigDecimal	对象中的值相加，然后返回这个对象
public subtract(BigDecimal)BigDecimal	对象中的值相减，然后返回这个对象
public multiply(BigDecimal)BigDecimal	对象中的值相乘，然后返回这个对象
public divide(BigDecimal)BigDecimal toString()	对象中的值相除，然后返回这个对象
public doubleValue()	将 BigDecimal 对象中的值以双精度数返回
public floatValue()	将 BigDecimal 对象中的值以单精度数返回

【例 4-10】 BigDecimalDemo. java

```
1   import java.math.BigDecimal;
2   public class BigDecimalDemo{
3     public static void main(String[] args) {
4        BigDecimal bigNumber=new BigDecimal("88.1234567890123456789");
5        BigDecimal bigRate=new BigDecimal(1000);
6        BigDecimal bigResult=new BigDecimal(0);
7        bigResult=bigNumber.multiply(bigRate);
8        System.out.println(bigResult.toString());
9        System.out.println(bigResult);
10       double dData=bigNumber.doubleValue();
11       System.out.println(dData);
12    }
13  }
```

【程序运行结果】

```
88123.4567890123456789000
88123.4567890123456789000
88.12345678901235
```

【程序解析】

在使用 BigDecimal 时，应用 BigDecimal(String)构造方法创建对象才有意义。另外，BigDecimal 所创建的是对象，不能使用传统的+、-、*、/等算术运算符直接对其对象进行数学运算，而必须调用其相对应的方法。方法中的参数也必须是 BigDecimal 的对象。

4.3 任务实施

Java 类库中的预定义类和接口数以千计，程序员可以利用它们来编写自己的应用程序。这些类按其功能分组，构成了各种包。Java API 文档中列出了 Java 类库中每个类的 public 和 protected 成员，以及每个接口的 public 成员，这是学习和使用 Java 语言中最常使用的参考资料之一。该文档对所有的类和接口以及它们的成员提供了详细的说明。本节将介绍如何查看 Java API 文档中的类库。

在 Oracle 官方网站 http://docs.oracle.com/javase/7/docs/api/index.html 可以在线查看 Java 各版本的 API 文档，如图 4-1 和图 4-2 所示。

通常，利用 Java API 文档查找以下内容(以 Java SE 8 API 为例)。

(1) 包含某个类或接口的包；

(2) 某个类或接口与其他类和接口的关系；

(3) 了解类或接口的常量，通常声明为 public static final 域；

(4) 了解构造函数的形式，确定如何初始化某个类的对象；

(5) 了解类的成员方法的声明，包括参数的类型、个数、方法返回类型以及可能抛出的异常。

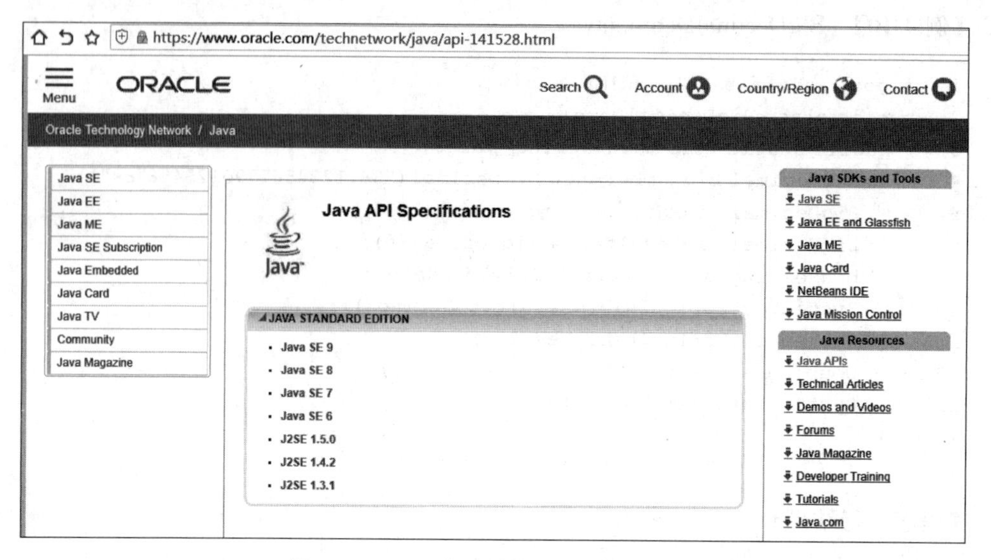

图 4-1 Oracle 官网提供各版本在线查阅

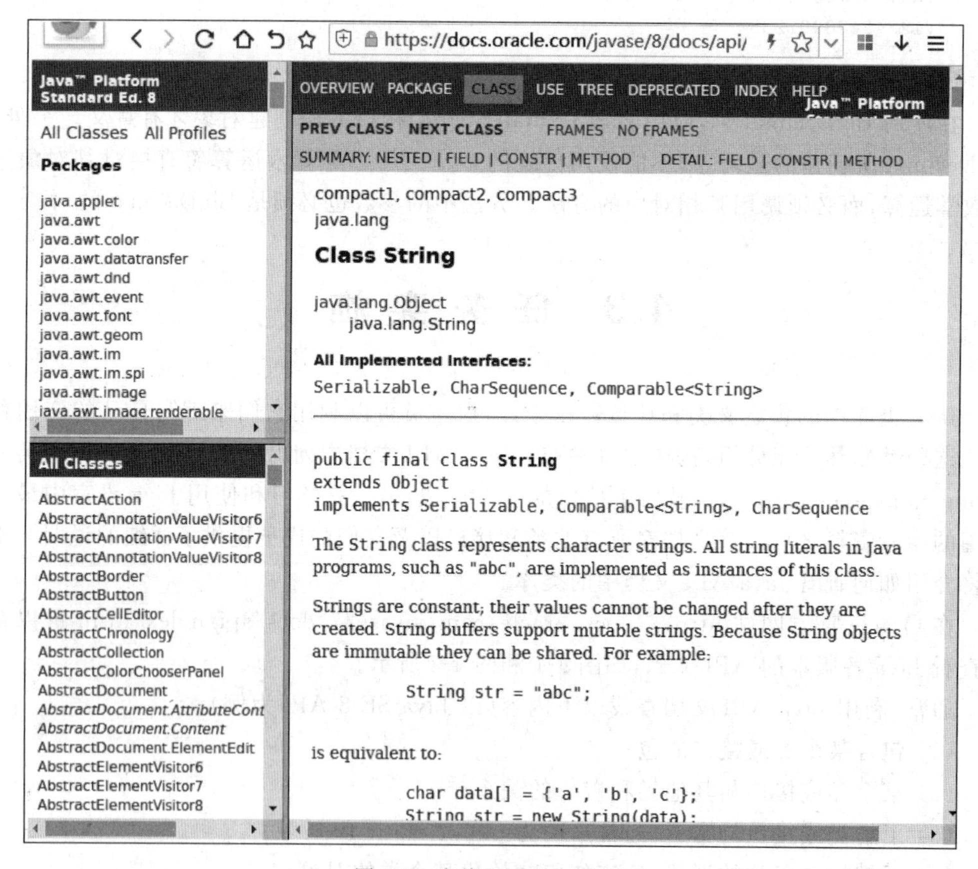

图 4-2 在线查看 Java API

自 测 题

一、选择题

1. 已知有定义：String s="I am a",下面正确的表达式是(　　)。
   A. s += "student";　　　　B. char c=s[1];
   C. int len=s. length;　　　　D. String s=s. toLowerCase();
2. 执行下列代码后,正确的是(　　)。

```
String[]  s= new String[5 ]
```

   A. s[0]=" "　　　　B. s[0] 为 null
   C. s[0]未定义　　　　D. s. length()为 0
3. 下面代码片段会产生编译错误的是(　　)。
   A. String a[]=new String[5]; for(int i=0;i<5;a[++]="");
   B. String a[5];
   C. String[5] a;
   D. String []a=new String[5]; for(int i=0;i<5;a[i++]=null);
4. 下面代码片段中会产生编译错误的是(　　)。
   A. String s="Gone with the wind"; String t="good"; String k=s+t;
   B. String s="Gone with the wind"; String t; t=s[3]+"one";
   C. String s="Gone with the wind"; String standard=s. toUpperCase();
   D. String s="home directory"; String t=s+"directory";
5. 下列用于计算 cos(42)(42 是角度)的方法是(　　)。
   A. double d=Math. cos(42);
   B. double d=Math. cosine(42);
   C. double d=Math. cos (Math. toRadians(42));
   D. double d=Math. cos (Math. toDegrees(42));

二、填空题

1. 字符串中查询指定字符或子串时,可用________和________方法。
2. StringBuffer()构造函数为字符串分配________字符的缓存。
3. 凡生成 StringBuffer 类的一个对象后,还可用________方法或________方法来设定缓存大小。
4. 可以使用 String 类的________方法判断一个字符串的后缀是否是字符串。
5. 可以使用 String 类的________方法比较一字符串是否与字符串相同。

拓展实践

【实践 4-1】 调试并修改以下程序，输出 Hello 及其长度。

```
public class Ex4_1 {
    String str;
    public void Ex4_1(String str) {
        this.str=str;
    }
    int getlength(){
        return(str.length);
    }
    public static void main(String[] args) {
        Ex4_1 test=new Ex4_1("Hello");
        System.out.println("字符串是:"+test.str+" 长度为: "+test.getlength());
    }
}
```

【实践 4-2】 从键盘输入一个字符串和一个字符，若该字符存在于字符串中，则以空格替代该字符。

```
import java.util.*;
import java.io.*;
public class Ex4_2{
  public static void main(String[] args) {
    String str1=new String();
    String str2=new String();
    char ch;
    Scanner reader=new Scanner(System.in);
    System.out.println("输入字符串: ");
    str1=______【代码 1】______;        //输入字符串
    System.out.println("输入要删除的字符: ");
    str2=______【代码 2】______;        //输入要删除的字符,以字符串的形式输入
    ch=______【代码 3】______;          //将字符串 str2 转换为字符
    str2=______【代码 4】______;        //用空格替代指定字符
    System.out.println("删除字符后的字符串  "+str2);
  }
}
```

【实践 4-3】 假设 s 是一个形如"cat223dog456nice25ttt98"的串，其特征是数字与字符交错，我们希望知道这个串中有多少个数字段。假设该串必须以字符开始，给出了如下代码，请完善之。

```
class Ex4_3 {
    public static void main(String[] args) {
        String s="cat223dog456nice25ttt98";
```

```
        boolean old_tag=false;          //表示开始不是数字
        boolean tag=false;
        int n=0;                        //数字组计数
        for(int i=0; i<s.length(); i++){
            char c=s.charAt(i);
            tag=c>='0' && c<='9';       //是否为数字
            if(!old_tag && tag) n++;
            old_tag=tag;
        }
            System.out.print("共有数字段 "+n+" 个");}
}
```

【实践 4-4】 从键盘输入两个字符串,验证第一个字符串是否为第二个字符串的子串。

面试常考题

【面试题 4-1】 “String s=new String("xyz");”创建了几个 String 对象? 这些对象之间有什么区别?

【面试题 4-2】 "=="和 equals 方法之间有什么区别?

任务 5　捕获考试系统中的异常

学习目标

本任务通过自定义用户输入的年龄异常类，介绍了 Java 程序中的异常处理机制，应掌握以下内容：

- 熟悉异常类的层次结构，能够区别 Error 类和 Exception 异常类及其处理。
- 了解 Java 的异常处理机制。
- 掌握在程序中使用 try-catch-finally 语句结构处理异常的方法。
- 掌握异常的声明和抛出方法。
- 掌握自定义异常的方法。

5.1　任务描述

考试系统中会出现各种异常，比如用户注册需要输入年龄，若输入不合理的年龄时将会引发异常。Java 程序中有时需要捕获异常，并做相关处理。下面将学习如何利用 Java 异常处理机制处理程序中的异常。

5.2　技术要点

在进行程序设计时，错误的产生是不可避免的，其中错误包括语法错误和运行错误。一般称编译时被检测出来的错误为语法错误，这种错误一旦产生程序将不被运行。然而，并非所有错误都能在编译期间检测到。有些问题可能会在程序运行时才暴露出来。例如，想打开的文件不存在、网络连接中断、受控操作数超出预定范围、除数为 0 等，这类在程序运行时代码序列中产生的出错情况称为运行错误。这种运行错误如果没有及时进行处理，可能会造成程序中断、数据遗失乃至系统崩溃等问题。

在 Java 语言中，异常是一个程序执行期间发生的事件，它中断了正在执行程序的正常指令流。在不支持异常处理的传统程序设计语言中，需要包含很长的代码来识别潜在运行错误的条件，传统检测错误的方法包括使用一些可以设置为真或假的变量来对错误进行捕获。若相似的错误条件必须在每个程序中分别处理，这将十分麻烦而且低效。例如,在C语言中通过使用if语句来判断是否出现了错误,同时,调用函数通过被调用函数的返回值感知在被调用函数中产生的错误事件并进行处理。但是,这种错误处理机制会遇到以下问题:把大部分精力花在出错处理上;只把能够想到的错误考虑到,对其他的情况无法处理;程序可读性差,大量的错误处理代码混杂在程序中;出错返回信息量太少,无法更确切地了解错误状况或原因。

例5-1程序中没有任何异常处理的相关代码,编译时能顺利通过,但运行时屏幕显示出错信息,并中断程序的运行。

【例5-1】 TestException.java

```
1  class TestException1{
2    public static void main(String args[]){
3      int a=8,b=0;
4      int c=a/b;          //除数为0,出现异常
5      System.out.print(c);
6    }
7  }
```

【程序运行结果】

```
程序出错提示信息:
Exception in thread "main" java.lang.ArithmeticException: /by zero
        at TestException1.main(TestException1.java:4)
```

【程序解析】

程序出错原因是因为除数为0。Java发现这个错误之后,便由系统抛出ArithmeticException这个异常,用于说明错误的原因,以及出错的位置是在TestException1.java程序中的第4行,并停止运行程序。因此,如果没有编写处理异常的程序代码,则Java的默认异常处理机制会先抛出异常,然后终止程序运行。

例5-1中出现的异常比较简单,在编程中完全可以避免,但是有的异常在程序的编写过程中是无法预知的。例如,要访问的文件不存在,网络连接的过程中发生中断等。为了处理程序运行中一些无法避免的异常,Java语言提供了异常处理机制,为方法的异常终止和出错处理提供了清楚的接口,同时将功能代码和异常处理的代码进行分离编写。

5.2.1 异常类

1. 异常类的层次结构

Java中的所有异常都是Throwable类或子类,而Throwable类又直接继承自Object类。Throwable类有两个子类:java.lang.Error与java.lang.Exception类。Exception类又进一步细分为RuntimeException(运行异常)类和Non-RuntimeException(非运行异常)类。图5-1显示了各异常之间的继承关系。

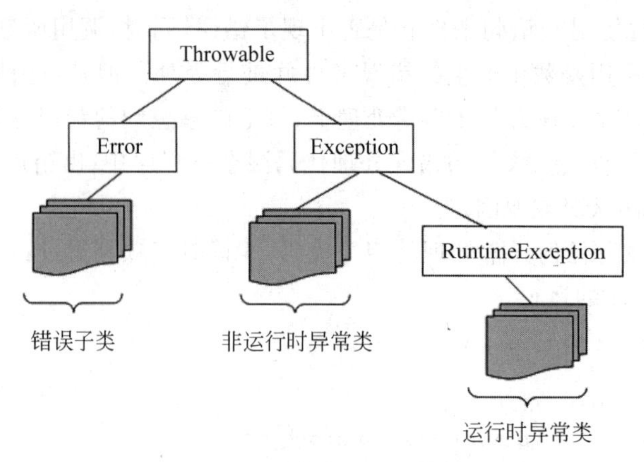

图 5-1　异常类的层次结构

2. Error 类及其子类

Error 类专门用于处理严重影响程序运行的错误，一般情况下不用设计程序代码去捕捉这种错误，其原因在于即使捕捉到它，也无法给予适当的处理，例如，虚拟机错误、动态链接失败等。表 5-1 列出一些常见的 Error 异常类。

表 5-1　Error 异常类

异 常 类 名	用　　途
LinkageError	动态链接失败
VirtualMachineError	虚拟机错误
AWTError	AWT 错误

3. Exception 类及其子类

相对于 Error 类，Exception 类包含一般性的异常，这些异常通常在捕捉到之后可以做一些妥善的处理，以确保程序继续运行。从异常类的继承层次结构图中可以看出，Exception 类的若干子类中包含运行时异常和非运行时异常。

1）运行时异常（RuntimeException）

运行时异常表现在 Java 运行系统执行过程中的异常。对于 RuntimeException 异常，即使不编写异常处理的程序代码，依然可以编译成功，因为该异常是在程序运行时才有可能发生，例如算术异常（除数为 0）、数组下标越界等。由于这类异常产生比较频繁，并且通过仔细编程完全可以避免。如果显式地通过异常处理机制去处理，则会影响整个程序的运行效率。因此，对于 RuntimeException 类异常，一般由系统自动检测，并将它们交给默认的异常处理程序。表 5-2 列出几种常见的异常。

表 5-2　常用运行时异常类

异　常　类	用　　途
ArithmeticException	除数为零的异常
IndexOutOfBoundsException	下标越界异常
ArrayIndexOutOfBoundsException	访问数组元素的下标越界异常
StringIndexOutOfBoundsException	字符串下标越界异常
ClassCaseException	类强制转换异常
NullpointerException	当程序试图访问一个空数组中的元素，或访问一个空对象中的方法或变量时产生的异常

2）非运行时异常

非运行时异常是由编译器在编译时检测是否会发生在方法的执行过程中的异常。对于非运行时异常即使通过仔细编程也无法避免，例如，要访问的文件不存在等情况。这类异常通常都在 JDK 说明文档中定义的方法后面通过 throws 关键字将异常抛出，编程时必须捕获并做相应处理。如图 5-2 所示，java. io. Reader 类中定义的方法如下。

```
public int read(CharBuffer target) throws IOException
```

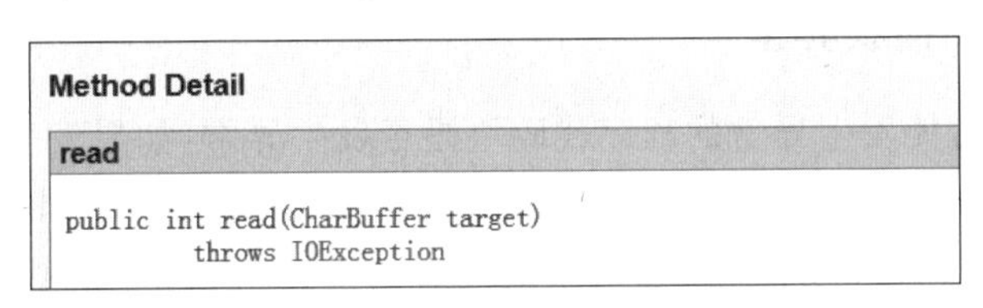

图 5-2　java. io. Reader 类中的 read 方法

在编程中若要使用 read 方法，则必须对其可能产生的 IOException 异常进行捕获和相应的处理。

表 5-3 列出了常用的非运行时异常。

表 5-3　常用非运行时异常

异 常 类 名	用　　途
ClassNotFoundException	指定类或接口不存在的异常
IllegalAccessException	非法访问异常
IOException	输入/输出异常
FileNotFoundException	找不到指定文件的异常
ProtocolException	网络协议异常
SocketException	Socket 操作异常
MalformedURLException	统一资源定位器(URL)的格式不正确的异常

5.2.2 异常捕获和处理

例 5-1 中异常发生后，系统自动把这个异常抛出，但是抛出之后没有程序代码去捕捉(catch)异常并进行相应的处理。Java 中的异常处理是由 try、catch 与 finally 三个关键字所组成的程序块，其语法为：

```
try{
    正常程序段，可能抛出异常;
}
catch(异常类 1 异常变量) {
    捕捉异常类 1 有关的处理程序段;
}
catch(异常类 2 异常变量) {
    捕捉异常类 2 有关的处理程序段;
}
    …
finally{
    一定会运行的程序代码;
}
```

1. try 块用于捕获异常

try 用于监控可能发生异常的程序代码块是否发生异常，如果发生异常 try 部分将抛出异常类所产生的对象并立刻结束执行，而转向异常处理代码 catch 部分。对于系统产生的异常或程序块中未用 try 监视所产生的异常，将一律被 Java 运行系统自动将异常对象抛出。

2. catch 用于处理异常

抛出的对象如果属于 catch()括号内欲捕获的异常类，则 catch 会捕获此异常，然后进入 catch 块里继续运行。catch 包括两个参数：一个是类名，指出捕获的异常类型，必须是 Throwable 类的子类；一个是参数名，用于引用被捕获的对象。catch 块所捕获的对象并不需要与它的参数类型精确匹配，它可以捕获参数中指出的异常类的对象及其所有子类的对象。

在 catch 块中对异常处理的操作根据异常的不同而执行不同的操作，例如，可以进行错误恢复或者退出系统，通常的操作是打印异常的相关信息，包括异常的名称、产生异常的方法名、方法调用的完整的执行栈的轨迹等。异常类常用方法如表 5-4 所示。

表 5-4 异常类常用方法

常用方法	用途
void String getMessage()	返回异常对象的一个简短描述
Void String toString()	获取异常对象的详细信息
void printStackTrace()	在控制台上打印异常对象和它的追踪信息

【例 5-2】 TryCatchDemo.java

```
1   public class TryCatchDemo{
2     public static void main(String args[]){
3       try {
4             int a=8,b=0;
5             int c=a/b;
6             System.out.print(c);
7           }
8       catch(ArithmeticException e)  {
9         System.out.println("发生的异常的简短描述信息是: "+e.getMessage());
10        System.out.println("发生的异常的详细描述信息是: "+e.toString());
11      }
12    }
13  }
```

【程序运行结果】

```
发生的异常的简短描述是: / by zero
发生的异常的详细描述信息是: java.lang.ArithmeticException: / by zero
```

【程序解析】

- 第 9 行输出异常对象的简短描述。
- 第 10 行输出异常对象的详细描述。

3. finally 块用于进行清除工作

finally 块是可选的,通过 finally 语句可以为异常处理提供一个统一的出口,使在控制流转到程序的其他部分以前,能够对程序的状态作统一的处理。不论在 try 代码块中是否发生了异常,finally 代码块中的语句都会被执行。通常在 finally 语句中可以进行资源的清除工作,例如,关闭打开的文件、删除临时文件等。

【例 5-3】 TryCatchFinally.java

```
1   public class TryCatchFinally{
2     public static void main(String args[]){
3       try {
4           int  arr[]=new int[5];
5           arr[5]=100;
6       }catch(ArrayIndexOutOfBoundsException e)  {
7           System.out.println("数组越界!");
8       }catch(Exception e){
9           System.out.println("捕获所有其他 Exception 类异常!");
10      }
11      finally {
12          System.out.println("程序无条件执行该语句!");
13     }
14    }
15  }
```

【程序运行结果】

```
数组越界!
程序无条件执行该语句!
```

【程序解析】

当代码中可能出现多种异常时,可以分别用多个 catch 语句捕获,往往将最后一个 catch 子句的异常类指定为所有异常类的父类 Exception,这是为了避免若发生的异常不能和 catch 子句中所提供的异常类型匹配时,则全部交由 catch(Exception e)对应的程序代码来处理。但要注意,异常子类必须在其任何父类之前使用,若将 catch(Exception e)作为第一条 catch 子句,则所有异常将被其捕获,而不能执行到其后 catch 子句。

5.2.3 异常的抛出(throw)

异常的抛出可以分为两大类:一类是由系统自动抛出(例 5-2 和例 5-3),另一类则是通过关键字 throw 将异常对象显式地抛出。显式抛出异常从某种程度上实现了将处理异常的代码从正常流程代码中分离开,使程序的主线保证相对完整,同时增加了程序的可读性和可维护性。异常沿着调用层次向上抛出,交由调用它的方法来处理。

异常抛出的语法为:

```
throw new 异常类();
```

其中异常类必须是 Throwable 类及其子类。

【例 5-4】 TestException2.java

```
1  class TestException2 {
2    static void throwOne(int i) {
3    if(i==0)
4        throw new ClassNotFoundException();
5    }
6    public static void main(String args[]) {
7        throwOne(0);
8    }
9  }
```

【程序解析】

第 2 行代码中的 throwOne()方法通过 throw 将产生的 classNotFoundException 异常对象抛出。但是该程序仍然有编译错误,这是因为既没有在 throwOne()方法处进行异常类的声明,又没有在 main()方法中对异常进行捕获和处理。

5.2.4 异常的声明(throws)

如果程序中定义的方法可能产生异常,可以直接在该方法中捕获并处理该异常;也可以向上传递,由调用它的方法来处理异常。这时需要在该方法名后面进行异常的声明,表示该方法中可能有异常产生。通过 throws 子句列出了可能抛出的异常类型。若该方法中可能抛出多个异常,则将异常类型用逗号分隔。包括 throws 子句的方法声明的一般格式如下:

```
<类型说明>方法名(参数列表) throws <异常类型列表>
{
    方法体;
}
```

在例 5-5 中,将例 5-4 进行改进,添加异常的声明。

【例 5-5】 TestException3.java

```
1   class TestException3{
2     static void throwOne(int i) throws ArithmeticException {
3       if(i==0)
4         throw new ArithmeticException("i 值为零");
5     }
6     public static void main(String args[]){
7       try{
8         throwOne(0);
9       }
10      catch(ArithmeticException e){
11        System.out.println("已捕获到异常错误: "+e.getMessage());
12      }
13    }
14  }
```

【程序运行结果】

```
已捕获到异常错误: i 值为零
```

【程序解析】

- 第 2 行代码中的异常声明表示在调用 throwOne()时必须先捕获异常,或将异常抛出。
- 第 4 行代码满足条件时抛出异常。
- 第 7～10 行代码调用 throwOne(),用 try...catch 捕获异常。

5.2.5 自定义异常类

系统定义了有限的异常用于处理可以预见的较为常见的运行错误。对于某个应用所特有的运行错误,有时则需要创建自己的异常类来处理特定的情况。用户自定义的异常类,只需继承一个已有的异常类就可以了,包括继承 Exception 类及其子类,或者继承已自定义好的异常类。如果没有特别说明,可以直接用 Exception 类作为父类。自定义类的格式如下:

```
class 异常类名 extends Exception
```

```
{
    ...
}
```

由于 Exception 类并没有定义它自己的任何方法,它继承了 Throwable 类提供的方法,所以任何异常都继承了 Throwabe 定义的方法。常用方法如表 5-4 所示。也可以在自定义的异常类中覆盖这些方法中的一个或多个方法。

自定义异常不能由系统自动抛出,只能在方法中通过 throw 关键字显式地抛出异常对象。使用自定义异常的步骤如下。

- 首先通过继承 java.lang.Exception 类声明自定义的异常类。
- 在方法的声明部分用 throws 语句声明该方法可能抛出的异常。
- 在方法体的适当位置创建自定义异常类的对象,并用 throw 语句将异常抛出。
- 调用该方法时对可能产生的异常进行捕获,并处理异常。

例 5-6 演示了如何创建自定义的异常类以及如何通过 throw 关键字抛出异常。

【例 5-6】 MyException.java

```
1   class MyException extends Exception {
2     private int num;
3     MyException(int a) {
4        num=a;
5     }
6     public String toString() {
7       return "MyException["+num+"]";
8     }
9   }
10  public class ExceptionDemo {
11    static void test(int i) throws MyException {
12      System.out.println("调用 test("+i+")");
13      if(i>10)
14        throw new MyException(i);
15      System.out.println("正常退出 ");
16    }
17    public static void main(String args[]) {
18       try {
19          test(5);
20          test(15);
21       }
22       catch(MyException e) {
23          System.out.println("捕捉 "+e.toString());
24       }
25    }
26  }
```

【程序运行结果】

```
调用 test(5)
正常退出
```

```
调用 test(15)
捕捉 MyException[15]
```

【程序解析】

- 第1行代码自定义异常 MyException 并继承自 Exception 类。
- 第11行代码为异常的声明。
- 第14行代码表示满足条件就抛出异常。
- 第18～24行代码调用 test()方法来捕获异常。

5.3　任务实施

例5-7中是自定义年龄异常，当输入的年龄大于、等于50或等于18岁，将抛出异常。

【例5-7】 Age.java

```
1   class AgeException extends Exception{
2     String message;
3     AgeException(String name,int m){
4       message=name+"的年龄"+m+"不正确";
5     }
6     public String toString(){
7       return message;
8     }
9   }
10  class User{
11    private int age=1;
12    private String  name;
13    User(String name){
14        this.name=name;
15    }
16    public void setAge(int age) throws AgeException{
17      if(age>=50||age<=18)
18        throw new AgeException(name,age);
19      else
20        this.age=age;
21    }
22    public int getAge(){
23      System.out.println("年龄"+age+": 输入正确");
24      return age;
25    }
26  }
27  public class Age{
28    public static void main(String args[]){
29      User 张三=new User("张三");
30      User 李四=new User("李四");
31       try {
32          张三.setAge(-20);
```

```
33            System.out.println("张三年龄是："+张三.getAge());
34         }
35         catch(AgeException e){
36            System.out.println(e.toString());
37         }
38         try {
39            李四.setAge(18);
40            System.out.println("李四年龄是："+李四.getAge());
41         }
42         catch(AgeException e){
43            System.out.println(e.toString());
44         }
45      }
46   }
```

【程序运行结果】

```
张三的年龄-20不正确
李四的年龄18不正确
```

【程序解析】

- 第1～9行代码定义异常的子类AgeException。
- 第16行代码定义setAge()方法并进行异常的声明。
- 第17～19行代码表示年龄大于、等于50岁或小于18岁时抛出异常。
- 第31～37行代码调用setAge()方法来捕获异常。

自 测 题

一、选择题

1. 可以抛出异常的关键字是(　　)。

   A. transient　　B. finally　　C. throw　　D. static

2. 给出下面的代码。

```
class test{
    public static void main(String args[]) {
        int a[]=new int[10];
        System.out.println(a[10]);
    }
}
```

正确的选项是(　　)。

   A. 编译时将产生错误　　B. 编译时正确，运行时将产生异常

   C. 编译时将产生异常　　D. 输出为空

3. 对于已经被定义过可能抛出异常的语句，在编程时(　　)。

A. 必须使用 try/catch 语句处理异常，或用 throw 将其抛出

B. 如果程序错误，必须使用 try/catch 语句处理异常

C. 可以置之不理

D. 只能使用 try/catch 语句处理

4. 如果一个程序段中有多个 catch 块，程序会(　　)。

A. 每个 catch 块都执行一次

B. 把每个符合条件的 catch 块都执行一次

C. 找到适合的异常类型后就不再执行其他 catch 块

D. 找到适合的异常类型后继续执行后面的 catch 块

5. 下列描述了 Java 语言通过面相对象的方法进行异常处理的好处，则不在这些好处范围之内的一项是(　　)。

A. 把各种不同的异常事件进行分类，体现了良好的继承性

B. 把错误处理代码从常规代码中分离出来

C. 可以利用异常处理机制代替传统的控制流程

D. 这种机制对具有动态运行特性的复杂程序提供了强有力的支持

6. 下面关于捕获异常顺序说法正确的是(　　)。

A. 应先捕获父类异常，再捕获子类异常

B. 应先捕获子类异常，再捕获父类异常

C. 有继承关系的异常不能在同一个 try 块中被捕获

D. 如果先匹配到父类异常，后面的子类异常仍然可以被匹配到

7. 以下按照异常应该被捕获的顺序排列的是(　　)。

A. Exception、IOException、FileNotFoundException

B. FileNotFoundException、Exception、IOException

C. IOException、FileNotFoundException、Exception

D. FileNotFoundException、IOException、Exception

8. 下列错误不属于 Error 的是(　　)。

A. 动态链接失败　　B. 虚拟机错误

C. 线程死锁　　D. 被零除

二、填空题

1. 异常类可分为两大类：________与________。这两个类均继承自________类。

2. 对于________异常，即使不编写异常处理的程序代码，依然可以编译成功；对于________异常类，例如 IOException，这一类异常即使通过仔细编程也无法避免。

3. 异常的抛出可以分为两大类：一类是通过________抛出；另一类则是通过________抛出。

4. Java 中的异常处理是由________、________、________三个关键字所组成的程序块。

5. 关键字________用于异常的抛出，关键字________用于异常的声明。

拓展实践

【实践5-1】 调试并修改以下程序，使其能正确捕获到异常并处理。

```
public class Ex5_1{
  public static void main(String[] args) {
    try {
      int num[]=new int [10];
      System.out.println("num[10] is "+num[10]);
    }
    catch(Exception ex){
      System.out.println("Exception");
    }
    catch(RuntimeException ex){
      System.out.println("RuntimeException");
    }catch(ArithmeticException ex){
      System.out.println("ArithmeticException");
    }
  }
}
```

【实践5-2】 键盘输入a和b两个数，计算a/b的值。对于除数不能为0和运算结果小于0的异常进行捕获并处理。

```
public class Ex5_2{
  static double cal(double a, double b)
         ________【代码1】________;     //IllegalArgumentException异常的声明
  {  double value;
     if(b==0)
     {//抛出IllegalArgumentException异常,并定义消息字符串为"除数不能为0"
       ________【代码2】________;
     } else {
       value=a/b;
       if(value<0)
       {//抛出IllegalArgumentException异常,并定义消息字符串为"运算结果小于0"
         ________【代码3】________;
       }
     }
     return value;
  }
  public static void main(String[] args)
  {  double result;
     try
     {  double a=Double.parseDouble(args[0]);
        double b=Double.parseDouble(args[1]);
        result=cal(a, b);
```

```
        System.out.println("运算结果是: "+result);
      }
      ______【代码 4】______;        //处理 llegalArgumentException 异常
      {
        System.out.println("异常说明: "+e.getMessage());
      }
    }
}
```

【实践 5-3】 创建自定义异常类 sqrtException,显示信息“发生输入负数异常!”。主类包含 main()方法和 s()方法。在 s()方法中判断传入参数的正负,如果该数小于 0,则用 throw 语句抛出自定义异常 sqrtException;如果大于 0,就返回该数的平方根,所有数据用 double 类型。main()方法负责将键盘输入的值传递给 s()方法。

面试常考题

【面试题 5-1】 错误(Error)和异常(Exception)有什么区别?

【面试题 5-2】 请写出你最常见到的 5 个运行时的异常。

学生在线考试系统（单机版）

- 任务6　创建登录界面中的容器与组件
- 任务7　设计用户登录界面的布局
- 任务8　处理登录界面中的事件
- 任务9　使用泛型和集合框架处理数据
- 任务10　设计用户注册界面
- 任务11　读写考试系统中的文件
- 任务12　设计考试系统中的倒计时
- 任务13　设计考试功能模块
- 任务14　利用数据库存储系统信息

任务6　创建登录界面中的容器与组件

学习目标

本任务通过创建考试系统中用户登录界面，介绍了 Java 图形用户界面的编程基础。应掌握以下内容：

- 了解 AWT 和 Swing 的区别和联系。
- 掌握容器的概念及其分类。
- 掌握容器 JFame、JPanel、JDialog 的使用方法。
- 掌握组件 JButton、JLabel、JTextFiled、JTextArea 和 JPasswordField 的使用方法。
- 掌握将组件添加到容器中的方法。

6.1　任务描述

本部分所要完成的学习任务是创建用户登录界面中的容器与组件。用户登录界面设计为图形用户界面(Graphics User Interface,GUI)。作为整个系统的入口，它需要用户进行必要的身份验证，因此包含了最基本的要素——提供用户名和密码输入的编辑区域，引导用户进入相应功能模块的“登录”“注册”“取消”按钮，如图 6-1 所示。下面将详细介绍如何构建一个用户登录界面，以及创建界面上的相关组件。

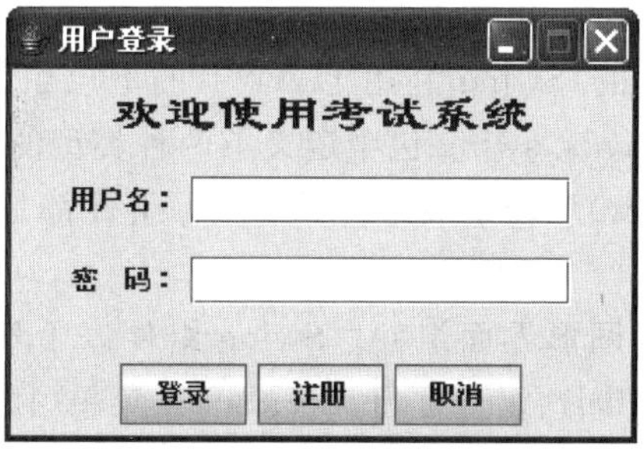

图 6-1　用户登录界面

6.2 技术要点

6.2.1 AWT和Swing

Java的抽象窗口工具包AWT(Abstract Window ToolKit)提供了支持GUI设计的类和接口,AWT由java.awt包提供。

AWT中的图形函数与操作系统所提供的图形函数之间有着一一对应的关系,也就是说,当我们利用AWT来构建图形用户界面时,实际上是在利用操作系统所提供的图形库。由于不同操作系统的图形库所提供的功能是不一样的,在一个平台上存在的功能在另外一个平台上则可能不存在。为了实现Java语言"一次编译,到处运行"的特性,AWT不得不通过牺牲功能来实现其平台无关性,即AWT只拥有所有平台上都存在的组件的公有集合。例如,在Motif平台上,按钮是不支持图片显示的,因此AWT按钮不能插入图片。由于AWT是依靠本地方法来实现其功能的,因此我们通常把AWT控件称为重量级组件。

由于AWT不能满足图形化用户界面发展的需要,Java 2(JDK 1.2)推出后,增加了一个新的Swing包,由javax.swing提供。Swing是在AWT的基础上构建的一套新的图形界面系统,它提供了比AWT更强大和更灵活的组件,并且所有组件都完全用Java书写,因此具有良好的跨平台性。由于在Swing中没有使用本地方法来实现图形功能,因此我们通常把Swing组件称为轻量级组件。

在实际应用中,由于AWT是基于本地方法的C/C++程序,其运行速度比较快,对于一个嵌入式应用来说,目标平台的硬件资源往往非常有限,AWT成为嵌入式Java的第一选择。Swing是基于AWT的Java程序,其运行速度比较慢,也就是通过牺牲运行速度来实现应用程序的功能。一般在标准版的Java中,为了强化应用程序的功能,会提倡使用Swing。

1. Swing框架

对Swing最普遍的错误认识是认为其设计目的是用于替代AWT的。事实上,Swing是建立在AWT之上的,Swing利用了AWT的下层组件,包括图形、颜色、字体、工具包和布局管理器。在javax.swing包中定义了两种类型的组件:顶层容器(JFrame、JApplet、JDialog和JWindow)和轻量级组件。Swing组件都是Container类的直接子类或间接子类。

Swing提供了许多新的图形界面组件。Swing组件以J开头,除了有与AWT类似的按钮(JButton)、标签(JLabel)、复选框(JCheckBox)、菜单(JMenu)等基本组件外,还增加了一个丰富的高层组件集合,如表格(JTable)、树(JTree)。

Swing基本框架如图6-2所示。

本书主要以Swing中的组件进行图形界面设计,涉及字体、颜色、布局等则是利用

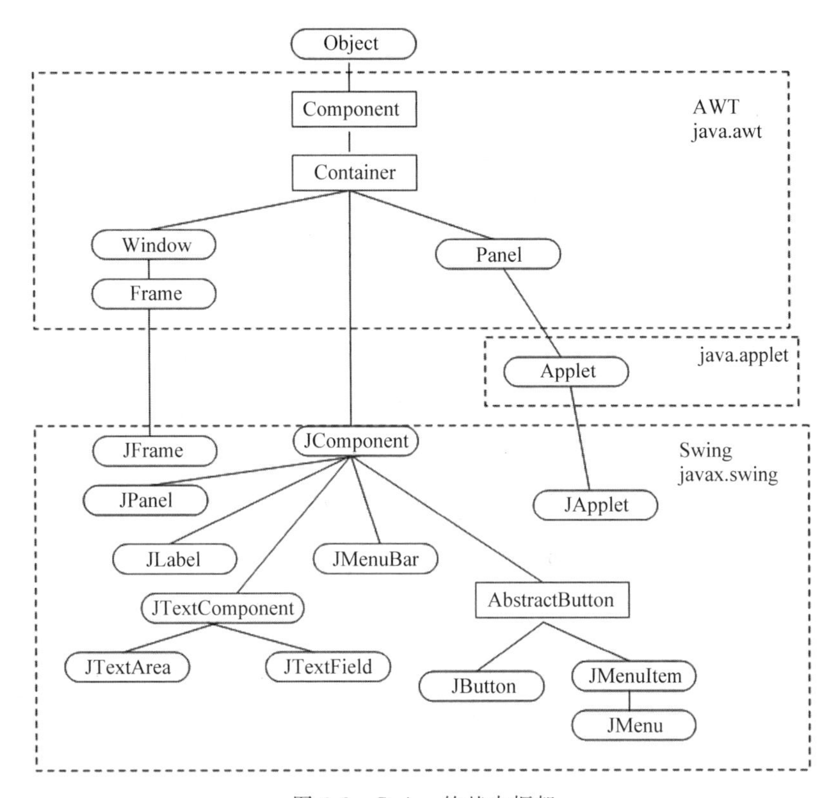

图 6-2 Swing 的基本框架

AWT 工具包相关类。

2. 建立 GUI 的步骤

Java 中的图形界面的程序设计包括以下几个步骤。

(1) 创建组件：组件的建立通常在应用程序的构造函数或 main()方法内完成。

(2) 将组件加入容器：所有的组件必须加入容器中才可以被显示出来，而容器可以加入另一个容器中。

(3) 配置容器内组件的位置：让组件固定在特定位置，或利用布局管理来管理组件在容器内的位置，让 GUI 的显示更具灵活性。

(4) 处理由组件所产生的事件：处理事件是使组件具有一定功能。例如，在按下按钮后，有方法来完成一系列的功能。

6.2.2 容器

Java 图形用户界面中最基本的组成元素就是组件，组件的作用就是用于描述以图形化的方式显示在屏幕上并能与用户进行交互的 GUI 元素，例如按钮、文本框等。一般的组件是不能独立地显示出来的，必须依赖于容器才能显示。容器是一种比较特殊的组件，它可以包含其他的组件，也可以包含容器，称为容器的嵌套。Swing 中的容器包括顶层容器和中间容器。

(1) 顶层容器。顶层容器是可以独立存在的容器,可以把它看成一个窗口。顶层容器是进行图形编程的基础,其他的 Swing 组件必须依附在顶层容器中才能显示出来。在 Swing 中,顶层容器有三种,分别是 JFrame(框架窗口)、JDialog(对话框)、JApplet(用于设计嵌入在网页中的 Java 小程序)。

(2) 中间容器。中间容器不能独立存在,与顶层容器结合使用可以构建较复杂的界面布局。这些中间容器主要包括以下几种。

- JPanel: 最灵活、最常用的中间容器。
- JScrollPane: 与 JPanel 类似,但还可在大的组件或可扩展组件周围提供滚动条。
- JTabbedPane: 包含多个组件,但一次只显示一个组件,用户可以在组件之间方便地切换。
- JToolBar: 按行或列排列一组组件(通常是按钮)。

下面重点讲解 JFrame 和 JPanel 的使用方法。

1. 顶层容器(JFrame 类)

JFrame 类一般用于创建应用程序的主窗口,所创建的窗口默认大小是 0,须使用 setSize 设置窗口的大小;JFrame 窗口默认是不可见,须使用 setVisible(true)使其可见。JFrame 类通过继承父类提供了一些常用的方法来控制和修饰窗口,如表 6-1 所示。

表 6-1 JFrame 常用构造函数及方法

常用构造函数及方法	用　　途
public JFrame ()	创建一个初始时不可见的新窗口
public JFrame (String title)	创建一个初始不可见的、具有指定标题的新窗口
public void setLayout(LayoutManager mgr)	设置此窗口的布局管理器
public void setLocation(int x,int y)	设置窗口的左上角坐标
public void setTitle(String title)	设置窗口标题栏显示的标题
public void setVisible(boolean b)	设置窗口的显示或隐藏属性
public Container getContentPane()	返回此窗体的容器对象
public void pack()	自动调整窗口大小,以适合其子组件的大小和布局

利用 JFrame 类创建一个窗口有两种方法,即直接定义 JFrame 类的对象来创建一个窗口,或者通过继承 JFrame 类来创建一个窗口。通常利用第二种方法,因为通过继承,可以创建自己的变量或方法,更具灵活性。

方法 1: 直接定义 JFrame 类的对象创建一个窗口。

【例 6-1】 JFrameDemo1.java

```
1   import javax.swing.*;
2   public class JFrameDemo1{
```

```
3     public static void main(String args[]) {
4       JFrame f=new JFrame("一个简单窗口");
5       f.setLocation(300, 300);
6       f.setSize(300,200);
7       f.setResizable(false);
8       f.setVisible(true);
9     }
10  }
```

方法 2：通过继承 JFrame 类创建一个窗口。

【例 6-2】 JFrameDemo2. java

```
1   import javax.swing.*;
2   class MyFrame extends JFrame {
3     MyFrame(String title, int x, int y, int h, int w) {
4       super(title);
5       this.setLocation(x, y);
6       this.setSize(h, w);
7       this.setResizable(false);
8       this.setVisible(true);
9     }
10  }
11  public class JFrameDemo2 {
12    public static void main(String args[]) {
13      new MyFrame("一个简单窗口", 300, 300, 300, 200);
14    }
15  }
```

运行 JFrameDemo1. java 和 JFrameDemo2. java 程序的结果是一致的，屏幕上将会显示出一个 300 像素×200 像素，距显示器左上角的距离为(300,300)的一个空白窗口。该窗口除了标题之外什么都没有，因为还没有在窗口中添加任何组件。其显示效果如图 6-3 所示。

图 6-3　一个简单窗口

2. 中间容器(JPanel 类)

JPanel 在 Java 中又称为面板，属于中间容器，本身也属于一个轻量级容器组件。由于 JPanel 透明且没有边框，因此不能作为顶层容器，不能独立显示。它的作用就在于放置 Swing 轻量级组件，然后作为整体安置在顶层容器中。使用 JPanel 结合布局管理器，通过容器的嵌套使用，可以实现对窗口的复杂布局。正是因为这些优点，使 JPanel 成为最常用的容器之一。JPanel 常用构造函数及方法如表 6-2 所示。

表 6-2 JPanel 常用构造函数及方法

常用构造函数及方法	用　　途
public JPanel ()	创建一个 JPanel 中间容器
public JPanel(LayoutManager layout)	创建一个 JPanel 中间容器,具有指定的布局管理
public void add(Component comp)	将组件添加到 Jpanel 面板上
public void setBackground(Color c)	设置 JPanel 的背景色
public void setLayout(LayoutManager mgr)	设置 JPanel 的布局管理

如图 6-4 所示,在窗口中定义三种颜色的区域,其中定义了两个中间容器 pan1 和 pan2,将 pan2(黄色)放置于 pan1(红色)中,pan1 放在顶层容器 fr(绿色)中。

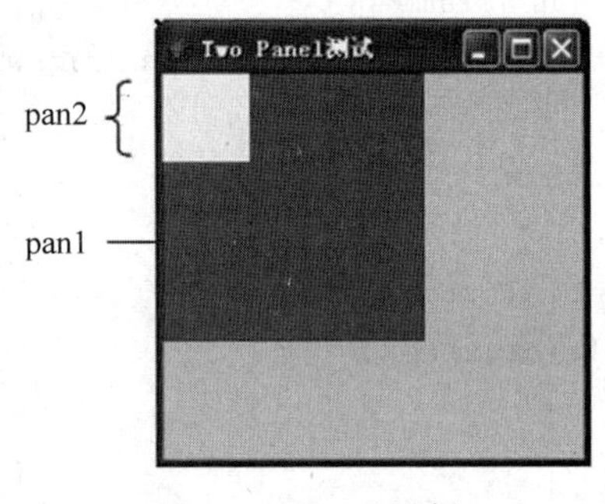

图 6-4　JPanel 示例

【例 6-3】 TwoPanel. java

```
1   import java.awt.*;
2   import javax.swing.*;
3   class TwoPanelJFrame extends JFrame {
4       public TwoPanelJFrame(String title) {
5           super(title);
6           this.setLayout(null);
7           JPanel pan1=new JPanel();
8           JPanel pan2=new JPanel();
9           this.getContentPane().setBackground(Color.green);
10          this.setSize(250, 250);
11          pan1.setLayout(null);
12          pan1.setBackground(Color.red);
13          pan1.setSize(150, 150);
14          pan2.setBackground(Color.yellow);
15          pan2.setSize(50, 50);
16          pan1.add(pan2);
17          this.add(pan1);
18          this.setVisible(true);
19      }
20  }
21  public class TwoPanel {
22      public static void main(String args[]) {
```

```
23            new TwoPanelJFrame("Two Panel 测试");
24        }
25    }
```

【程序解析】

- 第9行代码对JFrame类及子类对象设置背景颜色，需要调用获得内容面板的getContentPane()方法。
- 第6、11行代码用于设置布局管理，可以将其设为注释以观察显示的区别。

3. 对话框(JOptionPane类)

利用JDialog类可以创建对话框，但是必须创建对话框中的每一个组件。但大多数对话框只需显示提示的文本，或者进行简单的选择，这时可以利用JOptionPane类。

通过创建JOptionPane对象所得到的对话框是模式对话框，也即必须先关闭对话框窗口才能回到产生对话框的父窗口上。然而通常我们并不是用new新建一个JOptionPane对象创建对话框，而是直接使用JOptionPane所提供的一些静态方法创建对话框。可以创建四种类型的标准对话框：消息对话框、输入对话框、确认对话框和选项对话框，如表6-3所示。这些静态方法都是以show×××Dialog的形式出现，例如showMessageDialog()显示消息对话框、showConfirmDialog()显示确认对话框、showInputDialog()显示输入对话框、showOptionDialog()显示选项的对话框。

表6-3　对话框类型

对话框类型	说　　明
消息对话框	只含有一个按钮，通常是“确定”按钮
确认对话框	通常会问用户一个问题，用户回答“是”或“不是”
输入对话框	可以让用户输入相关的信息。当用户单击“确定”按钮后，系统会得到用户所输入的信息。也可以提供JComboBox组件让用户选择相关信息，避免用户输入错误
选项对话框	可以让用户自定义对话类型。最大的好处是可以改变按钮上的文字

JOptionPane类常用的静态方法如表6-4所示。

表6-4　JOptionPane类常用的静态方法

常用静态方法	说　　明
void showMessageDialog(Component parentComponent,Object message)	标题为message的消息对话框
void showMessageDialog(Component parentComponent,Object message,String title,int messageType)	由messageType参数确定的默认图标来显示的消息对话框
void showMessageDialog(Component parentComponent,Object message,String title,int messageType,Icon icon)	显示指定所有参数的消息对话框

续表

常用静态方法	说　明
int showConfirmDialog (Component parentComponent, Object message, String title, int optionType, int messageType, Icon icon)	显示指定所有参数的确认对话框
Object showInputDailog (Component parentComponent, Object message, String title, int messageType, Icon icon, Object[] selectionValues, Object initialSelectionValue)	显示指定所有参数的输入对话框

参数说明如下。

- parentComponent：指示对话框的父窗口对象，一般为当前窗口。也可以为 null，即采用默认的 Frame 作为父窗口，此时对话框将设置在屏幕的正中。
- message：定义对话框内显示的描述性的文字。
- title：对话框的标题。
- Component：在对话框内要显示的组件(如按钮)。
- Icon：在对话框内要显示的图标。
- messageType：一般可以设置的值为 ERROR_MESSAGE（错误消息）、INFORMATION_MESSAGE(提示信息)、WARNING_MESSAGE(警告信息)、QUESTION_MESSAGE(问题消息)、PLAIN_MESSAGE(普通消息)。
- optionType：它决定在对话框的底部所要显示的按钮选项。一般可以为 DEFAULT_OPTION(默认)、YES_NO_OPTION(YES 和 NO 按钮)、YES_NO_CANCEL_OPTION(YES、NO 和 CANCEL 按钮)、OK_CANCEL_OPTION(OK 和 CANCEL 按钮)。

对话框的使用示例如下。

(1) 显示消息对话框(图 6-5)。

```
JOptionPane. showMessageDialog (this,,"这是消息对话框!","消息框对话示例",
JOptionPane.WARNING_MESSAGE);
```

(2) 显示确认对话框(图 6-6)。

```
JOptionPane. showConfirmDialog (this,"这是确认对话框!","确认对话框示例",
JOptionPane.YES_NO_CANCEL_OPTION,JOptionPane.INFORMATION_MESSAGE);
```

(3) 显示输入对话框(图 6-7)。

```
String inputValue=JOptionPane.showInputDialog(this,"这是输入对话框","输入对话
框示例",JOptionPane.INFORMATION_MESSAGE);
```

(4) 显示选项对话框(图 6-8)。

```
Object[] options={ "钢琴", "小提琴", "古筝" };
int response=JOptionPane.showOptionDialog(null,"请选择演奏的乐器", "选项对话框
示例",JOptionPane.DEFAULT_OPTION,JOptionPane.QUESTION_MESSAGE,null, options,
options[1]);
```

图 6-5　消息对话框

图 6-6　确认对话框

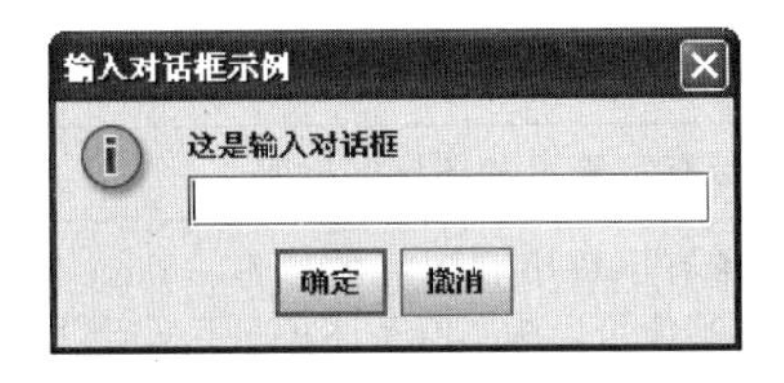

图 6-7　输入对话框

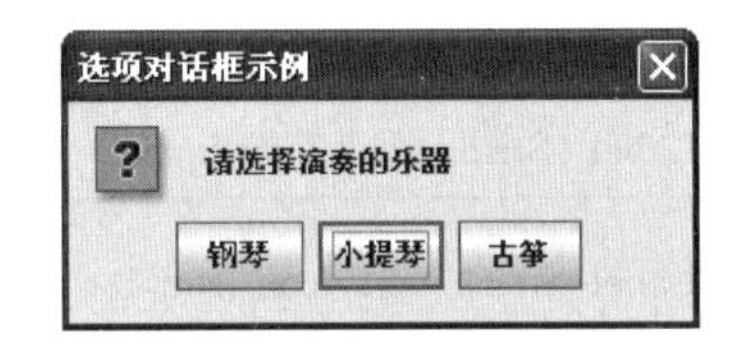

图 6-8　选项对话框

6.2.3　组件

1. 按钮(JButton 类)

按钮是图形用户界面中非常重要的一种组件,一般对应一个事先定义好的功能,并对应一段代码。当用户单击按钮时,系统自动执行与该按钮相关联的程序,从而完成预先指定的功能。JButton 常用构造函数及方法如表 6-5 所示。

表 6-5　JButton 常用构造函数及方法

常用构造函数及方法	用　　途
public JButton()	创建一个按钮
public JButton(Icon)	创建一个带有 Icon 图标的按钮
public JButton(String)	创建一个显示字符串 String 的按钮
public JButton(String,Icon)	创建一个带有字符串和图标的按钮
public void setText(String)	设置按钮所显示的文本
public String getText()	获得按钮所显示的文本

例如:

```
JButton b1=new JButton("确定");
ImageIcon buttonIcon=new ImageIcon("Ok.gif");
JButton b2=new JButton("确定", buttonIcon);
```

2. 标签(JLabel 类)

JLabel 用于创建用户不能修改而只能查看其内容的文本显示区域,一般具有信息说明的作用，每个标签用一个 JLabel 类的对象表示。JLabel 可以提供带图标的标签，并且可以设置图标和文字的相对位置。

JLabel 常用构造函数及方法如表 6-6 所示。

表 6-6　JLabel 常用构造函数及方法

常用构造函数及方法	用　途
public JLabel (String text)	创建一个显示字符串 String 的标签
public JLabel (Icon image)	创建一个带有 Icon 图标的标签
public JLabel (String text,Icon image)	创建一个带有字符串和图标的标签
public JLabel(String text,Icon icon,int align)	创建一个带有字符串和图标的标签。align 表示水平对齐方式，其值可以为 LEFT、RIGHT、CENTER
public void setText(String)	设置标签所显示的文本
public String getText()	获得标签所显示的文本

例 6-4 显示了一个纯文本的标签和带有图标与文本的标签，程序运行效果如图 6-9 所示。

【例 6-4】 JLabelDemo. java

```
1    import javax.swing.*;
2    public class JLabelDemo extends JFrame {
3      JPanel pan;
4      JLabel lab1;
5      JButton btn;
6      JLabelDemo() {
7        super("JLabel 示例");
8        pan=new JPanel();
9        lab1=new JLabel("文本标签");
10       btn=new JButton("按钮");
11       pan.add(lab1);
12       pan.add(btn);
13       this.add(pan);
14       this.setLocation(300, 300);
15       this.setSize(250, 200);
16       this.setResizable(false);
17       this.setVisible(true);
18     }
19     public static void main(String args[]) {
20       new JLabelDemo();
21     }
22   }
```

图 6-9　JLabel 示例

3. 文本组件(JTextComponent 类)

JTextComponent 是所有 Swing 文本组件的父类，

表6-7所提供的常用方法可以被其子类JTextField、JTextArea和JPasswordField直接使用。

表6-7 JTextComponent类的常用方法

常用方法	用途
public String getText()	返回此TextComponent中包含的文本
public void setText(String)	将此TextComponent文本设置为指定文本

1）文本框JTextField

JTextField是单行文本输入组件，用于接收用户的输入，构造函数如表6-8所示。

表6-8 JTextField常用构造函数

常用构造函数	用途
public JTextField ()	创建一个空的文本区
public JTextField (String,int)	创建一个指定文本和字符数的文本区

例如：

```
JTextField username=new JTextField (15);
```

2）文本区(JTextArea)

JTextArea类提供可以编辑或显示多行文本的区域，默认情况下，文本区是可编辑的。setEditable(false)方法可以将文本区设置为不可编辑。JTextArea类提供了多种构造函数，用于创建文本区组件的对象，常用的构造函数及方法如表6-9所示。

表6-9 JTextArea常用构造函数及方法

常用构造函数	用途
public JTextArea ()	创建一个空的文本区
public JTextArea (int,int)	创建一个指定行数和列数的文本区
public JTextArea (String,int,int)	创建一个指定文本、行数和列数的文本区

文本区不自动具有滚动功能，但是可以通过创建一个包含JTextArea实例的JScrollPane的对象实现。例如：

```
JScrollPane scroll=new JScrollPane(new JTextArea());
```

3）密码框(JPasswordField)

JPasswordField是JTextField类的子类，提供了一个专门用于输入密码的文本框。由于安全的原因，密码框一般不直接显示用户输入的字符，而是通过其他字符表示用户的输入，例如星号“*”。其中，利用setEchoChar方法可以重新设置回显字符。JPasswordField常用构造函数及方法如表6-10所示。

表 6-10　JPasswordField 常用构造函数及方法

常用构造函数及方法	用　途
public JPasswordField ()	创建一个空的密码框
public char[] getPassword ()	返回密码框中所包含的文本
public void setEchoChar(char c)	设置密码框的回显字符

虽然 JPasswordField 类继承了 getText 方法，但要获得密码的实际内容，还需使用 getPassword 方法来获得用户输入的内容，因为 getText 方法返回的是密码框中的可见字符串而不是用户输入的值。例如：

```
JPasswordField pwd=new JPasswordField(15);
pwd.setEchoChar('*');
String str=new String(pwd. getPassword();
```

6.3　任务实施

系统登录界面如图 6-1 所示，包括了组件 JLabel、JTextField、JButton。程序设计代码如下：

【例 6-5】 Login_GUI. java

```
1    import java.awt.Font;
2    import javax.swing.JButton;
3    import javax.swing.JFrame;
4    import javax.swing.JLabel;
5    import javax.swing.JPanel;
6    import javax.swing.JPasswordField;
7    import javax.swing.JTextField;
8    public class Login_GUI {
9       public static void main(String[] args) {
10        new LoginFrame();
11      }
12   }
13   class LoginFrame extends JFrame {
14      private JPanel pan;
15      private JLabel namelabel, pwdlabel, titlelabel;
16      private JTextField namefield;
17      private JPasswordField pwdfield;
18      private JButton loginbtn, registerbtn, cancelbtn;
19      public LoginFrame() {
20        pan=new JPanel();
21        titlelabel=new JLabel("欢迎使用考试系统");
22        titlelabel.setFont(new Font("隶书", Font.BOLD, 24));
23        namelabel=new JLabel("用户名：");
```

```
24        pwdlabel=new JLabel("密    码:");
25        namefield=new JTextField(16);
26        pwdfield=new JPasswordField(16);
27        pwdfield.setEchoChar('*');
28        loginbtn=new JButton("登录");
29        registerbtn=new JButton("注册");
30        cancelbtn=new JButton("取消");
31        pan.add(titlelabel);
32        pan.add(namelabel);
33        pan.add(namefield);
34        pan.add(pwdlabel);
35        pan.add(pwdfield);
36        pan.add(loginbtn);
37        pan.add(registerbtn);
38        pan.add(cancelbtn);
39        this.add(pan);
40        this.setTitle("用户登录");
41        this.setSize(300, 200);
42        this.setLocationRelativeTo(null);//设置窗体居中显示
43        this.setVisible(true);
44      }
45  }
```

【程序解析】

- 程序第2～7行用于导入本程序中所需的类。例如,import javax.swing.Jlabel表示导入javax.swing包中的JLabe类。由于程序中只涉及了Swing和awt包,因此可以用以下两条语句替代:

  ```
  import java.awt.*;
  import javax.swing.*;
  ```

  但是前者导入包的方式及性能更好,因为如果程序中有多个import语句采用后者导入包,Java编译器必须搜索所有的包来查找相应类的具体位置。
- 程序运行的界面通过改变窗口的大小可以调整到和图6-1显示的效果一致,这是因为没有设置布局方式,放置于JPanel的组件默认是流布局,也就是从左到右、从上到下依次排列。

自 测 题

一、选择题

1. Java图形开发包支持Java语言的特性是(　　)。

   A. 安全性　　B. 跨平台性　　C. 健壮性　　D. 多态性

2. 下列不属于AWT提供的图形图像工具的是(　　)。

   A. 形状　　B. 按钮　　C. 颜色　　D. 字体

3. 下列说法中错误的是(　　)。

A. JFrame 可以作为最外层的容器单独存在

B. JPanel 可以作为最外层的容器单独存在

C. JFrame 实例化时,没有大小,也不可见

D. JPanel 类可以作为对象放入 JFrame 容器

4. 进行 Java 基本的 GUI 设计需要用到的包是(　　)。

A. java. io　　B. java. sql　　C. java. awt　　D. java. util

5. Container 是(　　)类的子类。

A. Graphics　　B. Windows　　C. Applet　　D. Component

6. 下列不属于 Swing 的顶层对象的是(　　)。

A. JDialog　　B. JFrame　　C. JApplet　　D. Jpanel

二、填空题

1. Java 图形用户界面技术的发展经历了两个阶段,具体体现在开发包上的是________和________。

2. JPanel 既是________,又是________。

3. Java 的 Swing 包中定义了两种对象:________和________。

4. Swing 对象都是 AWT 的 Container 类的________子类和________子类。

5. 容器的________是指将一个包含多个对象的容器作为一个对象加入另一个容器中。

拓 展 实 践

【实践 6-1】 调试并修改以下程序,对标签内容设置指定的字体。

```
import javax.swing.JFrame;
import javax.swing.JLabel;
public class Ex6_1 {
  public static void main(String[] args){
    JFrame frame=new JFrame();
    JLabel label1=new JLabel("JAVA Programming");
    Font font1=label1.getFont();
    font1=new Font("Courier", font1.getStyle(), 20);
    label1.setFont(font1);
    frame.getContentPane().add(label1);
    frame.setVisible(true);
  }
}
```

【实践 6-2】 创建一窗体,在屏幕中间显示并且标题栏为“第一个窗体”。

```
import 【代码 1】;          //导入相应包
```

```
public class Ex6_2 extends JFrame {
  public Ex6_2(){
    ____【代码 2】____;        //调用父类构造函数,设置窗体标题栏
    ____【代码 3】____;        //设置窗体大小为 300 像素×150 像素
    ____【代码 4】____;        //设置窗体居中显示
    setVisible(true);
  }
  public static void main(String[] args){
    ____【代码 5】____;
  }
}
```

【实践 6-3】 将用户登录界面加入图片并进行适当的修饰,设置相关内容的字体、颜色,使界面的显示美观大方。

面试常考题

【面试题 6-1】 滚动条(Scrollbar)和滚动面板(JScrollPane)有什么区别?

【面试题 6-2】 Window 和 Frame 有什么区别?

任务 7　设计用户登录界面的布局

学习目标

本任务通过完成考试系统中用户登录界面的布局设计，介绍了 Java 图形用户界面设计中布局管理器的应用。应掌握以下内容：

➢ 掌握 FlowLayout 流布局的使用。
➢ 掌握 BorderLayout 边界布局的使用。
➢ 掌握 GridLayout 表格布局的使用。
➢ 掌握 CardLayout 布局的使用。
➢ 掌握 null 布局的使用。
➢ 掌握多种布局方式的综合运用。

7.1　任务描述

本部分的学习任务是对用户登录界面进行布局设计。通过前面的学习，我们已经完成了将组件添加入容器中的任务，但是进行图形界面设计，不仅仅只是将组件加入容器中，为使界面合理、美观，还应该控制组件在容器中的位置，即进行布局设计。事实上，在任务 6 的例 6-5 中由于没有使用布局管理，实际的显示效果如图 7-1 所示，而设置了布局管理的界面如图 7-2 所示。

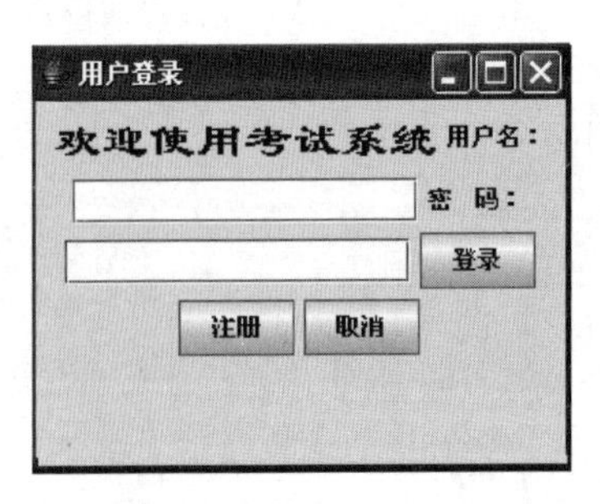

图 7-1　用户登录界面(未设置布局管理)

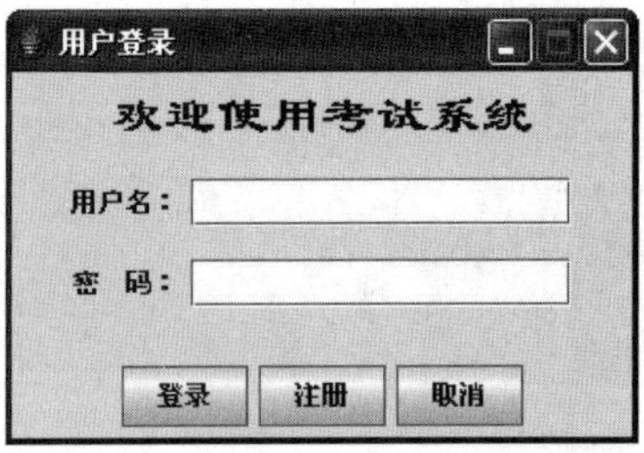

图 7-2　用户登录界面(设置布局管理)

7.2 技术要点

本任务中的技术要点是简单布局管理。布局设计可以通过直接编码，按照像素尺寸来设置 GUI 中的组件。例如，在窗口中把一个按钮放在(10，10)处。但是利用这种方法进行布局设计，由于系统间的差异，用户界面每个系统的显示效果不尽相同。

为了使生成的图形用户界面具有良好的平台无关性，Java 语言提供了布局管理器(Layout Managers)来管理组件在容器中的布局，而不使用直接设置组件的位置和大小的方式。每个容器都有一个布局管理器，容器中组件的大小和定位都由其决定。当容器需要对某个组件进行定位时，就会调用其对应的布局管理器。常用的布局管理在 java. awt 包中定义的五种布局管理器类，分别是 FlowLayout(流式布局)、BorderLayout(边界布局)、GridLayout(网格布局)、CardLayout(卡片布局)以及 javax. swing 提供的 BoxLayout(盒式布局)。

当一个容器被创建后，它们有默认布局管理器。其中 JFrame 和 JDialog 的默认布局管理器是 BorderLayout，JPanel 和 JApplet 的默认布局管理器是 FlowLayout。程序设计中可以通过 setLayout()方法来重新设置容器的布局管理器。

7.2.1 流式布局(FlowLayout 类)

FlowLayout 布局方式是将组件从容器的左上角开始，依次从左到右、从上到下放置。当容器被重新设置大小后，则布局也会随之发生改变，各组件的大小不变，但相对位置会发生变化。FlowLayout 类常用构造函数及方法如表 7-1 所示。

表 7-1 FlowLayout 类常用构造函数及方法

常用构造函数及方法	用　　途
public FlowLayout()	使用默认的居中对齐方式，组件间的水平和竖直间距默认值为 5 个像素
public FlowLayout(int alignment)	使用指定的对齐方式(FlowLayout. LEFT，FlowLayout. RIGHT，FlowLayout. CENTER)，水平和竖直间距默认值为 5 个像素
public FlowLayout(int alignment，int horizontalGap，int verticalGap)	使用指定的对齐方式，水平和竖直间距也为指定值
public public void setHgap(int hgap)	设置组件之间的水平方向间距
public void setVgap(int vgap)	设置组件之间的垂直方向间距
void setAlignment(int align)	设置组件的对齐方式

在例 7-1 和例 7-2 中，我们分别用两种不同的方法实现图 7-3 的运行效果。

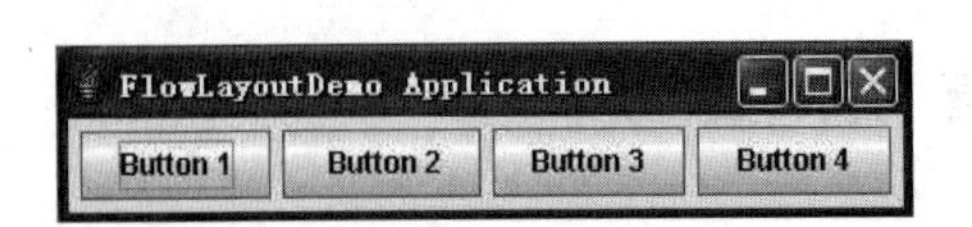

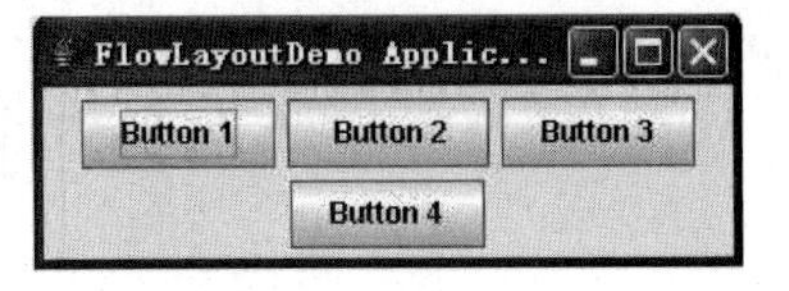

图 7-3　FlowLayout 的布局效果

【例 7-1】 FlowLayoutDemo1. java

```
1   import javax.swing.*;
2   import java.awt.*;
3   public class FlowLayoutDemo1 extends JFrame {
4       public FlowLayoutDemo1() {
5           this.setLayout(new FlowLayout());
6           this.add(new JButton("Button 1"));
7           this.add(new JButton("Button 2"));
8           this.add(new JButton("Button 3"));
9           this.add(new JButton("Button 4"));
10      }
11      public static void main(String args[]) {
12          FlowLayoutDemo1 frm=new FlowLayoutDemo1();
13          frm.setTitle("FlowLayoutDemo Application");
14          frm.setVisible(true);
15          frm.pack();
16      }
17  }
```

【程序解析】

第 15 行代码中 pack()是从 java. awt. Window 类继承的方法，其作用是自动调整界面大小，使组件刚好在容器中显示出来。使用 pack()方法后，可以不使用 setSize()方法设置窗口大小。从图 7-3 可以看到，当容器大小发生变化时，随之变化的是组件之间的相对位置。

【例 7-2】 FlowLayoutDemo2. java

```
1   import javax.swing.*;
2   public class FlowLayoutDemo2 extends JFrame {
3     public FlowLayoutDemo2() {
4         JPanel pan=new JPanel();
5         pan.add(new JButton("Button 1"));
6         pan.add(new JButton("Button 2"));
7         pan.add(new JButton("Button 3"));
8         pan.add(new JButton("Button 4"));
9         this.add(pan);
10    }
11    public static void main(String args[]) {
12        FlowLayoutDemo2 frm=new FlowLayoutDemo2();
13        frm.setTitle("FlowLayoutDemo Application");
14        frm.setVisible(true);
```

```
15         frm.pack();
16     }
17 }
```

【程序解析】

第4行代码创建了JPanel对象。JPanel对象的默认布局方式是FlowLayout，程序将按钮先放置于JPanel对象，最后将JPanel对象放置于窗口中。

7.2.2　边界布局（BorderLayout类）

BorderLayout布局方式提供了更复杂的布局控制方法，它包括5个区域：North、South、East、West和Center，其方位依据上北、下南、左西、右东。当容器的尺寸发生变化时，各组件的相对位置不变，但中间部分组件的尺寸会发生变化，南北组件的高度不变，东西组件的宽度不变。BorderLayout类常用构造函数及方法见表7-2。

表7-2　BorderLayout类常用构造函数及方法

常用构造函数及方法	用　途
public BorderLayout()	各组件间的水平和竖直间距默认值为0个像素
public BorderLayout(int horizontalGap, int verticalGap)	各组件间的水平和竖直间距为指定值
public void setHgap(int hgap)	设置组件之间的水平方向间距
public void setVgap(int vgap)	设置组件之间的垂直方向间距

如果容器使用了BorderLayout布局方式，则用add()方法往容器中添加组件时必须指明添加的位置，否则组件将无法正确显示（不同的布局管理器，向容器中添加组件的方法也不同）。格式有两种。

格式1：

```
add("North", new JButton("North"));
```

格式2：

```
add(new JButton("West"), BorderLayout.SOUTH);
```

建议采用格式2，若没有指明放置位置，则表明为默认的Center方位。每个区域只能添加一个组件，若添加多个，则只能显示最后一个。如果想在一个区域添加多个组件，则必须先在该区域放入一个JPanel容器，再将多个组件放在该JPanel容器中。若某个区域或若干个区域没有放置组件，东、西、南、北区域将不会有预留，而中间区域将置空。

【例7-3】 BorderLayoutDemo.java

```
1   import javax.swing.*;
2   import java.awt.*;
3   public class BorderLayoutDemo extends JFrame {
```

```
4      public BorderLayoutDemo() {
5          this.setLayout(new BorderLayout(5, 5));
6          this.add(new JButton("North"),BorderLayout.NORTH);
7          this.add(new JButton("South"), BorderLayout.SOUTH);
8          this.add(new JButton("East"), BorderLayout.EAST);
9          this.add(new JButton("West"), BorderLayout.WEST);
10         this.add(new JButton("Center"), BorderLayout.CENTER);
11     }
12     public static void main(String args[]) {
13         BorderLayoutDemo frm=new BorderLayoutDemo();
14         frm.setTitle("BorderWindow Application");
15         frm.pack();
16         frm.setVisible(true);
17     }
18 }
```

【程序运行结果】

如图 7-4 所示。

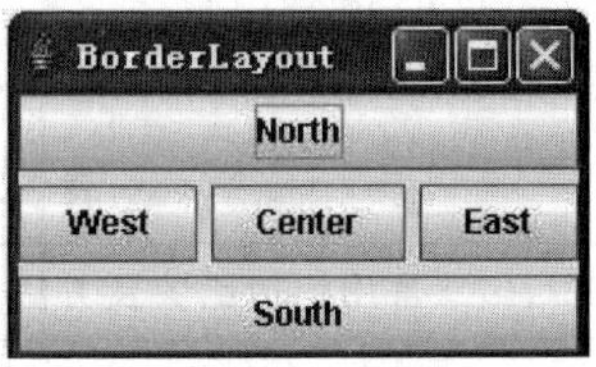

图 7-4　BorderLayout 的布局效果

【程序解析】

- 第 5 行代码将窗口布局设置为 BorderLayout，其中设置组件的水平和竖直间距均为 5 像素。
- 第 6～10 行代码添加组件到窗口中并指定添加的位置。
- 第 15 行代码设置窗口的大小并使之正好能容纳放置的所有组件。
- 第 16 行代码设置窗口为可见。

7.2.3　网格布局(GridLayout 类)

GridLayout 布局方式可以使容器中的各组件呈网格状分布。容器中各组件的高度和宽度相同。当容器的尺寸发生变化时，各组件的相对位置不变，但各自的尺寸会发生变化。各组件的排列方式为：从左到右，从上到下。GridLayout 类常用构造函数及方法见表 7-3。

表 7-3　GridLayout 类常用构造函数及方法

常用构造函数及方法	用　途
public GridLayout()	在一行中放置所有的组件，各组件间的水平间距为 0 像素
public GridLayout(int rows, int cols)	生成一个 rows 行、cols 列的管理器，最多能放置 rows×cols 个组件
public GridLayout(int rows, int cols, int horizontalGap, int verticalGap)	各组件间的水平和竖直间距为指定值
public setRows(int rows)	指定行数
public setColumns(int cols)	指定列数

rows 或 cols 可以有一个为 0。若 rows 为 0,表示每行放置 cols 个组件,根据具体组件数,可以有任意多行;若 cols 为 0,表示共有 rows 行,根据具体组件数,每行可以放置任意多个组件。

【例 7-4】 GridLayoutDemo. java

```
1   import javax.swing.*;
2   import java.awt.*;
3   public class GridLayoutDemo extends JFrame {
4       JButton b1, b2;
5       JPanel pan;
6       public GridLayoutDemo() {
7           b1=new JButton("Button 6");
8           b2=new JButton("Button 7");
9           pan=new JPanel();
10          pan.add(b1);
11          pan.add(b2);
12          setLayout(new GridLayout(0, 2));
13          this.add(new JButton("Button 1"));
14          this.add(new JButton("Button 2"));
15          this.add(new JButton("Button 3"));
16          this.add(new JButton("Button 4"));
17          this.add(new JButton("Button 5"));
18          this.add(pan);
19      }
20      public static void main(String args[]) {
21          GridLayoutDemo frm=new GridLayoutDemo();
22          frm.setTitle("GridWindow Application");
23          frm.pack();
24          frm.setVisible(true);
25      }
26  }
```

【程序运行结果】

如图 7-5 所示。

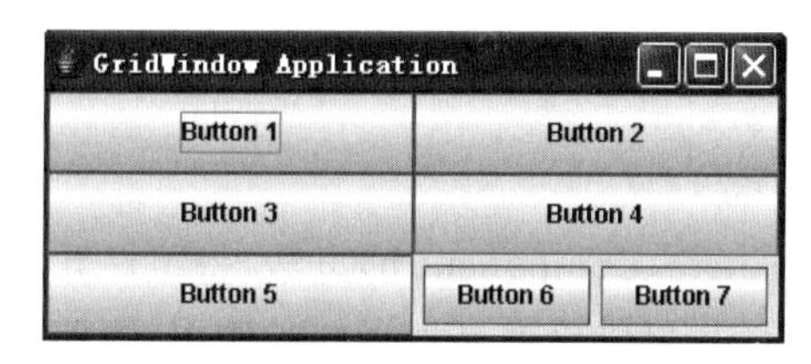

图 7-5　GridLayout 布局效果

【程序解析】

与 BorderLayout 类相类似,如果想在一个网格单元中添加多个组件,则必须先在该网格单元放一个中间容器,再将多个组件放在该中间容器中。在例 7-4 中先将 Button 6 和 Button 7 放置于 pan 中,然后将 pan 作为一个组件放入相应单元格。

7.2.4 卡片布局(CardLayout 类)

CardLayout 布局方式可以帮助用户处理两个或更多的组件共享同一显示空间。共享空间的组件之间的关系就像一摞牌,组件摞在一起,只有最上面的组件是可见的。CardLayout 可以像换牌一样处理这些共享空间的组件,为每张牌定义一个名字,可按名字选牌;可以按顺序向前或向后翻牌,也可以直接选第一张或最后一张牌。

CardLayout 类常用构造函数及方法见表 7-4。

表 7-4 CardLayout 类常用构造函数及方法

常用构造函数及方法	用　途
public CardLayout()	组件距容器左右边界和上下边界的距离默认值为 0 个像素
public CardLayout(int horizontalGap, int verticalGap)	组件距容器左右边界和上下边界的距离为指定值
public void first(Container parent)	翻转到容器的第一张卡片
public void next(Container parent)	翻转到指定容器的下一张卡片
public void previous(Container parent)	翻转到指定容器的前一张卡片
public void last(Container parent)	翻转到容器的最后一张卡片
public void show(Container parent, String name)	显示指定卡片

与 BorderLayout 类和 GridLayout 类相类似,每张牌中只能放置一个组件。如果想在一张牌放置多个组件,则必须先在该牌放一个容器,再将多个组件放在该容器中。

假设将容器 jp_card 设置为 CardLayout 布局方式,一般步骤如下。

(1) 创建 CardLayout 对象作为布局管理,例如:

```
CardLayout cards=new CardLayout();
```

(2) 使用容器的 setLayout()方法为容器设置布局方式,例如:

```
JPanel jp_cards=new JPanel();
jp_cards.setLayout(cards);
```

(3) 容器调用 add(String a,Component b)方法,将组件 b 加入容器中,并为组件取一个代号,该代号是一个字符串,以供更换显示组件时使用,例如:

```
final static String CARD1="第一张卡片";
final static String CARD2="第二张卡片";
jp_cards.add(p1,CARD1);
jp_cards.add(p2,CARD2);
```

(4) 使用 CardLayout 类提供的 show()方法,并用容器名字 jp_cards 和组件代号显示这一组件,例如:

```
cards.show(CARD1, jp_cards);
cards.show(CARD2, jp_cards);
```

在例 7-5 中,在第一张卡片(CARD1)上放置的是 3 个按钮,第二张卡片(CARD2)上放置的是 1 个标签,通过一个下拉列表进行选择。

【例 7-5】 CardLayoutDemo.java

```
1  import java.awt.*;
2  import java.awt.event.*;
3  import javax.swing.*;
4  public class CardLayoutDemo extends JFrame implements ItemListener {
5      private JPanel jp_cards;
6      private JPanel cp, p1, p2;
7      private CardLayout cards;
8      private JComboBox c;
9      final static String CARD1="第一张卡片";
10     final static String CARD2="第二张卡片";
11     public CardLayoutDemo() {
12         setLayout(new BorderLayout());
13         cards=new CardLayout();
14         cp=new JPanel();
15         c=new JComboBox();
16         c.addItem(CARD1);
17         c.addItem(CARD2);
18     cp.add(c);
19     this.add("North", cp);
20     jp_cards=new JPanel();
21     jp_cards.setLayout(cards);
22     p1=new JPanel();
23     p1.add(new JLabel("我是第一张卡片"));
24     p1.add(new JButton("按钮 1"));
25     p1.add(new JButton("按钮 2"));
26     p2=new JPanel();
27     p2.add(new JLabel("我是第二张卡片"));
28     jp_cards.add(p1, CARD1);
29     jp_cards.add(p2, CARD2);
30     this.add("Center", jp_cards);
31     c.addItemListener(this);
32   }
33   public void itemStateChanged(ItemEvent e) {
34     cards.show(jp_cards, (String) e.getItem());
35   }
36   public static void main(String args[]) {
37     CardLayoutDemo frm=new CardLayoutDemo();
38     frm.setTitle("CardLayout Demo");
39     frm.pack();
40     frm.setVisible(true);
41   }
42 }
```

【程序运行结果】

程序运行结果如图 7-6 所示。

图 7-6　CardLayout 的布局效果

【程序解析】

- 第 9 行和第 10 行代码定义字符串常量。
- 第 15～18 行代码创建下拉列表对象、添加选项并将下拉列表添加到中间面板 cp 上。
- 第 19 行代码将中间面板 cp 放置于窗口的 North 位置。
- 第 21 行代码将中间容器 jp_cards 设置为卡片布局。
- 第 22～25 行代码设置第一张卡片。
- 第 26 行和第 27 行代码设置第二张卡片。
- 第 28 行和第 29 行代码将两张卡片放置于中间容器 jp_cards 中。
- 第 30 行代码将中间容器 jp_cards 放置于窗口的 Center 位置。
- 第 31 行代码向下拉列表框添加事件监听。

7.2.5　空布局(null 布局)

在布局设计中，如果需要精确地指定各个组件的位置和大小，可以首先利用 setLayout(null)语句将容器的布局设置为空布局(null 布局)。再调用组件的 setBounds (int x,int y,int width,int height)方法设置组件在容器中的大小和位置。

在例 7-6 中，窗口和按钮由 setBounds()方法设置大小并给出绝对位置，这样做的好处是可以自由设置组件位置大小；缺点是当窗口改变时许多组件可能无法显示，字体变化后按钮标签等控件无法显示其全部内容。

【例 7-6】 NullLayoutDemo. java

```
1   import java.awt.Rectangle;
2   import javax.swing. * ;
3     public class NullLayoutDemo extends JFrame {
4       private JButton b1, b2, b3, b4, b5;
5       NullLayoutDemo() {
6       setLayout(null);
7       setBounds(new Rectangle(400, 300, 410, 180));
8       b1=new JButton("Button 1");
9       b2=new JButton("Button 2");
10      b3=new JButton("Button 3");
11      b4=new JButton("Button 4");
```

```
12        b5=new JButton("Button 5");
13        b1.setBounds(new Rectangle(10, 10, 85, 30));
14        this.add(b1);
15        b2.setBounds(new Rectangle(100, 40, 85, 30));
16        this.add(b2);
17        b3.setBounds(new Rectangle(190, 70, 85, 30));
18        this.add(b3);
19        b4.setBounds(new Rectangle(280, 100, 85, 30));
20        this.add(b4);
21      }
22      public static void main(String args[]) {
23        NullLayoutDemo frm=new NullLayoutDemo();
24        frm.setTitle("NullLayoutDemo Application");
25        frm.setVisible(true);
26      }
27    }
```

【程序运行结果】

程序运行结果如图 7-7 所示。

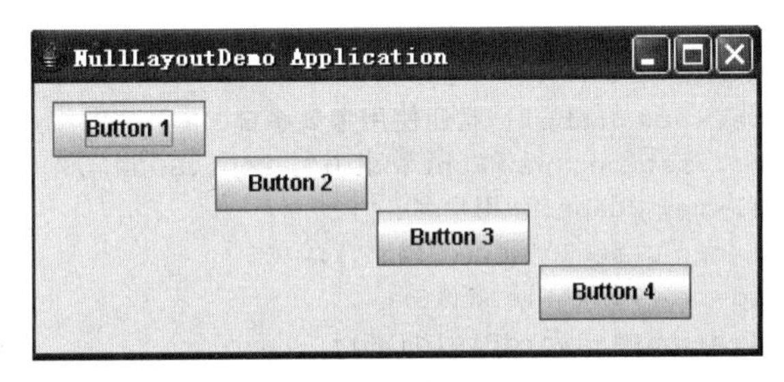

图 7-7　空布局

【程序解析】

- 第 6 行代码是清空布局管理器。
- 第 7 行代码设置当前窗口的大小和位置。
- 第 13～20 行代码设置按钮的大小和位置，并添加到窗口中。

7.3　任务实施

在任务 6 中的例 6-5 中没有显式地设置布局方式，由于界面中的组件首先放置于 JPanel 容器中，而 JPanel 的默认布局是 FlowLayout 的布局方式，因此所有组件是从左到右、从上到下依次放置，并随着窗口大小的改变，组件的位置也发生变化。如果要设计出如图 7-2 所示的布局效果，可以使用布局管理器。程序设计中只需要将例 6-5 中的 Login_GUI 类添加相关布局管理的代码即可。

【例 7-7】 Login_GUI. java

```
1   import java.awt.Font;
2   import java.awt.BorderLayout;
3   import javax.swing.JButton;
4   import javax.swing.JFrame;
5   import javax.swing.JLabel;
6   import javax.swing.JPanel;
7   import javax.swing.JPasswordField;
8   import javax.swing.JTextField;
9   public class Login_GUI {
10    public static void main(String[] args) {
11      new LoginFrame();
12    }
13  }
14  class LoginFrame extends JFrame {
15      private JPanel pan1, pan2, pan21, pan22, pan3;
16      private JLabel titlelabel, namelabel, pwdlabel;
17      private JButton loginbtn, registerbtn, cancelbtn;
18      private JTextField namefield;
19      private JPasswordField pwdfield;
20      public LoginFrame() {
21      titlelabel=new JLabel("欢迎使用考试系统");
22      titlelabel.setFont(new Font("隶书", Font.BOLD, 24));
23      namelabel=new JLabel("用户名：");
24      pwdlabel=new JLabel("密     码：");
25      namefield=new JTextField(16);
26      pwdfield=new JPasswordField(16);
27      pwdfield.setEchoChar('*');
28      loginbtn=new JButton("登录");
29      registerbtn=new JButton("注册");
30      cancelbtn=new JButton("取消");
31      pan1=new JPanel();
32      pan2=new JPanel();
33      pan21=new JPanel();
34      pan22=new JPanel();
35      pan3=new JPanel();
36      pan1.add(titlelabel);
37      pan21.add(namelabel);
38      pan21.add(namefield);
39      pan22.add(pwdlabel);
40      pan22.add(pwdfield);
41      pan2.setLayout(new BorderLayout());
42      pan2.add(pan21, BorderLayout.NORTH);
43      pan2.add(pan22, BorderLayout.SOUTH);
44      pan3.add(loginbtn);
45      pan3.add(registerbtn);
46      pan3.add(cancelbtn);
47      this.add(pan1, BorderLayout.NORTH);
```

```
48      this.add(pan2, BorderLayout.CENTER);
49      this.add(pan3, BorderLayout.SOUTH);
50      this.setTitle("用户登录");
51      this.setSize(300, 200);
52      this.setLocationRelativeTo(null);     //设置窗体居中显示
53      setVisible(true);
54    }
55  }
```

【程序解析】

程序采用的主要布局方式是 BorderLayout。由于 BorderLayout 每个区域只能放置一个组件,因此通过定义中间容器实现容器嵌套,将多个组件放置在中间容器中,将中间容器作为一个组件放置在 BorderLayout 中的指定区域。

自　测　题

一、选择题

1. 下列说法错误的一项是(　　)。
   A. 采用 BorderLayout 布局管理器,添加对象时需要在 add()方法中说明添加到哪一个区域
   B. 采用 BorderLayout 布局管理时,每一个区域只能且必须有一个对象
   C. 采用 BorderLayout 布局管理时,容器大小发生变化时,对象之间的相对位置不变,对象大小改变
   D. 采用 BorderLayout 布局管理时,不一定要所有的区域都有对象
2. 下列说法中错误的一项是(　　)。
   A. 布局管理器对窗口进行布局时,不用考虑屏幕的分辨率
   B. 布局管理器对窗口进行布局时,不用考虑窗口的大小
   C. GUI 程序设计必须使用布局管理组件,不能直接精确定位组件
   D. 采用 BorderLayout 布局管理时,不一定要所有的区域都有对象
3. 下列说法中错误的一项是(　)。
   A. 采用 GridLayout 布局管理器,容器中每个对象平均分配容器的空间
   B. 采用 GridLayout 布局管理器,容器中每个对象形成一个网格状的布局
   C. 采用 GridLayout 布局管理器,容器中的对象按照从左到右、从上到下的顺序放入容器
   D. 采用 GridLayout 布局管理器,容器大小改变时,每个对象将不再平均分配容器空间
4. 容器 JPanel 和 JApplet 默认使用的布局编辑策略是(　　)。
   A. BorderLayout　　　　B. FlowLayout
   C. GridLayout　　　　D. CardLayout

5. 布局管理器可以管理的对象属性是(　　)。

A. 大小　　B. 颜色　　C. 名称　　D. 字体

二、填空题

1. 布局管理器能够对窗口进行布局,而与屏幕的________无关。

2. FlowLayout 是________和________的默认布局管理器。

3. BorderLayout 是________和________的默认布局管理器。

4. 采用 GridLayout 布局管理器的容器,其中的各对象呈________布局。

5. FlowLayout 的变化规律是:对象大小________,但是对象之间的相对位置________。

拓展实践

【实践 7-1】 调试并修改以下程序,使其运行结果为在定义的窗口中显示"确定""取消"按钮。

```
import javax.swing.*;
public class Ex7_1 extends JFrame{
  Ex7_1(){
    super("程序调试");
    JButton jbtn1=new JButton("确定");
    JButton jbtn2=new JButton("取消");
    this.add(jbtn1);
    this.add(jbtn2);
  }
  public static void main(String args[]) {
    new Ex7_1();
  }
}
```

【实践 7-2】 利用所学布局方式设计一个手机键盘界面,包括显示屏、数字键、控制键等。

【实践 7-3】 通过 setBounds 方法直接设置用户登录界面中组件的位置,运行效果如图 7-2 所示。

面试常考题

【面试题 7-1】 Java 的布局管理器比传统的窗口系统有哪些优势?

【面试题 7-2】 BorderLayout 里面的元素是如何布局的?

任务 8　处理登录界面中的事件

学习目标

本任务通过处理登录界面中的相关事件，介绍系统中用户登录模块中的事件处理，并介绍了 Java 的事件处理机制。应掌握以下内容：

- 熟悉事件处理机制中的三要素，即事件源、事件（对象）、事件监听器。
- 理解事件类、事件监听器接口与事件处理者的对应关系。
- 掌握动作事件的相关定义及事件处理。
- 熟悉键盘事件、焦点事件、鼠标事件、窗口事件的相关定义及事件处理。

8.1　任 务 描 述

本部分的学习任务是完善用户登录界面中的事件处理。在任务 7 中介绍了对于利用 Swing 创建的图形界面，可以通过 AWT 中的布局管理器对界面中的组件进行布局。但单击界面中的按钮没有任何相关程序的执行，这是因为程序中缺少对这些组件上所发生的一系列操作的响应，也就是缺少相应这些组件行为的代码。事实上，我们希望程序有如下的一系列的响应。例如，在考试系统登录界面中，程序根据用户单击不同的按钮，进入相关的功能模块。如果没有输入密码，单击“登录”按钮则会给出提示，如图 8-1(a)所示；单击“注册”按钮，则会打开“用户注册”对话框，如图 8-1(b)所示。

(a)

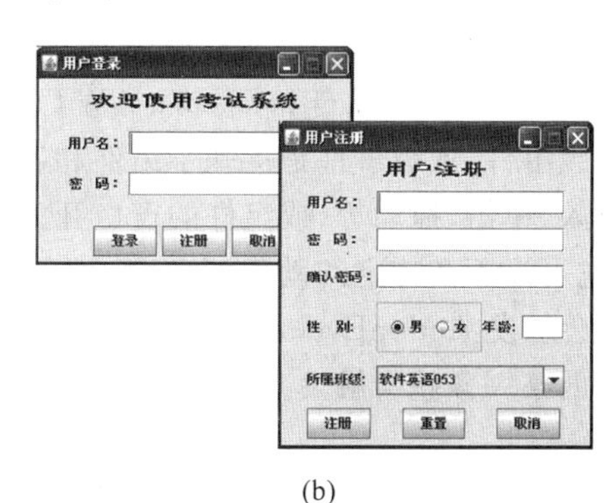

(b)

图 8-1　登录界面中的按钮事件响应

在Java中,要想使图形用户界面能够接受用户的操作,就必须对相应的组件添加事件处理代码。

8.2 技术要点

本部分学习任务的技术要点是事件处理。事件是用户对一个动作的启动,常用的事件包括用户单击一个按钮、在文本框内输入内容,以及鼠标、键盘、窗口等操作。所谓的事件处理,是指当用户触发了某一个事件时系统所作出的响应。Java采用委派事件模型的处理机制,也称为授权事件模型。当用户与组件进行交互,触发了相应的事件时,组件本身并不直接处理事件,而是将事件的处理工作委派给事件监听器。不同的事件,可以交由不同类型的监听器去处理。这种事件处理的机制使处理事件的应用程序逻辑与生成那些事件的用户界面逻辑(容器与组件)彼此分离,相互独立存在。

图8-2描述了委派事件模型的运作流程,可以看到事件处理机制中包含了以下三个要素:事件源、事件(对象)、事件监听器。

事件源是产生事件的组件,每个事件源可以产生一个或多个事件。例如,对于文本框JTextField获得焦点时,按Enter键则产生动作事件,而对文本框内容修改时产生的是文本事件。为了能够响应所产生的事件,事件源必须注册事件监听器,以便让事件监听器能够及时接收到事件源所产生的各类事件。当接收到一个事件时,监听器将会自动启动并执行相关的事件处理代码来处理该事件。

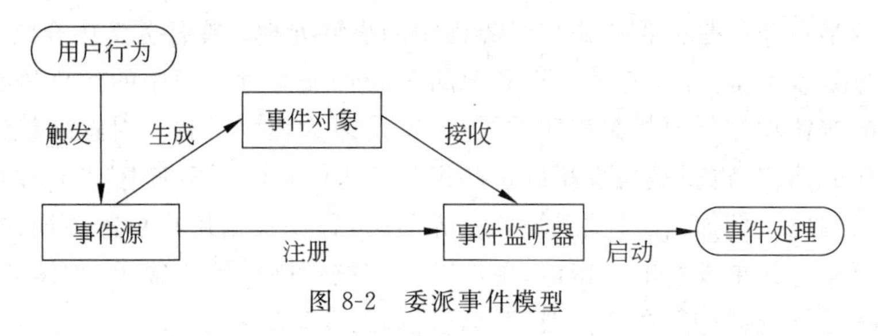

图8-2 委派事件模型

java.util.EventObject类是所有事件对象的基础父类,所有事件都是由它派生出来的。AWT的相关事件继承自java.awt.AWTEvent类,这些AWT事件分为两大类:低级事件和高级事件,低级事件是指基于组件和容器的事件,当一个组件上发生事件,如鼠标光标的进入、单击、拖动等,或组件的窗口开关等,触发了组件事件。高级事件是基于语义的事件,它可以不和特定的动作相关联,而依赖于触发此事件的类,如在TextField中按Enter键会触发ActionEvent事件,滑动滚动条会触发AdjustmentEvent事件,或是选中项目列表的某一条就会触发ItemEvent事件。

1)低级事件

- ComponentEvent(组件事件,比如组件尺寸的变化、组件的移动)
- ContainerEvent(容器事件,比如组件的增加、移动)
- WindowEvent(窗口事件,比如关闭窗口、窗口、图标化)

• FocusEvent(焦点事件,比如焦点的获得和丢失)
• KeyEvent(键盘事件,比如键的按下或释放)
• MouseEvent(鼠标事件,比如鼠标的单击或移动)

2) 高级事件(语义事件)

• ActionEvent(动作事件,比如按钮按下,在 TextField 中按 Enter 键)
• AdjustmentEvent(调节事件,比如在滚动条上移动滑块以调节数值)
• ItemEvent(项目事件,比如选择项目等)
• TextEvent(文本事件,比如文本对象的改变)

我们将在本部分重点介绍动作事件、键盘事件、焦点事件、鼠标事件和窗口事件,其他部分事件类将结合考试系统的其他功能模块在后续章节进行介绍。

事件处理类及其继承关系如图 8-3 所示。

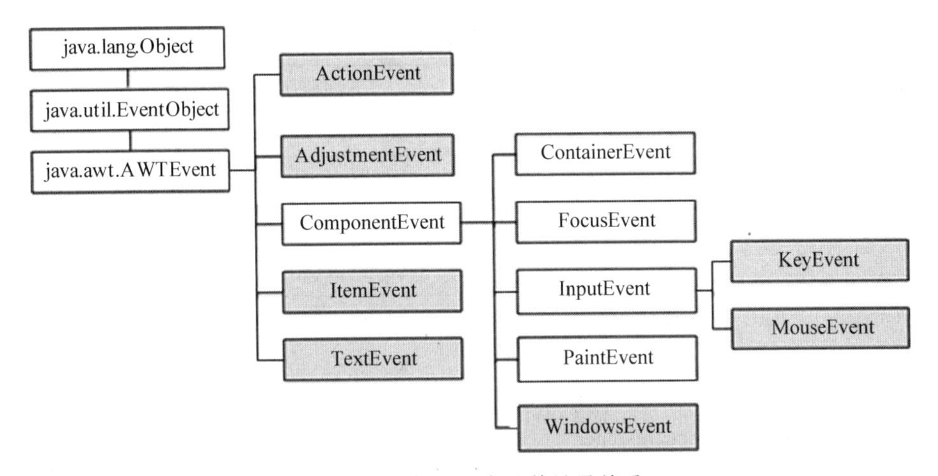

图 8-3 事件处理类及其继承关系

表 8-1 列出了常见的用户行为、事件源和相关的事件类型。其中,Component 是所有 GUI 组件的父类,因此每个组件都可以触发 ComponentEvent 下的 FocusEvent、MouseEvent、KeyEven 事件。java. awt. event 包提供了 AWT 事件所需的大部分的事件类和事件监听接口,一些 Swing 组件所特有的事件监听器接口则在 javax. swing. event 中声明,如 ListSelectionEvent 是包含在 javax. swing. event 中的类。

表 8-1 用户行为、事件源和常见事件类型

用户行为	事件源	事件类名称
单击按钮	JButton	ActionEvent
在文本域按下 Enter 键	JTextField	ActionEvent
选定一个新项	JComBox	ItemEvent,ActionEvent
选定(多)项	JList	ListSelectionEvent
单击复选框	JCheckBox	ItemEvent,ActionEvent
选定菜单项	JMenuItem	ActionEvent

续表

用户行为	事件源	事件类名称
移动滚动条	JScrollBar	AdjustmentEvent
窗口打开、关闭、图标(最小化、还原或正在关闭)	Window	WindowEvent
组件获得或失去焦点	Component	FocusEvent
释放或按下键	Component	KeyEvent
移动鼠标	Component	MouseEvent

对于表8-1中的事件类都有与之对应的事件监听器,Java中的事件监听器大多以接口形式出现。事件类、事件监听器以及事件监听器委派的事件处理者这三者之间存在一定的对应关系,如表8-2所示。

表8-2 事件类、事件监听器接口与事件处理者的关系

事件类	事件监听器接口	事件监听器委派的事件处理者
ActionEvent	ActionListener	actionPerformed(ActionEvent e)
ItemEvent	ItemListener	itemStateChanged(ItemEvent e)
TextEvent	TextListener	textValueChanged(TextEvent e)
KeyEvent	KeyListener	keyType(KeyEvent e)
		keyPressed(KeyEvent e)
		keyRelease(KeyEvent e)
FocusEvent	FocusListener	focusGained(FocusEvent e)
		focusLost(FocusEvent e)
MouseEvent	MouseMotionListener	mouseDragged(MouseEvent e)
		mouseMoved(MouseEvent e)
	MouseListener	mousExited(MouseEvent e)
		mousePressed(MouseEvent e)
		mouseReleased(MouseEvent e)
		mouseClicked(MouseEvent e)
		mouseEntered(MouseEvent e)
WindowEvent	WindowListener	windowClosing(WindowsEvent e)
		windowOpen(WindowEvent e)
		windowconified(WindowEvent e)
		windowDeiconified(WindowEvent e)
		windowClosed(WindowEvent e)
		windowActivated(WindowEvent e)
		windowDeactivated(WindowEvent e)

8.2.1 动作事件(ActionEvent 类)

当用户按下按钮组件(JButton)、双击列表(JList)中的选项、选择菜单项(JMenuItem),或是在文本框(JTextField)或文本区(TextArea)输入文字后再按下 Enter 键,即触发了动作事件,此时触发事件的组件将 ActionEvent 类的对象传送给向它注册的监听器 ActionListener,由 ActionListener 负责启动并执行相关代码来处理这个事件。

ActionEvent 类的常用方法如表 8-3 所示。

表 8-3 ActionEvent 类的常用方法

常用方法	用途
public String getActionCommand()	获取触发动作事件的事件源的命令字符
public Object getSource()	获取发生 ActionEvent 事件的事件源对象的引用

动作事件的监听器接口 ActionListener 中只包含一个方法,语法格式如下:

```
public void actionPerform(ActionEvent e)
```

重写该方法对 ActionEvent 事件进行处理,当 ActionEvent 事件发生时该方法被自动调用,形式参数 e 引用传递过来的动作事件对象。

Java 图形用户界面中处理事件时所必需的步骤如下。

① 确定接受响应的组件并创建它。

② 实现相关事件监听接口。

③ 注册事件源的动作监听器。

④ 事件触发时要进行的相关处理。

编写事件处理代码四种常用的方式如下。

(1) 利用容器类实现监听接口。

直接在 GUI 组件所在的类中实现监听器接口,必须在类定义时用 implements 声明要实现哪些接口,并在类中实现这些接口的所有抽象方法。

(2) 定义专门的外部类实现监听接口。

实现 GUI 的类和实现事件处理的监听器类分别定义,专门定义监听器类来实现某种监听器接口以对某种事件进行处理。可以用一个监听器类实现对多个可能产生同类型事件的组件进行监听和处理。

(3) 利用匿名内部类实现监听接口。

利用匿名内部类来实现监听器。在向组件注册监听器时,直接用 new 创建一个实现了监听器接口的匿名类的对象,实现其抽象方法对组件上的事件进行处理。

(4) 利用事件适配器。

如果实现一个监听接口,必须实现接口中所有方法,否则这个类必须声明为抽象类。而实际应用中,往往不需要实现接口中所有的方法。为了编程方便,AWT 为部分抽象方法比较多的监听接口提供了适配器类。在程序中可以定义一个充当适配器的类来作为监听器，在这个类中，只需根据实际的需要来实现个别事件处理方法。

如图 8-4 所示，在窗口中设置了三个按钮，用户单击“确定”按钮时屏幕输出“确定”，单击“返回”按钮则输出“返回”，单击“退出”按钮则可以关闭应用程序窗口。我们用三种常用的事件处理方式予以实现。

图 8-4　动作事件示例

【例 8-1】 ButtonListener1.java

```
//利用容器类实现监听接口
1   import java.awt.*;
2   import java.awt.event.*;
3   import javax.swing.*;
4   class ButtonListener1 extends JFrame implements ActionListener{
5     private JButton ok, cancel,exit;
6     public ButtonListener1(String title){
7       super(title);
8       this.setLayout(new FlowLayout());
9       ok=new JButton("确定");
10      cancel=new JButton("返回");
11      exit=new JButton("退出");
12      ok.addActionListener(this);
13      cancel.addActionListener(this);
14      exit.addActionListener(this);
15      this.add(ok);
16      this.add(cancel);
17      this.add(exit);
18      this.setSize(250,100);
19      this.setVisible(true);
20    }
21    public void actionPerformed(ActionEvent e){
22      if(e.getSource()==ok)
23        System.out.println("确定");
24      if(e.getSource()==cancel)
25        System.out.println("返回");
26      if(e.getSource()==exit)
27        System.exit(0);;
28    }
29    public static void main(String args[]){
30      new ButtonListener1("ActionEvent Demo1");
31    }
32  }
```

【程序运行结果】

如图 8-4 所示。

【程序解析】

例 8-1 是利用容器类实现监听接口，其优点是可以处理事件的代码与创建 GUI 界面的程序代码分离，缺点是在监听类中无法直接访问组件。

例 8-2 中，我们利用定义专门的外部类实现监听接口的方式改编例 8-1。

【例 8-2】 ButtonListener2. java

```
//利用外部类实现监听接口
1  import java.awt. * ;
2  import java.awt.event. * ;
3  import javax.swing. * ;
4  class ButtonListener2 extends JFrame {
5    private JButton ok, cancel,exit;
6    public ButtonListener2(String title){
7      super(title);
8      this.setLayout(new FlowLayout());
9      ok=new JButton("确定");
10     cancel=new JButton("返回");
11     exit=new JButton("退出");
12     ok.addActionListener(new MyListener());
13     cancel.addActionListener(new MyListener());
14     exit.addActionListener(new MyListener());
15     this.add(ok);
16     this.add(cancel);
17     this.add(exit);
18     this.setSize(250,100);
19     this.setVisible(true);
20   }
21   public static void main(String args[]) {
22     new ButtonListener2("ActionEvent Demo2");
23   }
24 }
25 class MyListener implements ActionListener{
26   public void actionPerformed(ActionEvent e){
27     if(e.getActionCommand()=="确定")
28       System.out.println("确定");
29     if(e.getActionCommand()=="返回")
30       System.out.println("返回");
31     if(e.getActionCommand()=="退出")
32       System.exit(0);
33   }
34 }
```

【程序解析】

第 25～34 行代码定义外部类 MyListener 来实现监听接口。注意,第 12～14 行代码中注册监听的参数为 new MyListener()。

【例 8-3】 ButtonListener3. java

```
//利用匿名内部类实现监听接口
1  import java.awt. * ;
2  import java.awt.event. * ;
3  import javax.swing. * ;
4  class ButtonListener3 extends JFrame {
5    private JButton ok, cancel, exit;
```

```
6    public ButtonListener3(String title) {
7      super(title);
8      this.setLayout(new FlowLayout());
9      ok=new JButton("确定");
10     cancel=new JButton("返回");
11     exit=new JButton("退出");
12     ok.addActionListener(new ActionListener() {
13         public void actionPerformed(ActionEvent arg0) {
14           System.out.println("确定");
15         }
16     });
17    cancel.addActionListener(new ActionListener() {
18        public void actionPerformed(ActionEvent arg0) {
19          System.out.println("返回");
20        }
21    });
22    exit.addActionListener(new ActionListener() {
23        public void actionPerformed(ActionEvent arg0) {
24          System.exit(0);
25        }
26    });
27    this.add(ok);
28    this.add(cancel);
29    this.add(exit);
30    this.setSize(250,100);
31    this.setVisible(true);
32  }
33  public static void main(String args[]) {
34    new ButtonListener3("ActionEvent Demo3");
35  }
36 }
```

【程序运行结果】

如图 8-4 所示。

【程序解析】

例 8-3 利用匿名内部类实现监听,好处是可以直接访问外部类的成员变量和方法,同时无须通过 if 语句判断事件源。

8.2.2 键盘事件(KeyEvent 类)

键盘事件是指由具有键盘焦点的组件在用户按下或释放键盘某个键时会引发 KeyEvent 事件。处理 KeyEvent 事件的监听器接口是 KeyListener,其中包含 3 个抽象方法,Java 规定,接口中的方法必须全部实现,因此尽管在实际应用中可能仅需要用到一个或者其中几个方法,每次实现 KeyListener 接口的类都必须实现其所有抽象方法(见表 8-4)。

表 8-4 KeyListener 接口中的所有方法

常用方法	用途
public void keyTyped(KeyEvent e)	当敲击键时被调用
public void keyPressed(KeyEvent e)	当按下键时被调用
public void keyReleased(KeyEvent e)	当放开键时被调用

对于后续章节所介绍的 MouseListener、MouseMotionListener、WindowListener 接口也存在类似情况。

在例 8-4 中定义了 JTextField 组件 tf 用于接收键盘的输入，JTextArea 组件 ta 用于显示当前所触发的 KeyEvent 事件的种类。程序运行结果如图 8-5 所示。

图 8-5 键盘事件示例

【例 8-4】 KeyEventDemo. java

```
1   import java.awt.*;
2   import java.awt.event.*;
3   import javax.swing.*;
4   public class KeyEventDemo extends JFrame implements KeyListener{
5     static KeyEventDemo frm=new KeyEventDemo();
6     static JTextField tf=new JTextField(20);
7     static JTextArea ta=new JTextArea("",5,20);
8     public static void main(String args[]){
9       frm.setSize(200,150);
10      frm.setTitle("KeyEvent Demo");
11      frm.setLayout(new FlowLayout(FlowLayout.CENTER));
12      tf.addKeyListener(frm);
13      ta.setEditable(false);
14      frm.add(tf);
15      frm.add(ta);
16      frm.setVisible(true);
17    }
18    public void keyPressed(KeyEvent e){          //当按下键时
19      ta.setText("");
20      ta.append("keyPressed() 被调用\n");
21    }
22    public void keyReleased(KeyEvent e){         //当放开键时
23      ta.append("keyReleased() 被调用\n");
24    }
25    public void keyTyped(KeyEvent e){            //当敲击键时
26      ta.append("keyTyped() 被调用\n");
27    }
28  }
```

【程序运行结果】

如图 8-5 所示。

【程序解析】

- 第 12 行代码对 tf 添加键盘事件监听。
- 第 18～27 行代码中当 tf 组件触发 KeyEvent 事件时，根据事件的种类执行后面的程序代码。

8.2.3　焦点事件（FocusEvent 类）

组件获得或失去焦点（focus）时，都会产生焦点事件。所有的组件都能产生 FocusEvent 事件，比较常见的是 JTextField 和 JButton 上的焦点事件。当单击文本框时，文本框将获得焦点，获得焦点的文本框内出现闪烁的光标，表示可以接收键盘的输入。当按钮获得焦点时，将出现一个虚框。FocusEvent 事件相关的 FocusListener 接口中包含 2 个抽象方法 focusGained 和 focusLost，如表 8-5 所示。

表 8-5　FocusListener 接口中的所有方法

方　法	用　途
void focusGained(FocusEvent e)	在组件获得焦点时被调用
void focusLost(FocusEvent e)	在组件失去焦点时被调用

例 8-5 演示了文本框上 FocusEvent 事件的处理，程序运行效果如图 8-6 所示，当单击文本框时，标签处提示“文本框获得焦点”；当单击按钮时，标签处提示“文本框失去焦点”。

(a) 文本框获得焦点

(b) 文本框失去焦点

图 8-6　文本框获得或失去焦点

【例 8-5】　FocusEventDemo.java

```
1    import java.awt.*;
2    import java.awt.event.*;
3    import javax.swing.*;
4    public class FocusEventDemo extends JFrame implements FocusListener {
5      JTextField tf=new JTextField("文本框");
6      JButton jb=new JButton("按钮 ");
7      JLabel jlab=new JLabel(" ");
8      public FocusEventDemo(String title) {
9        super(title);
```

```
10       this.add(jlab, BorderLayout.NORTH);
11       this.add(tf, BorderLayout.CENTER);
12       this.add(jb, BorderLayout.SOUTH);
13       tf.addFocusListener(this);
14     }
15     public void focusGained(FocusEvent e) {
16       if(e.getSource()==tf)
17         jlab.setText("文本框获得焦点");
18     }
19     public void focusLost(FocusEvent e) {
20       if(e.getSource()==tf)
21       jlab.setText("文本框失去焦点");
22     }
23     public static void main(String[] args) {
24       FocusEventDemo f=new FocusEventDemo("FocusEvent Demo");
25       f.setSize(300, 200);
26       f.setVisible(true);
27     }
28   }
```

【程序运行结果】

如图 8-6 所示。

【程序解析】

- 第 13 行代码对 tf 添加焦点事件监听。
- 第 15～22 行代码实现接口 FocusListener 未实现的方法。

8.2.4　鼠标事件(MouseEvent 类)

鼠标事件是用户使用鼠标在某个组件上进行某种动作时发生的事件。例如，用鼠标单击组件、鼠标光标移入组件区域、鼠标光标移出组件区域等都会发生 MouseEvent 事件。MouseEvent 类的主要方法如表 8-6 所示。

表 8-6　MouseEvent 类的常用方法

常用方法	用　　途
void Point getPoint()	以 Point 对象形式返回鼠标事件发生的坐标点
void int getX()	返回发生鼠标事件时鼠标指针的 X 或 Y 坐标
void int getY()	
void int getButton()	获得发生了状态改变的鼠标按钮

其中，getButton()方法的返回值如下。

MouseEvent. NOBUTTON(=0)：无鼠标按钮发生状态改变。

MouseEvent. BUTTON1(=1)：鼠标左键发生状态改变。

MouseEvent. BUTTON2(=2)：鼠标中键发生状态改变。

MouseEvent.BUTTON3(=3)：鼠标右键发生状态改变。

与MouseEvent相对应的鼠标事件监听接口分为MouseListener和MouseMotionListener。

MouseListener接口主要处理鼠标单击、按下、释放，以及鼠标光标移入组件和移出组件的事件，该接口包含5个方法，如表8-7所示。

表8-7 MouseListener接口中的方法

方法	事件说明
void mouseClicked(MouseEvent e)	鼠标被单击时调用的方法
void mouseEntered(MouseEvent e)	鼠标光标进入组件时调用的方法
void mouseExited(MouseEvent e)	鼠标光标移出组件时调用的方法
void mousePressed(MouseEvent e)	鼠标被按下时调用的方法
void mouseReleased(MouseEvent e)	鼠标从按下的状态中释放时调用的方法

MouseMotionListener接口负责处理与鼠标拖放和移动相关的事件，该接口包含2个方法，如表8-8所示。

表8-8 MouseMotionListener接口中的所有方法

常用方法	用途
void mouseDragged(MouseEvent e)	在鼠标键被按下的状态下，移动鼠标时调用的方法
void mouseMoved(MouseEvent e)	在鼠标键未被按下的状态下，移动鼠标时调用的方法

8.2.5 窗口事件(WindowEvent类)

WindowEvent事件是发生在窗口对象上的事件，当用户或应用程序在打开、关闭、最大或最小化窗口等时触发该事件。处理WindowEvent事件需要实现WindowListener接口，其中声明了7个用于处理不同事件的抽象方法，如表8-9所示。

表8-9 WindowListener接口中的所有方法

常用方法	用途
void windowActivated(WindowEvent e)	窗口被激活时调用
void windowClosed(WindowEvent e)	窗口被关闭时调用
void windowClosing(WindowEvent e)	窗口正在被关闭时调用
void windowDeactivated(WindowEvent e)	窗口从激活状态到非激活时调用
void windowDeiconified(WindowEvent e)	窗口由最小化状态变成正常状态时调用
void windowIconified(WindowEvent e)	窗口由正常状态变成最小化状态时调用
void windowOpened(WindowEvent e)	窗口打开时调用

例 8-6 是鼠标事件和窗口事件的综合应用实例。窗口中的标签区域为鼠标光标的活动区域，利用 MouseListener、MouseMotionListener 对鼠标状态进行监听，并把鼠标当前状态显示在下方的文本框内。同时，利用 WindowListener 对当前窗口的状态进行监听，当窗口被激活时，文本框显示响应提示信息。程序运行效果如图 8-7 所示。

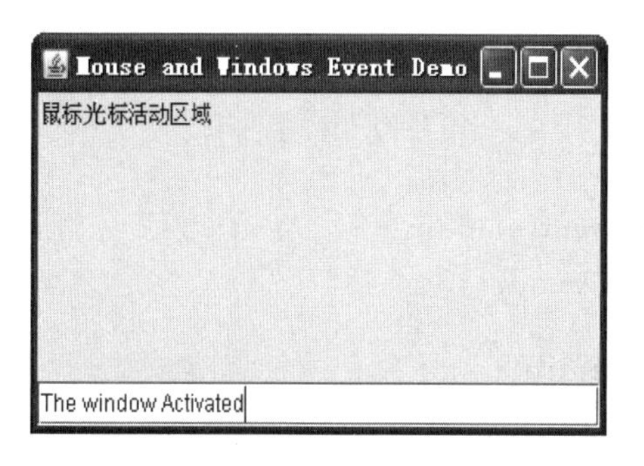

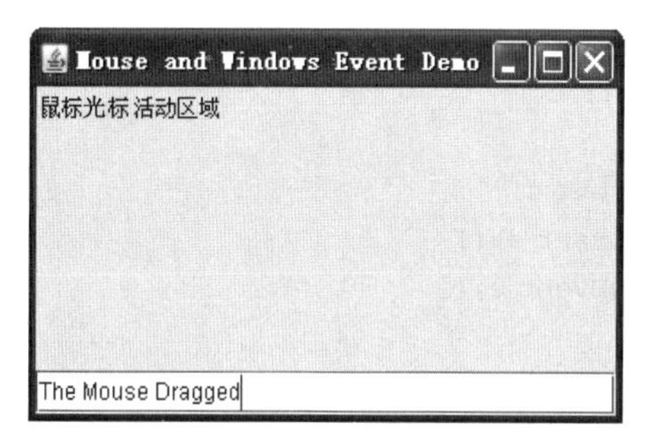

图 8-7　鼠标事件和窗口事件示例

【例 8-6】 MouseAndWindowsEvent.java

```
1   import java.awt.*;
2   import java.awt.event.*;
3   import javax.swing.*;
4   public class MouseAndWindowsEvent implements
    MouseListener,MouseMotionListener,WindowListener{
5       private JTextField tf;
6       public static void main(String args[]){
7         MouseAndWindowsEvent ml=new MouseAndWindowsEvent();
8         ml.go();
9       }
10      public void go(){
11        JFrame f=new JFrame("Mouse and Windows Event Demo");
12        f.add(new  JLabel("鼠标光标活动区域"), BorderLayout.NORTH);
13        tf=new JTextField(30);
14        f.add(tf, BorderLayout.SOUTH);
15        f.addMouseListener(this);
16      f.addMouseMotionListener(this);
17      f.addWindowListener(this);
18      f.setSize(330,200);
19      f.setVisible(true);
```

```
20     }
21     //MouseMotionListener
22     public void mouseDragged(MouseEvent e){
23       tf.setText("The Mouse Dragged");
24     }
25     public void mouseMoved(MouseEvent e){
26       tf.setText("The mouse Moved");
27     }
28     //MouseListener
29     public void mouseEntered(MouseEvent e){
30       tf.setText("The mouse Entered");
31     }
32     public void mouseExited(MouseEvent e){
33       tf.setText("The mouse Exited");
34     }
35     public void mouseClicked(MouseEvent e){
36       tf.setText("The mouse Clicked");
37     }
38     public void mousePressed(MouseEvent e){}
39     public void mouseReleased(MouseEvent e){}
40     public void windowClosing(WindowEvent e){
41       System.exit(1);
42     }
43       public void windowClosed(WindowEvent e){}
44       public void windowOpened(WindowEvent e){}
45       public void windowIconified(WindowEvent e){}
46       public void windowDeiconified(WindowEvent e){}
47       public void windowDeactivated(WindowEvent e){}
48       public void windowActivated(WindowEvent e){
49         tf.setText("The window Activated");
50       }
51  }
```

【程序运行结果】

如图 8-7 所示。

【程序解析】

第 38 行和第 39 行代码以及第 43～47 行代码中的方法并没有实现任何操作，因为实现接口必须实现其所有方法，所以尽管这些方法中没有具体操作，仍然需要写出空的方法体。这时可以通过 Java 提供的适配器来简化以上代码。

Java 提供了大部分监听器接口的适配器类，其目的是简化事件监听器类的编写，监听器适配器类是对事件监听器接口的简单实现（方法体为空），这样用户可以把自己的监听器类声明为适配器类的子类，从而可以不管其他方法，只需重写需要的方法。对应于监听器接口×××Listener 的适配器接口的类名为×××Adapter。各种事件和接口及适配器的关系见表 8-10。

图 8-10　事件、接口和对应的适配器

事　　件	接　　口	适　配　器
ActionEvent	ActionListener	无
ItemEvent	ItemListener	无
AdjustmentEvent	AdjustmentListener	无
ComponentEvent	ComponentListener	ComponentAdapter
MouseEvent	MouseListener	MouseAdapter
MouseMotionEvent	MouseMotionListener	MouseMotionAdapter
WindowEvent	WindowListener	WindowAdapter
FocusEvent	FocusListener	FocusAdapter
KeyEvent	KeyListener	KeyAdapter

如果只要求编写窗口关闭的代码，则可使用窗口适配器 WindowAdapter，见例 8-7。

【例 8-7】　MyWindowAdapterDemo .java

```
1   import java.awt.event.WindowAdapter;
2   import java.awt.event.WindowEvent;
3   import javax.swing.JFrame;
4   class MyWindowEvent extends WindowAdapter{
5     public void windowClosing(WindowEvent e){
6       System.out.println("windowClosing -->窗口关闭");
7       System.exit(1);
8     }
9   }
10  public class MyWindowAdapterDemo{
11    public static void main(String args[]){
12      JFrame frame=new JFrame("WindowAdapterDemo");
13      frame.addWindowListener(new MyWindowEvent());     //加入事件
14      frame.setSize(300,150);
15      frame.setLocation(300,200);
16      frame.setVisible(true);
17    }
18  }
```

【程序运行结果】

运行结果如图 8-7 所示。

【程序解析】

- 第 1 行代码使用的 WindowAdapter 类的定义在 java. awt. event 包中，使用时需导入。
- 第 4 行代码中的 MyWindowEvent 继承自 WindowAdapter，只需实现所关注的 windowClosing 方法，其他 6 个方法可不用全部添加。
- 第 13 行代码中组件的注册监听是将 MyWindowEvent 对象作为参数传递。

8.3 任务实施

在任务7中的例7-7中没有编写对界面组件的事件处理的程序，因此单击按钮无任何反应。根据本任务中的介绍，登录模块中主要涉及的为鼠标单击按钮所触发的动作事件ActionEvent。本节我们将在例7-7的基础上将事件处理代码补充完整，主要对“登录”“注册”“取消”三个按钮添加事件处理代码。

在例7-7中的Login_GUI类中，首先注明所要实现的事件处理的接口，例如：

```
class LoginFrame extends JFrame implements ActionListener
```

并在其构造方法LoginPanel中对三个按钮注册动作事件监听器。

```
loginbtn.addActionListener(this);          //“登录”按钮
registerbtn.addActionListener(this);       //“注册”按钮
cancelbtn.addActionListener(this);         //“取消”按钮
```

登录模块相关事件的处理代码段如例8-8所示。

【例8-8】 登录模块中的事件处理代码(完整程序参见Login_GUI.java)

```
1  public void actionPerformed(ActionEvent e) {
2    if(e.getSource()==loginbtn) {
3      if(namefield.getText().trim().equals("")) {
4         JOptionPane.showMessageDialog(null, "\t请输入用户名!", "用户名空提
          示", JOptionPane.OK_OPTION);
5      } else {
6          if(new String(pwdfield.getPassword()).equals("")) {
7         JOptionPane.showMessageDialog(null, "\t请输入密码!", "密码空提示",
          JOptionPane.OK_OPTION);
8         }
9         else {
10          if(namefield.getText().trim().equals("JSIT")&&(new String
            (pwdfield.getPassword()).equals("123456"))) {
11               JOptionPane.showMessageDialog(null, "\t欢迎进入考试管理系
                 统!","登录成功", JOptionPane.INFORMATION_MESSAGE);
12             this.dispose();
13          } else
14          JOptionPane.showMessageDialog(null, "\t用户名或密码错!","错误
            提示", JOptionPane.OK_OPTION);
15          }
16        }
17      }
18      if((JButton) e.getSource()==cancelbtn) {
19        System.exit(0);
20      }
21   }
22 }
```

【程序解析】

- 第6行代码使用 new String(pwdfield. getPassword())获得密码框的实际内容。
- 第10行代码用于设置用户名和密码。实际操作中，用户名和密码可保存在文件或数据库中，因为目前还未学习对文件的操作，因此假定用户名为JSIT，密码为123456。
- 第13行代码中 dispose()方法的作用是关闭当前的登录窗口。

自　测　题

一、选择题

1. 下列说法中错误的是(　　)。
   A. 授权处理模块把事件的处理和事件源分开，将处理交付外部的处理实体进行
   B. 监听器要处理某类型的事件，必须实现与该类事件相应的接口
   C. 在 Java 中，每一个事件类都有一个与之相对应的接口
   D. 监听器要处理某类型的事件，不一定必须实现与该类事件相应的接口
2. JTextField 的事件监听器接口是(　　)。
   A. ChangeListener　　B. ItemListener
   C. JActionListener　　D. ActionListener
3. 下述表明 java. awt. Component 组件上有一个按键按下的事件是(　　)。
   A. KeyEvent　　B. KeyDownEvent
   C. KeyPrressEvent　　D. KeyPressedEvent
4. 在类中若要处理 ActionEvent 事件，则该类需要实现的接口是(　　)。
   A. ActionListener　　B. Runnable
   C. Serializable　　D. Eventt
5. 监听事件和处理事件由 Listener(　　)。
   A. 完成　　B. 处登记过的对象完成
   C. 和对象分别完成　　D. 和窗口分别完成

二、填空题

1. 在事件处理的过程中，涉及的3类对象是________、________和________。
2. Java 中的 AWT 事件中的低级事件是指基于________和________的事件。
3. MouseEvent 事件可以实现的监听接口是________和________。
4. WindowEvent 属于________事件，而 ActionEvent 属于________事件。
5. Java 事件可以分为________事件和________事件。

拓 展 实 践

【实践 8-1】 调试并修改以下程序,使其实现对窗口事件的监听。当窗口正在关闭时,控制台输出 The window closing,打开窗口后输出 The window opened,当窗口为非激活状态时输出 The window deactived,当窗口被激活后输出 The window activated。

```
import java.awt.event.*;
import javax.swing.*;
import java.awt.*;
public class Ex8_1 extends JFrame implements WindowListener{
  public Ex8_1(){
    setLayout(new FlowLayout());
    setBounds(0,0,200,200);
    setVisible(true);
  }
  public static void main(String args[]){
    new Ex8_1();
  }
  public void windowClosing(WindowEvent e){
    System.out.println("The window closing ");
    System.exit(0);
  }
  public void windowOpened(WindowEvent e){
    System.out.println("The window opened");
  }
  public void windowDeactivated(WindowEvent e) {
    System.out.println("The window deactived");
  }
  public void windowActivated(WindowEvent e){
    System.out.println("The window activated");
  }
}
```

【实践 8-2】 窗口中显示两个按钮,按下 Yellow 按钮则窗口背景显示为黄色,按下 Green 按钮则窗口背景显示为绿色。

```
import java.awt.*;
import java.awt.event.*;
import javax.swing.*;
public class Ex8_2 extends JFrame implements ActionListener {
  static Ex8_2 frm=new Ex8_2();
  static JButton btn1=new JButton("Yellow");
  static JButton btn2=new JButton("Green");
  public static void main(String args[ ]) {
  ________【代码 1】________;        //把事件监听者 frm 向 btn1 注册
  ________【代码 2】________;        //把事件监听者 frm 向 btn2 注册
```

```
    frm.setTitle("Action Event");
    frm.setLayout(new FlowLayout(FlowLayout.CENTER));
    frm.setSize(200,150);
    frm.add(btn1);
    frm.add(btn2);
    frm.setVisible(true);
}
  public void actionPerformed(ActionEvent e)     {
  ________【代码 3】________;               //取得事件源对象
    if(btn==btn1)                           //如果是按下 btn1 按钮
    ________【代码 4】________;             //设置背景色为黄色
    else if(btn==btn2)                      //如果是按下 btn2 按钮
      ________【代码 5】________;           //设置背景色为绿色
  }
}
```

【实践 8-3】 编写 Java 应用程序,设计一个简单的计算器,包括 4 个按钮,分别命名“加”“减”“乘”和“除”,并加入 3 个文本框,分别用于存放两个操作数和运算结果。

面试常考题

【面试题 8-1】 事件监听器接口和事件适配器有什么关系?

【面试题 8-2】 简述 Java 的事件委托机制和垃圾回收机制。

任务9　使用泛型和集合框架处理数据

学习目标

本任务以处理考试系统中用户信息存储为例，介绍了Java的泛型和集合框架。应掌握以下内容：

➢ 掌握集合的分类。
➢ 了解Set接口及主要实现类。
➢ 掌握List接口及主要实现类ArrayList的使用。
➢ 掌握Map接口及主要实现类HashMap的使用。
➢ 掌握泛型的概念及使用。

9.1　任务描述

为了快捷地对信息检索，考试系统中的用户信息可以用Java集合框架中的类进行保存。本部分详细介绍了Java集合框架的相关知识及泛型。概述了Java集合框架的三个主要体系Set、List、Map，并简述了集合在编程中的重要性。细致地讲述了Set、List、Map接口及其实现类的详细用法，分析了各种实现类之间的差异，并给出选择集合实现类时的原则。重点讲解了泛型的概念，详细介绍了泛型类、泛型方法、泛型接口以及泛型在集合中的应用。

9.2　技术要点

9.2.1　早期的集合类

集合可理解为一个容器，该容器主要指映射(map)、集合(set)、列表(list)、散列表(hashtable)等抽象数据结构。容器可以包含多个元素，这些元素通常是一些Java对象。针对上述抽象数据结构所定义的一些标准编程接口称为集合框架。集合框架主要是由一组精心设计的接口、类和隐含在其中的算法所组成，通过它们可以采用集合的方式完成Java对象的存储、获取、操作以及转换等功能。集合框架的设计是严格按照面向对象的思想进行设计的，它对上述所提及的抽象数据结构和算法进行了封装。封装的好处是提供一个易用的、标准的编程接口，使在实际编程中不需要再定义类似的数据结构，直接引用集合框架中的接口即可，提高了编程的效率和质量。此外还可以在集合框架的基础上完成如堆栈、队列和多线程安全访问等操作。

在集合框架中有几个基本的集合接口，分别是 Collection 接口、List 接口、Set 接口和 Map 接口，它们所构成的层次关系如图 9-1 所示。

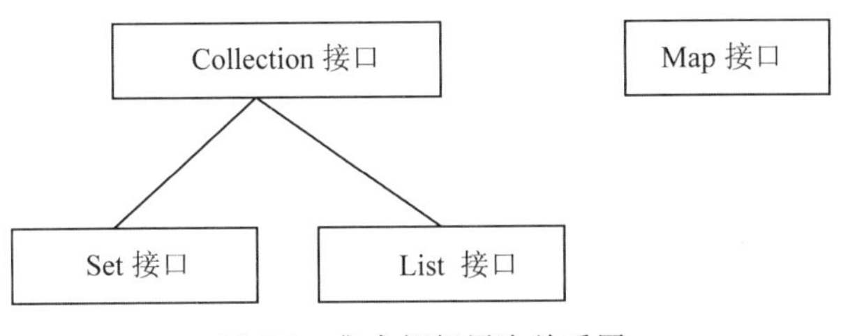

图 9-1 集合框架层次关系图

(1) Collection 接口是一组允许重复的对象。

(2) Set 接口继承自 Collection，但不允许集合中出现重复元素。

(3) List 接口继承自 Collection，允许集合中有重复，并引入位置索引。

(4) Map 接口与 Collection 接口无任何关系。Map 的典型应用是访问按关键字存储的值。它所包含的是键—值对，而不是单个独立的元素。

作为对上述接口的实现，Java 语言目前主要提供下述类的定义，如表 9-1 所示。

表 9-1 集合接口及其类的实现

接口	集合类的实现	早期集合类
Set	HashSet	
	TreeSet	
List	ArrayList	Vector
	LinkedList	Stack
Map	HashMap	Hashtable
	TreeMap	

由于在 JDK 1.5 之后增加了泛型，我们把 JDK 1.5 之前不支持泛型的集合类称为早期集合类。早期的集合有一个缺点：当我们把一个对象存放到集合里后，集合就会“忘记”这个对象的数据类型，当再次取出该对象时，该对象的编译类型就变成了 Object 类型。早期的集合之所以被设计成这样，是因为设计集合的程序员不知道用户需要用它来保存什么类型的对象，所以把集合设计成能保存任何类型的对象。但这样做也带来了两个问题：一是集合对元素类型没有任何限制，例如只想创建一个保存 String 类型的集合，但是程序也允许把 boolean 类型的对象存放在该集合中，这样容易引发异常。二是由于把对象保存在集合中时，集合忘记了对象的数据类型，只知道它存放的是 Object 类型，因此取出集合元素后通常要进行强制类型转换。这种强制类型转换既会增加程序的复杂

度，也可能引发 ClassCastException。

【例 9-1】 OldClass.java（早期集合类）

```
1   import java.util.ArrayList;
3   import java.util.List;
4   public class OldClass{
5       public static void main(String[] args) {
6         List list=new ArrayList();
7         list.add("Java");
8         list.add("C#");
9         list.add("Pascal");
10        //list.add(4);
11        for(int i=0;i<list.size();i++){
12           String s=(String)list.get(i);
13           System.out.println(s);
14        }
15      }
16  }
```

【程序运行结果】

```
Java
C#
Pascal
```

【程序解析】

- 第 6 行代码创建一个 List 集合对象。
- 第 7～9 行代码是向该集合中添加了 3 个 String 类型的对象元素。
- 第 11～14 行代码是通过 for 循环将集合中的元素取出，转换为 String 类型并输出。

上述程序只是创建了一个 List 对象，而且只用 List 对象来保存字符串对象。但是对于保存在 List 对象中的数据类型不能做任何的限制。如果在程序的第 10 行把一个 int 类型的数据保存到 List 中，将导致程序在第 12 行出现 ClassCastException 异常。自 JDK 1.5 以后，Java 引入了泛型的概念，允许我们在创建集合时指定集合元素的类型，这样添加数据元素到集合中时会做类型检查。如果要添加的数据元素与指定的数据类型不匹配，编译时会报错。

9.2.2 泛型

泛型本质上是提供类型的“类型参数”，也即参数化类型。从 Java SE 5.0 开始，引用泛型（Generic）机制——参数化类型，即所操作的数据类型被指定为一个参数。泛型可以用在类、接口和方法的创建中，分别称为泛型类、泛型接口和泛型方法。

1. 使用泛型的目的

泛型是 Java 中的一种重要的语言元素，是 Java 语言中类型安全的一次重大改进。

例 9-2 没有使用泛型，没有编译错误，但是运行存在问题。

【例 9-2】 GenericsDemo1. java

```
1   class Generi{
2     Object x;
3     Object y;
4   }
5   public class GenericsDemo1{
6     public static void main(String args[]){
7       Generi n=new Generi();
8       n.x=100;
9       n.y="Java";
10      int x=(Integer)n.x;
11      int y=(Integer)n.y;
12      System.out.println("整数表示,X 的值是: "+x);
13      System.out.println("整数表示,Y 的值是: "+y);
14    }
15  }
```

【程序运行结果】

```
程序出现运行错误为 Exception in thread "main" java.lang.ClassCastException:
java.lang.String cannot be cast to java.lang.Integer at GenericsDemo11.main
(GenericsDemo11.java:11)
```

【程序解析】

出现该异常的原因是因为 Object 是所有类的超类，可以引用所有类型的对象，因此在语法是正确的。当运行到第 11 行代码时，程序出现了类型转换异常，无法将 String 类型向 Integer 类型转换。

2. 泛型类

泛型类是指带有参数化类型的类。泛型类的定义形式如下：

```
class 类名<T>{...}
```

<>里边的 T 的类型可以是任意的，由实际对象的类型决定。而在使用泛型类时，通过< >内的参数指定参数类型。例如：

```
public class MySet<T>{
    public T get(){...}
}
```

一个泛型类就是具有一个或多个类型变量的类。修改例 9-2，详见例 9-3。

【例 9-3】 GenericsDemo2. java

```
1   class Generi<T>{
2       T  x;
3       T  y;
4   }
```

```
5   public class GenericsDemo2{
6     public static void main(String args[]){
7       Generi<Integer>n=new Generi<Integer>();
8       n.x=100;
9       n.y=200;
10      int x=(Integer)n.x;
11      int y=(Integer)n.y;
12      System.out.println("整数表示,X的值是: "+x);
13      System.out.println("整数表示,Y的值是: "+y);
14    }
15  }
```

【程序运行结果】

```
整数表示, X 的值是: 100
整数表示, Y 的值是: 200
```

【程序解析】

- 第 1～3 行代码定义泛型类 Generi。
- 第 7 行代码创建了一个泛型类对象 Generi,并指定数据类型为 Integer 类。
- 第 11 行代码如果取出的 y 值不是 Integer 类型,则出现编译错误,有效地杜绝了传递类型不统一导致的运行错误。

3. 泛型方法

前面已经介绍了如何定义一个泛型类。实际上,还可以定义一个带有参数类型的方法即泛型方法。泛型方法能够独立于类而产生变化。泛型方法所在的类可以是泛型类,也可以不是泛型类。创建一个泛型方法常用的形式如下:

```
[访问修饰符] <泛型标识>泛型标识 方法名([泛型标识 参数名称])
```

例 9-4 在 Demo 类中声明一个 fun()泛型方法,用于返回调用该方法时所传入的参数类型的类名。

【例 9-4】 GenericsDemo3. java

```
1   class Demo{
2     public<T>T fun(T t){
3       return t;
4     }
5   }
6   public class GenericsDemo3{
7     public static void main(String args[]){
8       Demo d=new Demo();
9       String str=d.fun("北京欢迎您!");
10      int i=d.fun(2020);
11      System.out.println(str);
12      System.out.println(i);
13    }
14  }
```

【程序运行结果】

```
北京欢迎您!
2020
```

【程序解析】

- 第 2～4 行代码定义泛型方法 fun()，用于接收任意类型参数，并返回参数值。
- 第 9 行代码传递字符串。
- 第 10 行代码传递数字。
- 第 11 行和第 12 行代码输出传递的内容。

注意：当使用泛型类时，必须在创建对象时指定类型参数的值，而使用泛型方法时通常不必指明参数类型，因为编译器会找出具体的类型，这称为类型参数推断，因此可以像调用普通方法一样调用 f()方法。编译器会根据调用 f()方法时传入的参数类型与泛型类型进行匹配。

4. 泛型接口

除了泛型类和泛型方法，还可以使用泛型接口。泛型接口的定义与泛型类非常相似，在接口名称后加<T>，声明形式如下：

```
[访问修饰符] interface 接口名<泛型标识>{ }
```

例如：

```
interface Info<T>{              // 在接口上定义泛型
    public T getVar() ;         //定义抽象方法，抽象方法的返回值就是泛型类型
}
```

泛型接口的实现参见例 9-5。

【例 9-5】 GenericsDemo4.java

```
1   interface Info<T>{
2       public T getVar();
3   }
4   class InfoImpl<T>implements Info<T>{
5       private T var;
6       public InfoImpl(T var){
7         this.setVar(var);
8       }
9       public void setVar(T var){
10        this.var=var;
11      }
12      public T getVar(){
13        return this.var;
14      }
15  }
16  public class GenericsDemo4{
17  public static void main(String arsg[]){
```

```
18        Info<String>i=null;
19        i=new InfoImpl<String>("Java 程序设计");
20        System.out.println("必修课程: "+i.getVar());
21   }
```

【程序运行结果】

```
必修课程: Java 程序设计
```

【程序解析】

- 第 1～3 行代码定义了泛型接口。
- 第 4～15 行代码定义了泛型接口的子类。
- 第 18 行代码声明接口对象。
- 第 19 行代码通过子类实例化对象。

例 9-5 中第 4 行代码在子类的定义上也声明了泛型，实现接口的子类也可直接制定具体的操作类型。我们对例 9-5 进行改编，详见例 9-6。

【例 9-6】 GenericsDemo5. java

```
1   interface Info<T>{
2     public T getVar();
3   }
4   class InfoImpl implements Info<String>{
5       private String var;                  //定义属性
6       public InfoImpl(String var){         //通过构造方法设置属性内容
7         this.setVar(var);
8       }
9       public void setVar(String var){
10        this.var=var;
11      }
12      public String getVar(){
13        return this.var;
14    }
15  }
16  public class GenericsDemo5{
17    public static void main(String arsg[]){
18      Info i=null;                         //声明接口对象
19      i=new InfoImpl("Java 程序设计");     //通过子类实例化对象
20      System.out.println("必修课程: "+i.getVar());
21    }
22  }
```

【程序运行结果】

```
必修课程: Java 程序设计
```

【程序解析】

- 第 4 行代码定义泛型接口的子类，直接指定具体数据类型是 String。
- 第 6、9、12 行代码直接指定具体数据类型是 String。

5. 通配类型参数

前面介绍的泛型已经可以解决大多数的实际问题,但在某些特殊情况下,仍然会有一些问题无法轻松地解决。在例 9-7 中,将会出现编译错误。

【例 9-7】 GenericsDemo6. java

```
1   class Info<T>{
2     private T var;          //定义泛型变量
3     public void setVar(T var){
4       this.var=var;
5     }
6     public T getVar(){
7       return this.var;
8     }
9   }
10  public class GenericsDemo6{
11    public static void main(String args[]){
12      Info<String>i=new Info<String>();
13      i.setVar("Java 程序设计语言");
14      fun(i);
15    }
16    public static void fun(Info<Object>temp){
17      System.out.println("内容: "+temp);
18    }
19  }
```

【程序运行结果】

提示:第 14 行出现编译错误。

【程序解析】

- 第 12 行代码使用 String 为泛型类型。
- 第 13 行代码设置泛型变量的值。
- 第 16 行代码接收 Object 泛型类型的 Info 对象。

第 14 行代码中的 fun(i)方法出现编译错误的原因是泛型对象进行引用传递时,类型必须保持一致。解决这个问题的办法是使用 Java 提供的通配符"?",我们将第 16 行代码改为以下形式即可。

```
public static void fun(Info<?>temp){...}
```

9.2.3 类集合框架

在 JDK 1.5 中增加了泛型。集合类也开始支持泛型,允许在创建集合对象时通过泛型来指定该集合存储的对象类型。在使用各个类集接口时,如果没有指定泛型,则会出现警告信息。

所有的 Java 集合都在 java. util 包中。在类集合中存在以下几种主要接口,如表 9-2

所示。

表 9-2 类集合框架主要接口

接口	用途
Collection	这是存入一组单值的最大接口。单值是指集合中的每个元素都是一个对象。一般很少直接使用此接口操作
List	这是 Collection 接口的子接口,也是最常用的接口。此接口对 Collection 接口进行了大量的扩充,里面的内容是允许重复的
Set	这是 Collection 接口的子类。没有对 Collection 接口进行扩充,里面不允许存放重复内容
Map	这是存放一对值的最大接口,即接口中的每个元素都是一对,以 key->value 形式保存
Iterator	这是集合的输出接口,用于输出集合中的内容,只能进行从前到后的单向输出
ListIterator	这是 Iterator 的子类接口,可以进行双向输出
Enumeration	这是最早的输出接口,用于输出指定集合中的内容
SortedSet	这是单值的排序接口。实现此接口的集合类,里面的内容是可以排序的,使用比较器排序
SortedMap	这是存放一对值的排序接口。实现此接口的集合类,内容按照 key 排序,使用比较器排序
Queue	这是队列接口,此接口的子类可以实现队列操作
Map. Entry	Map 的内部接口。每个 Map. Entry 对象都保存着一对 key->value 的内容,每个 Map 接口中都保存多个 Map. Entry 接口实例

1. Collection 接口

Collection 是保存单值集合的最大父接口。其接口定义如下：

```
public interface Collection<E>  extends Iterable<E>
```

此接口使用了泛型的定义,在操作时必须指定出具体的操作类型。此接口是单值存放的最大接口,可以向里面保存多个单值数据。此接口常用方法如表 9-3 所示。

表 9-3 Collection 接口的常用方法

常用方法	用途
boolean add(E o)	向集合中插入对象
boolean addAll(Collection<? extends E> c)	将一个集合的内容插入进来
void clear()	清除此集合中的所有元素
boolean contains(Object o)	判断某一个对象是否在集合中存在
boolean containsAll(Collection<?> c)	判断一组对象是否在集合中存在

续表

常用方法	用　途
boolean equals(Object o)	对象比较
int hashCode()	哈希码
boolean isEmpty()	判断集合是否为空
Iterator<E> iterator()	实例化 Iterator 接口
boolean remove(Object o)	删除指定对象
boolean removeAll(Collection<?> c)	删除一组对象
boolean retainAll(Collection<?> c)	保存指定内容
int size()	求出集合的大小
Object[] toArray()	将一个集合变为对象数组
<T> T[] toArray(T[] a)	指定好返回的对象数组类型

通常进行开发时，一般很少会直接使用 Collection 接口，而是使用其子接口进行开发，包括 List、Set、Queue、SortedSet。

2. List 接口

List 是 Collection 的子接口，里面可以保存重复的内容，此接口的定义如下：

```
public interface List<E> extends Collection<E>
```

但是与 Collection 接口不同的是，List 接口大量地扩充了 Collection 接口，拥有了比 Collection 接口中更多的方法定义，而且这些方法操作起来很方便。List 接口的常用方法如表 9-4 所示。

表 9-4　List 接口的常用方法

常用方法	用　途
void add(int index,E element)	在指定位置增加元素
boolean addAll(int index,Collection<? extends E> c)	在指定位置增加一组元素
E get(int index)	返回指定位置的元素
int indexOf(Object o)	查找指定元素的位置
int lastIndexOf(Object o)	从后向前查找指定元素的位置
ListIterator<E> listIterator()	为 ListIterator 接口实例化
E remove(int index)	按指定的位置删除元素
List<E> subList(int fromIndex,int toIndex)	取出集合中的子集合
E set(int index,E element)	替换指定位置的元素

List 接口中的内容是可以进行双向输出的，因为定义了 get(int index)方法。

List 接口常用的子类有 ArrayList、Vector。

1) ArrayList 子类

ArrayList 子类可以直接通过对象的多态性被 List 接口实例化，此类的定义如下：

```
public class ArrayList<E> extends AbstractList<E>
implements List<E>, RandomAccess, Cloneable, Serializable
```

(1) 向集合增加元素。要想增加元素的操作，可以直接使用 Collection 接口中定义的以下两个方法：

- add()：每次增加一个对象。
- addAll()：每次增加一组对象。

例 9-8 实现了向集合增加元素的功能。

【例 9-8】 ArrayListDemo1. java

```
1   import java.util.ArrayList;
2   import java.util.Collection;
3   import java.util.List;
4   public class ArrayListDemo1 {
5     public static void main(String[] args) {
6       List<String>allList=new ArrayList<String>();
7       Collection<String>allCollection=new ArrayList<String>();
8       allList.add("Hello");
9       allList.add(0, "World");
10      System.out.println(allList);
11      allCollection.add("北京");
12      allCollection.add("2020 欢迎您!");
13      allList.addAll(allCollection);
14      allList.addAll(0, allCollection);
15      System.out.println(allList);
16    }
17  }
```

【程序运行结果】

```
[World, Hello]
[北京, 2020 欢迎您!, World, Hello, 北京, 2020 欢迎您!]
```

【程序解析】

- 第 1～3 行代码导入相关包。
- 第 6 行和第 7 行代码创建了两个 ArrayList 类的对象，并指定其存储的对象类型为 String 类型。
- 第 8 行代码中的 add 方法从 Collection 继承而来。
- 第 9 行代码中的 add 方法为 List 自定义的。
- 第 11 行和第 12 代码用于增加数据。
- 第 13 行代码中的 addAll()方法从 Collection 继承而来，增加一组对象。
- 第 14 行代码中的 addAll()方法是 List 接口自定义的，增加一组对象。

（2）删除元素。删除元素可以使用以下的方法。

- Collection 定义的方法如下。

boolean remove(Object o)：每次删除一个对象。

boolean removeAll(Collection<?> c)：每次删除一组对象。

- List 扩展的方法如下。

E remove(int index)：删除指定位置的元素。

例 9-9 实现了从集合中删除元素的功能。

【例 9-9】 ArrayListDemo2. java

```
1   import java.util.ArrayList;
2   import java.util.List;
3   public class ArrayListDemo2 {
4   public static void main(String[] args) {
5     List<String>allList=new ArrayList<String>();
6     allList.add("Hello");           //此方法从 Collection 继承而来
7     allList.add(0, "World");        //此方法为 List 接口自定义的
8     allList.add("北京");             //增加元素
9     allList.add("2020 欢迎您!");     //增加元素
10    allList.remove(0);
11    allList.remove("Hello");
12    System.out.println(allList);
13    }
14  }
```

【程序运行结果】

```
[北京, 2020 欢迎您!]
```

【程序解析】

- 第 1 行和第 2 行代码导入相关包。
- 第 5 行代码创建了一个 ArrayList 类型的对象，并指定其存储的对象类型为 String 类型。
- 第 6 行代码中的 add()方法从 Collection 接口继承而来。
- 第 7 行代码中的 add()方法为 List 接口自定义。
- 第 8 行和第 9 行代码用于增加元素。

（3）输出 List 中的内容。在 List 接口中包含了取得集合长度及取出每一个数据的操作，其中按位置取出数据是 List 扩展的应用。

- public int size()：取出长度。
- public E get(int index)：取出指定位置的元素。

例 9-10 实现输出 List 中的内容。

【例 9-10】 ArrayListDemo3. java

```
1   import java.util.ArrayList;
2   import java.util.List;
3   public class ArrayListDemo3 {
```

```
4     public static void main(String[] args) {
5       List<String>allList=new ArrayList<String>();
6       allList.add("Hello");
7       allList.add("Hello");
8       allList.add(0, "World");
9       allList.add("北京");            //增加元素
10      allList.add("2020 欢迎您!");     //增加元素
11      for(int i=0; i<allList.size(); i++) {
12        System.out.print(allList.get(i)+" ");
13      }
14    }
15  }
```

【程序运行结果】

```
World Hello Hello 北京 2020 欢迎您!
```

【程序解析】

- 第 1 行和第 2 行代码导入相关包。
- 第 5 行代码是创建了一个 ArrayList 类的对象,并指定其存储的对象类型为 String 类型。
- 第 6 行和第 7 行代码中的 add()方法从 Collection 接口继承而来。
- 第 8 行代码中的 add()方法为 List 接口自定义。
- 第 9 行和第 10 行代码用于增加元素。
- 第 11~13 行代码循环遍历输出 ArrayList 的内容。

2) Vector 子类

Vector 属于一个保留下来的子类,从整个 Java 集合发展的历史来看,Vector 是一个"元老"级的类,在 JDK 1.0 时就已经存在。但是到了 Java 2(JDK 1.2)之后重点推出的是 ArrayList 子类,因为其性能较高。但是考虑到一大部分人已经习惯了使用 Vector 接口,所以 Java 的设计者就让 Vector 单独又实现了一个 List 接口,这才保留下来。Vector 类的使用与之前的用法并没有太大的区别。

例 9-11 实现输出 List 中的内容。

【例 9-11】 VectorDemo1.java

```
1   import java.util.List;
2   import java.util.Vector;
3   public class VectorDemo1 {
4     public static void main(String[] args) {
5       List<String>allList=new Vector<String>();
6       allList.add("Hello");
7       allList.add(0, "World");
8       allList.add("北京");            //增加数据
9       allList.add(2020 欢迎您!");      //增加数据
10      for(int i=0; i<allList.size(); i++) {
11        System.out.print(allList.get(i)+" ");
12      }
```

```
13    }
14  }
```

【程序运行结果】

```
World Hello 北京 2020 欢迎您!
```

【程序解析】

- 第 1 行和第 2 行代码导入相关包。
- 第 5 行代码是创建了一个 Vector 类的对象,并指定其存储的对象类型为 String 类型。
- 第 6 行代码中的 add()方法从 Collection 接口继承而来。
- 第 7 行代码中的 add()方法为 List 接口自定义。
- 第 8 行和第 9 行代码用于增加元素。
- 第 10～12 行代码循环遍历输出 Vector 内容。

例 9-11 直接使用 List 接口进行操作,在运行结果上与使用 ArrayList 类没有任何区别,但是 Vecotr 类中却定义了大量的其他方法,这些方法的功能与 List 接口中的方法类似。其中最需要说明的就是 Vector 类中的 addElement()方法,此方法是最早向集合中增加元素的操作,但是 JDK 1.2 之后此方法的功能与 add()方法是一致的。实际项目开发中 ArrayList 类的使用较多,两者区别见表 9-5。

表 9-5　ArrayList 类与 Vector 类的区别

比较项	ArrayList 类	Vector 类
推出时间	JDK 1.2 之后推出的,属于新的操作类	JDK 1.0 时推出,属于旧的操作类
性能	采用异步处理方式,性能更高	采用同步处理方式,性能较低
线程安全	属于非线程安全的操作类	属于线程安全的操作类
输出	只能使用 Iterator、foreach 输出	可以使用 Iterator、foreach、Enumeration 输出

3. Set 接口

Set 接口也是 Collection 接口的子接口,但是与 Collection 接口或 List 接口不同的是,Set 接口中不能加入重复的元素。Set 接口的定义如下:

```
public interface Set<E> extends Collection<E>
```

与 List 接口的定义并没有太大的区别。Set 接口的主要方法与 Collection 接口是一致的,也就是说 Set 接口并没有对 Collection 接口进行扩充,只是比 Collection 接口的要求更加严格了,不能增加重复元素。

Set 接口的实例是无法像 List 接口那样进行双向输出的。

在集合框架中,HashSet 类和 TreeSet 类实现了 Set 接口。这两个类定义在 java.util 包中。一般情况下,用 HashSet 类可以创建一个无序的集合对象,用 TreeSet 类可以创建有序的集合对象。需要注意的是,添加到 TreeSet 类中的元素必须是可排序的。利用

HashSet 类创建集合对象的程序参见例 9-12。

【例 9-12】 HashSetDemo. java

```
1   import java.util.HashSet;
2   import java.util.Set;
3   public class HashSetDemo {
4     public static void main(String[] args) {
5       Set<String>allSet=new HashSet<String>();
6       allSet.add("A");
7       allSet.add("B");
8       allSet.add("C");
9       allSet.add("C");            //重复元素,不能加入
10      allSet.add("C");            //重复元素,不能加入
11      allSet.add("D");
12      allSet.add("E");
13      System.out.println(allSet);
14    }
15  }
```

【程序运行结果】

```
[D, E, A, B, C]
```

【程序解析】

- 第 1 行和第 2 行代码导入相关包。
- 第 5 行代码创建了一个存放 String 类型的 HashSet 集合对象。
- 第 6～12 行代码分别向其中添加了"A"、"B"、"C"、"D"、"E"共 5 个字符。
- 第 9 行和第 10 行代码由于 Set 类型的集合不能存放重复的数据,因此重复放置的"C"不能加入。
- 第 13 行代码输出集合中的所有元素。由于 HashSet 集合中的元素是无序的,故输出结果也是随机的。该程序每次运行时,结果可能都不一样。

利用 TreeSet 类创建有序的集合对象的程序参见例 9-13。

【例 9-13】 TreeSetTest. java

```
1   import java.util.Set;
2   import java.util.TreeSet;
3   public class TreeSetDemo1 {
4     public static void main(String[] args) {
5       Set<String>allSet=new TreeSet<String>();
6       allSet.add("A");
7       allSet.add("B");
8       allSet.add("C");
9       allSet.add("C");            //重复元素,不能加入
10      allSet.add("C");            //重复元素,不能加入
11      allSet.add("D");
12      allSet.add("E");
```

```
13        System.out.println(allSet);
14      }
15  }
```

【程序运行结果】

```
[A, B, C, D, E]
```

【程序解析】

- 第 1 行和第 2 行代码导入相关包。
- 第 5 行代码创建了一个存放 String 类型的 TreeSet 集合对象。
- 第 6～12 行代码分别向其中添加了"A"、"B"、"C"、"D"、"E" 共 5 个字符。
- 第 9 行和第 10 行代码由于 Set 类型的集合不能存放重复的数据，因此重复放置的"C"不能加入。
- 第 13 行代码有序输出集合中的所有元素。

4. Map 接口

之前所讲解的 Collection、Set、List 接口都属于单值的操作，即每次只操作一个对象。而 Map 接口与 Collection 接口不同的是操作的是一对对象，即二元偶对象，使用 key→value 对的方式表示。

Map 接口的定义如下：

```
public interface Map<K,V>
```

Map 接口也应用了泛型，但必须同时设置好 key 或 value 的类型。同样，Map 接口中也定义了大量的方法，常用的方法如表 9-6 所示。

表 9-6 Map 接口中常用的方法

常用方法	用途
void clear()	清空 Map 集合
boolean containsKey(Object key)	判断指定的 key 是否存在
boolean containsValue(Object value)	判断指定的 value 是否存在
Set<Map.Entry<K,V>> entrySet()	将 Map 对象变为 Set 集合
boolean equals(Object o)	对象比较
V get(Object key)	根据 key 取得 value
int hashCode()	返回哈希码
boolean isEmpty()	判断集合是否为空
Set<K> keySet()	取得所有的 key
V put(K key,V value)	向集合中加入元素

续表

常用方法	用　途
void putAll(Map<? extends K,? extends V>t)	将一个 Map 集合中的内容加入另一个 Map 集合中
V remove(Object key)	根据 key 删除 value
int size()	取出集合的长度
Collection<V> values()	取出全部的 value

1）Map. Entry 接口

Map. Entry 接口是 Map 接口内部定义，专门用于保存键—值对的。Map. Entry 接口的定义如下：

```
public static interface Map.Entry<K,V>
```

Map. Entry 接口是使用 static 关键字声明的内部接口，此接口可以通过“外部类. 内部类”的形式由外部直接调用。本接口提供了如表 9-7 所示的常用方法。

表 9-7　Map. Entry 接口的常用方法

常用方法	用　途	常用方法	用　途
boolean equals(Object o)	对象比较	int hashCode()	返回哈希码
K getKey()	取得 key	V setValue(V value)	设置 value 的值
V getValue()	取得 value		

Map 接口一般在将其中的对象进行键—值对分离时使用。

2）Map 接口常用的子类

与之前的 Collection 接口类似，Map 接口也有大量的子类。常用的子类有以下几个。

- HashMap：无序存放，是新的操作类。
- HashTable：无序存放，是旧的操作类。
- TreeMap：按 key 排序。
- WeakHashMap：弱引用的 Map 集合，与垃圾收集有关。
- IdentityHashMap：key 可以重复的 Map 集合。

本书重点介绍 HashMap 子类，因为要在 Map 中插入、删除和定位元素，HashMap 是最好的选择。如果需要按顺序遍历键，则选择 TreeMap 子类。HashMap 的增加元素、遍历操作等应用见例 9-14。

【例 9-14】　HashMapDemo. java

```
1  import java.util.HashMap;
2  public class HashMapDemo{
3    public static void main(String[] args){
4      HashMap<String,String>info=new HashMap<String,String>();
5      info.put("Mary","女 ");
```

```
6        info.put("John","男");
7        info.put("Tom","女");
8        System.out.println(info);
9        if(info.containsKey("Tom"))
10         info.put("Tom","男");
11       System.out.println(info);
12     }
13  }
```

【程序运行结果】

```
{Mary=女, Tom=女, John=男}
{Mary=女, Tom=男, John=男}
```

【程序解析】

- 第 1 行代码导入相关包。
- 第 4 行代码创建了一个 HashMap 对象,其存放的键—值对为 String 类型。
- 第 5~7 行代码分别把 3 个 String 类型的键存放到 HashMap 中。
- 第 8 行代码将 HashMap 里面的键—值对输出。
- 第 9 行代码引用 containsKey()方法来判断 HashMap 中是否包含指定的键 Tom,如果存在,第 10 行代码将 mike 所对应的值设置为"男"。
- 第 10 行代码将 HashMap 里面的键—值对输出。

TreeMap 类的主要功能是排序,按 key 排序,用法参见例 9-15。

【例 9-15】 TreeMapDemo.java

```
1  import java.util.TreeMap;
2  public class TreeMapDemo{
3    public static void main(String[] args){
4      TreeMap<String,String>info=new TreeMap<String,String>();
5      info.put("Mary","女 ");
6      info.put("John","男");
7      info.put("Tom","女");
8      System.out.println(info);
9      if(info.containsKey("Tom"))
10       info.put("Tom","男");
11     System.out.println(info);
12   }
13 }
```

【程序运行结果】

```
{John=男, Mary=女, Tom=女}
{John=男, Mary=女, Tom=男}
```

【程序解析】

例 9-15 与例 9-14 基本相同,不同之处在于例 9-14 中采用 TreeMap 类对象来实现 Map 接口,但最终的输出结果有所不同。从运行结果来看,TreeMap 类对象按键—值格式输出时,是按照键(字符串对象)的字母顺序排列的。

9.2.4 使用原则

前面主要介绍了 Java 语言中集合框架的三种主要接口，即 List、Set 和 Map。作为 Set 接口的两个实现类 HashSet 和 TreeSet，它们之间的区别是比较明显的。HashSet 类所提供的操作更快捷，但所包含的元素是无序排列的；而 TreeSet 类则可以提供有序的排列。对于大多数操作，两者的速度对比为常数时间与对数时间的差别。对于 HashSet 类，可以通过调整初始容量和负载因子而获得更好的操作效率，可在构造对象时指定。TreeSet 类无调整因子。一般情况下 HashSet 类所应用到的场合更多些。

对于实现 List 接口的多数情况，ArrayList 类的应用场合会更多些，因为其提供了常数时间的位置访问，且利用 java. lang. System 类的 arraycopy()方法可以快速地一次移动多个元素。Vector 类是可以进行同步处理的，一个 Vector 对象要比进行外同步的 ArrayList 对象在效率上稍快一些，只不过 Vector 类包含一些遗留的操作方法，在使用上需要有所注意。

对于实现 Map 接口的 HashMap 类和 TreeMap 类，两者的使用取决于是否需要有序的元素排列，TreeMap 对象中的元素是有序的，而 HashMap 对象中的元素则不是有序的。

9.3 任务实施

下面利用 ArrayList 类实现对用户的增加、删除、更新、查找等操作，运行效果如图 9-2 和图 9-3 所示。

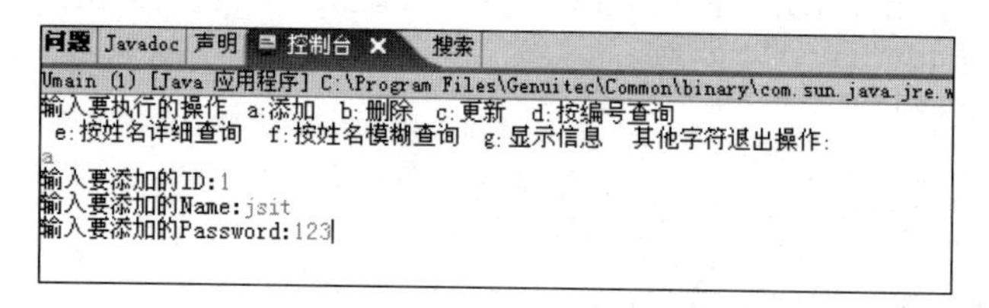

图 9-2　添加记录操作

```
g
序列表的内容为 ID 1 name jsit password 123
输入要执行的操作 a:添加 b:删除 c:更新 d:按编号查询
  e:按姓名详细查询 f:按姓名模糊查询 g:显示信息 其他字符退出操作:
```

图 9-3　显示记录操作

【例 9-16】 User. java

```
1  package jpack;
2    public class User {
3      String ID;
4      String name;
```

```
5       String password;
6       public User(){}
7         public User(String id, String name, String pass){
8           this.ID=id;
9           this.name=name;
10          this.password=pass;
11        }
12        public String getId(){
13          return this.ID;
14        }
15        public String getName(){
16          return this.name;
17        }
18        public String getPassword(){
19          return this.password;
20    }
21  }
```

【例 9-17】 Umain. java

```
1   package jpack;
2   import java.io.*
3   public class Umain {
4     public static void main(String str[]) throws IOException{
5       Usermanage f=new Usermanage();
6       String Nm1;
7       System.out.println("输入要执行的操作 a: 添加  b: 删除  c: 更新  d: 按编号查询
          e: 按姓名详细查询  f: 按姓名模糊查询  g: 显示信息  其他字符退出操作:");
8       BufferedReader In=new BufferedReader(new InputStreamReader(System.in));
9       Nm1=In.readLine();
10      while(Nm1.equals("a")|| Nm1.equals("b")||Nm1.equals("c")||Nm1.equals
        ("d")||Nm1.equals("e")||Nm1.equals("f")||Nm1.equals("g")){
11      if(Nm1.equals("a"))
12        f.addUser();
13      if(Nm1.equals("b"))
14        f.del();
15      if(Nm1.equals("c"))
16        f.Update();
17      if(Nm1.equals("d"))
18        f.searchById();
19      if(Nm1.equals("e"))
20        f.searchByNameExact();
21      if(Nm1.equals("f"))
22        f.searchByNameSimple();
23      if(Nm1.equals("g"))
24        f.display();
25      System.out.println("输入要执行的操作 a: 添加  b: 删除  c: 更新  d: 按编号查询
          e: 按姓名详细查询  f: 按姓名模糊查询  g: 显示信息  其他字符退出操作:");
26      Nm1=In.readLine();
27    }
```

```
28        System.out.println("操作退出");
29      }
30    }
```

【例 9-18】 Usermanage. java

```
1     package jpack;
2     import java.util.*;
3     import   java.io.*;
4     public class Usermanage {
5       ArrayList a=new ArrayList();
6       User u=new User();
7       boolean singal=true;
8       public void addUser()throws IOException{
9       System.out.print("输入要添加的 ID:");
10      BufferedReader In=new BufferedReader(new InputStreamReader(System.in));
11      String Id=In.readLine();
12      System.out.print("输入要添加的 Name:");
13      String Name=In.readLine();
14      System.out.print("输入要添加的 Password:");
15      String Pass=In.readLine();
16      User u=new User(Id,Name, Pass);
17      add(u);
18    }
19    public void display(){
20      Iterator i=a.iterator();
21      while(i.hasNext()){
22        User u=(User)(i.next());//把它转换为自己的对象
23        System.out.println("序列表的内容为: "+"ID:   "+u.ID+"   "+"name:
          "+u.name+"  "+"password:  "+u.password);
24      }
25    }
26    public void delete(List<User>a,String c,String b){
27      for(int i=0;i<a.size();i++){
28        User p=(User)a.get(i);
29          if(c.equals("a")){
30            if(p.getName().equals(b))
31            remove(p);
32          }
33        if(c.equals("b")){
34            if(p.getId().equals(b))
35          remove(i);
36        }
37      }
38    }
39    public void del()throws IOException{
40      System.out.print("输入要删除的 ID:");
41      BufferedReader In=new BufferedReader(new InputStreamReader(System.in));
42      String Id=In.readLine();
43      for(int i=0;i<a.size();i++){
```

```
44        User p=(User)a.get(i);
45        if(p.getId().equals(Id)){
46        System.out.println("此 ID 号对应的信息为: "+"ID: "+p.getId()+
          "  "+"name:  "+p.getName()+"  "+"password  "+p.getPassword());
47        System.out.println("确认是否删除此记录,是输入 Y,否则输入 N:");
48        String Iden=In.readLine();{
49          if(Iden.equals("Y"))
50          remove(i);
51        }
52          singal=false;
53        }
54    }
55    if(singal)
56      System.out.println("没有要删除的 ID 信息!");
57    }
58    public void Update()throws IOException{
59      System.out.print("输入要更新的 ID:");
60      BufferedReader In=new BufferedReader(new InputStreamReader(System.in));
61      String Id=In.readLine();
62      for(int i=0;i<a.size();i++){
63        User p=(User)a.get(i);
64        if(p.getId().equals(Id)){
65          System.out.print("输入要更新的 ID:");
66          String id=In.readLine();
67          p.ID=id;
68          System.out.print("输入要添加的 Name:");
69          String Name=In.readLine();
70          p.name=Name;
71          System.out.print("输入要添加的 Password:");
72          String Pass=In.readLine();
73          p.password=Pass;
74          singal=false;
75        }
76      }
77    if(singal)
78        System.out.println("没有要更新的 ID 信息!");
79    }
80     public void searchById()throws IOException{
81        System.out.print("输入要查询的 ID:");
82        BufferedReader In=new BufferedReader(new InputStreamReader(System.in));
83        String Id=In.readLine();
84        boolean singal=true;
85    for(int i=0;i<a.size();i++){
86        User p=(User)a.get(i);
87    if(p.getId().equals(Id)){
88        System.out.println("此 ID 对应的信息为: "+"ID: "+p.getId()+"
              "+"name: "+p.getName()+"  "+"password: "+p.getPassword());
89        singal=false;
90    }
```

```
91     }
92     if(singal)
93       System.out.println("没有要找的 ID 信息!");
94       else return;
95     }
96     public void searchByNameExact()throws IOException{
97         System.out.print("输入要查询的 Name:");
98         BufferedReader In=new BufferedReader(new InputStreamReader(System.in));
99         String Name=In.readLine();
100        for(int i=0;i<a.size();i++){
101          User p=(User)a.get(i);
102          if(p.getName().equals(Name)){
103          System.out.println("此 Name 对应的信息为: "+"ID: "+p.getId()+
                 "  "+"name: "+p.getName()+"  "+"password: "+p.getPassword());
104          singal=false;
105          }
106        }
107     if(singal)
108       System.out.println("没有要找的 Name 信息!");
109     }
110     public void searchByNameSimple()throws IOException{
111       System.out.print("输入要查询的 Name:");
112       BufferedReader In=new BufferedReader(new InputStreamReader(System.in));
113       String Name=In.readLine();
114       for(int i=0;i<a.size();i++){
115           User p=(User)a.get(i);
116         if(p.getName().contains(Name)){
117           System.out.println("此 Name 对应的信息为: "+"ID: "+p.getId()+"
                "+"name: "+p.getName()+"  "+"password: "+p.getPassword());
118           singal=false;
119         }
120       }
121       if(singal)
122       System.out.println("没有要查询的 Name 的信息!");
123     }
124   }
```

自 测 题

一、选择题

1. (　　)类可实现有序的对象操作。

   A. HashMap　　B. HashSet　　C. TreeMap　　D. LinkedList

2. 在默认情况下就实现了同步控制的类是(　　)。

   A. Vector　　B. ArrayList　　C. HashMap　　D. HashTable

3. 不是迭代器(Iterator)接口所定义的方法是(　　)。
   A. hashNext()　　B. next()　　C. remove()　　D. nextElement()
4. Collections 类不可对集合对象进行(　　)操作。
   A. 只读　　B. 同步　　C. 排序　　D. 删除
5. Java 语言的集合框架类定义在(　　)语句包中。
   A. java. util　　B. java. lang
   C. java. array　　D. java. collections
6. 欲构造 ArrayList 类的一个实例,此类继承自 List 接口,下列正确的方法是(　　)。
   A. ArrayList myList=new Object();
   B. ArrayList myList=new List();
   C. List myList=new ArrayList();
   D. List myList=new List();

二、填空题

1. Java 主要有三种类型的集合为________、________、________。
2. Map 接口中每项都是________出现的,它提供了一组________的映射。
3. 泛型可以用在类、接口和方法的创建中,分别称为________、________、________。

三、分析程序的输出结果

程序 1:

```
import java.util.HashSet;
import java.util.Set;
public class Ex1 {
    public static void main(String [] args){
        Set set=new HashSet();
        set.add(new Byte((byte)1));
        set.add(new Integer(4));
        set.add(new Float(70.00));
        set.add(new Double(60));
        set.add("test");
        System.out.println(set);
    }
}
```

程序 2:

```
import java.util.TreeSet;
public class Ex2{
    public static void main(String[] args) {
        TreeSet<String>  tree=new TreeSet<String>();
        tree.add("jason");
        tree.add("lincon");
```

```
        tree.add("alex");
        tree.add("mendes");
        System.out.println(tree);
    }
}
```

程序 3：

```
import java.util.ArrayList;
public class Ex3{
    public static void main(String[] args) {
        ArrayList<String>  names=new ArrayList<String>();
        names.add("jason");
        names.add("lincon");
        names.add("alex");
        names.add("mendes");
        for(int i=0;i<names.size();i++){
            System.out.println(names.get(i));
        }
        names.remove(3);
        System.out.println(names.size());
    }
}
```

程序 4：

```
import java.util.ArrayList;
import java.util.HashSet;
import java.util.Iterator;
public class Ex4 {
    public static void main(String[] args) {
        HashSet<String>  nameSet=new HashSet<String>();
        nameSet.add("jack");
        nameSet.add("john");
        nameSet.add("locke");
        nameSet.add("jacob");
        nameSet.add("jack");
        nameSet.add("Syid");
        ArrayList nameList=new ArrayList();
        nameList.add("jack");
        nameList.add("john");
        nameList.add("locke");
        nameList.add("jacob");
        nameList.add("jack");
        nameList.add("Syid");
        System.out.println(nameSet);
        System.out.println(nameList);
    }
}
```

拓展实践

【实践9-1】 按顺序往集合中添加5个字符串对象：“张三”“李四”“王五”“马六”“赵七”。

(1) 对集合进行遍历，分别打印集合中的每个元素的位置与内容。

(2) 首先打印集合的大小；再删除集合中的第3个元素，并显示删除元素的内容；再打印目前集合中第3个元素的内容，并再次打印集合的大小。

程序运行结果如下：

```
下面是集合的所有元素：
位置为 0 的元素内容为：张三
位置为 1 的元素内容为：李四
位置为 2 的元素内容为：王五
位置为 3 的元素内容为：马六
位置为 4 的元素内容为：赵七
目前的集合大小为：5
删除的第 3 个元素内容为：王五
删除操作后，集合的第 3 个元素内容为：马六
删除操作后，集合的大小为：4
```

【实践9-2】 编写程序练习Map集合的基本使用。

(1) 创建一个值只能容纳String对象的person的HashMap集合；

(2) 往集合中添加5个键—值对象：id->"1"、name->"张三"、sex->"男"、age->"25"、love-> "爱学Java"。

(3) 对集合进行遍历，分别打印集合中的每个元素的键与值。

(4) 首先打印集合的大小，然后删除集合中的键为age的元素；显示删除元素的内容，再次打印集合的大小。

程序运行结果如下：

```
下面是集合的所有元素：
键为 love->值：学习 Java
键为 id->值：1
键为 sex->值：男
键为 name->值：张三
键为 ade->值：25
目前集合的大小为：5
删除的键 age 的内容为：null
删除操作后，集合的大小为：5
```

面试常考题

【面试题 9-1】 Collection 接口和 Collections 接口有什么区别。

【面试题 9-2】 Set 接口中的元素是不能重复的，那么用什么方法来区分是否出现重复了呢？是用==还是 equals()？它们有何区别？

【面试题 9-3】 两个对象值相同(x.equals(y) == true)，但却可有不同的哈希码。这句话是否正确？

任务 10　设计用户注册界面

学习目标

本任务通过设计考试系统中的注册界面，介绍了 Java 中的选择性组件及相关事件的处理，以及复杂的布局管理。应掌握以下内容：

- 掌握 JComboBox、JCheckBoxl、JRadioButton 组件的创建及 ItemEvent 事件的处理方法。
- 掌握 JList 组件的创建及 ListSelectionEvent 事件的处理方法。
- 熟悉盒式布局的使用及其多种布局方式的综合应用。

10.1　任务描述

本部分的学习任务是设计用户注册界面，并完成相关功能。在用户登录的界面中，通过单击“注册”按钮，将进入用户注册界面，如图 10-1 所示。注册界面中除了标签、按钮、文本框、密码框等熟悉的组件，还新增了作为性别选择的单选按钮，以及提供所属班级选择的下拉列表框等组件。当用户填写好正确信息后，单击“注册”按钮，系统将把当前用户信息保存至用户信息文件。由于文件读/写相关操作将在后续章节进行讲解，因此在本部分为了保证程序的完整性，我们暂时显示一个简单的窗口提示注册成功，如图 10-1 所示。

图 10-1　用户注册界面

10.2 技术要点

本任务的技术要点是GUI程序设计中的选择性组件及其相关事件、常用复杂的布局方式——网格包布局(GridBagLayout)和盒式布局(BoxLayout)。

10.2.1 选择性组件

1. 下拉列表框(JComboBox类)

下拉列表框是一些项目的简单列表,用户可以看到它的一个选项及其旁边的箭头按钮。当用户单击箭头按钮时,选项列表被展开,用户可以从中进行选择。其优点在于节省空间,使界面更加紧凑。同时,它也限制用户的选择范围并且能够避免对输入数据有效性的烦琐验证。默认情况下,JComboBox是不可编辑的,但可以调用setEditable(true)将其设置为可被编辑状态。JComboBox的常用构造函数及方法如表10-1所示。

表10-1 JComboBox类的常用构造函数及方法

常用构造函数及方法	用　途
public JComboBox()	创建一个空的组合框
public JComboBox(Object[] items)	创建包含指定数组中的元素的组合框
public JComboBox(Vector items)	创建包含指定Vector内所有元素的组合框
public void addItem(Object anObject)	为项列表添加项
public Object getSelectedItem()	返回当前所选项
public void setSelectedIndex(int index)	选择第index个元素(第一个元素index值为0)
public void setEditable(boolean aFlag)	确定JComboBox字段是否可编辑

例如,下面的代码创建一个显示城市名字的下拉列表框。

```
String city[]={"北京","上海","广州"};
JComboBox jcity=new JComboBox(city);
```

JComboBox可以触发动作事件ActionEvent和选项事件ItemEvent。选中一个新的选项时,JComboBox会触发两次ItemEvent事件,一次是取消前一个选项;另一次是选择当前选项,产生ItemEvent事件后,JComboBox紧接着触发ActionEvent事件。

2. 列表框(JList类)

列表框的作用与下拉列表框基本相同,也是提供一系列的选择项供用户选择,但是列表框允许用户同时选择多项。可以在创建列表时,将其各选择项加入列表中。JList类的常用构造函数及方法如表10-2所示。

表 10-2　JList 类的常用构造函数及方法

常用构造函数及方法	用　　途
public JList()	创建一个空的列表框
public JList(Object[] items)	创建包含指定数组中元素的列表框
public List(Vector<?> listData)	构造一个 JList 使其显示 Vector 中的元素
public void setSelectionMode(int selectionMode)	设置列表选择模式是多选还是单选
public ListModel getModel()	返回列表框的列表模型
public int[] getSelectedIndices()	返回所选择的全部数组

例如，下面的代码创建一个关于颜色的列表框。

```
String[] str={"red","green","blue"};
JList list=new JList(str);
```

或者

```
Vector vt=new Vector();
JList list=new JList();
vt.add("red");
vt.add("green");
vt.add("blue");
list.setListData(vt);
```

在 JList 显示时如果内容过多，要想显示滚动条，可给 JList 加入一个 JScrollPane，代码如下。

```
JFrame f=new JFrame();
JPanel panel=new JPanel();
JScrollPane scrollPane=new JScrollPane();
scrollPane.setPreferredSize(new Dimension(200,100));
String[] str={"aa","bb","cc","dd","ee","ff","gg"};
JList jList=new JList(str);
scrollPane.setViewportView(jList);
panel.add(scrollPane);
f.add(panel);
```

3. 单选按钮(JRadioButton 类)

单选按钮可以为用户提供从一组选项中选择唯一选项的操作。JRadioButton 类的常用构造函数及方法如表 10-3 所示。

单选按钮可以像按钮一样添加到容器中。但要实现多选一的功能，必须将单选按钮分组，需要创建 ButtonGroup 的一个实例，并用 add()方法把单选按钮添加到该实例中。显示效果如图 10-2 所示，代码如下。

性别: ○男 ◉女

图 10-2　单选按钮

表 10-3 JRadioButton 类的常用构造函数及方法

常用构造函数及方法	用　途
public JRadioButton ()	创建一个未选的空单选按钮
public JRadioButton (String)	创建一个标有文字的未选的单选按钮
public JRadioButton (String,boolean)	创建一个标有文字的单选按钮,并指定状态为选中

```
JRadioButton rad1,rad2;
rad1=new JRadioButton("男");
rad2=new JRadioButton("女",true);
ButtonGroup btg=new ButtonGroup();
btg.add(rad1);
btg.add(rad2);
JPanel panel=new JPanel();
panel.add(rad1);
panel.add rad2);
```

4. 复选框(JCheckBox 类)

JCheckBox 组件提供一种简单的"开/关"输入设备,它带有一个文本标签。每个复选按钮只有两种状态: true 表示选中,false 表示未被选中。创建复选按钮对象时可以同时指明其文本标签,这个文本标签简要地说明了复选按钮的含义。与单选按钮(JRadioButton)类似,所不同的是复选框可以实现多选多。常用构造函数及方法如表 10-4 所示。

表 10-4 JCheckBox 类的常用构造函数及方法

常用构造函数或常用方法	用　途
public JCheckBox()	创建一个未选的空复选框
public JCheckBox(String text)	创建一个标有文字的未选复选框
public JCheckBox(Icon icon)	创建有一个图标的未选复选框
public JCheckBox(String text,Icon icon)	创建带有指定文本和图标的未选复选框
public boolean isSelected()	若复选框处于选中状态该方法返回 true,否则返回 false
public String getText(String text)	获取复选框的名称

例如,创建一个关于字型的复选框,显示效果如图 10-3 所示。

```
JCheckBox bold=new JCheckBox("Bold");            //粗体
JCheckBox italice=new JCheckBox("Italic");       //斜体
```

图 10-3 复选框

10.2.2 选项事件

1. ItemEvent 类

选项事件是在具有选择某个项目功能的组件上发生的事件，能够引发选项事件的 Swing 组件包括复选框、复选框菜单项、下拉列表框单选按钮。ItemEvent 类的常用方法如表 10-5 所示。

表 10-5 ItemEvent 类的常用方法

常用方法	用　途
public Object getItemSelectable()	获得触发事件的组件，也可用 getSource()
public int getStateChange()	返回 Item 组件改变的状态(DESELECTED 或 SELECTED)
public ItemSelectable getItemSelectable()	返回触发选中状态变化事件的事件源(对象引用)

ItemEvent 类用两个静态常量表示选项状态。

- ItemEvent.SELECTED：代表选项被选中。
- ItemEvent.DESELECTED：代表选项未被选中。

处理 ItemEvent 事件，需要实现 ItemListener 接口，该接口中只包含 1 个抽象方法，当选项的选择状态发生改变时被调用。

```
public void itemStateChanged(ItemEvent e)
```

例 10-1 中，当用鼠标选中下拉列表框中新的选项时，JComboBox 将触发两次 ItemEvent 事件，随后触发 ActionEvent 事件，运行效果如图 10-4 所示。

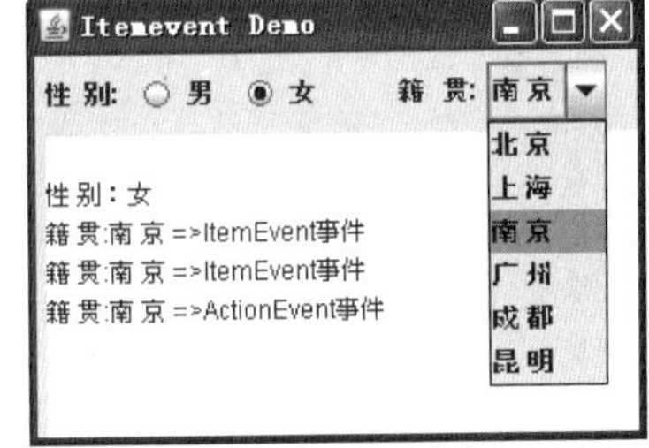

图 10-4 选项事件运行效果

【例 10-1】 ItemEventDemo.java

```
1   import java.awt.*;
2   import java.awt.event.*;
3   import javax.swing.*;
4   public class ItemEventDemo extends JFrame implements ItemListener,
    ActionListener{
5   private JRadioButton opt1,opt2;
6   private ButtonGroup btg;
7   private JTextArea ta;
8   private JComboBox comb;
9   private JLabel sex,city;
10  public ItemEventDemo(String title){
11    super(title);
12    this.setLayout(new FlowLayout(FlowLayout.LEFT));
13    sex=new JLabel("性  别: ");
14    city=new JLabel("籍  贯:");
15    opt1=new JRadioButton(" 男 ");
```

```
16    opt2=new JRadioButton(" 女 ");
17    btg=new  ButtonGroup();
18    btg.add(opt1);
19    btg.add(opt2);
20    opt1.addItemListener(this);
21    opt2.addItemListener(this);
22    ta=new JTextArea(8,35);
23    comb=new JComboBox();
24    comb.addItem("北 京");
25    comb.addItem("上 海");
26    comb.addItem("南 京");
27    comb.addItem("广 州");
28    comb.addItem("成 都");
29    comb.addItem("昆 明");
30    comb.addItemListener(this);
31    comb.addActionListener(this);
32      this.add(sex);
33      this.add(opt1);
34      this.add(opt2);
35      this.add(city);
36      this.add(comb);
37      this.add(ta);
38      this.setTitle(title);
39      this.setSize(300,250);
40      this.setVisible(true);
41    }
42
43   //ItemEvent 事件发生时的处理操作
44   public void itemStateChanged(ItemEvent e){
45      String str;
46      if(e.getSource()==opt1)           //如果 opt1 被选择
47         ta.append("\n 性 别: "+"男");
48      else if(e.getSource()==opt2)      //如果 opt2 被选择
49         ta.append("\n 性 别: "+"女");
50      if(e.getSource()==comb){
51         str=comb.getSelectedItem().toString();
52         ta.append("\n 籍 贯:"+str+"=>ItemEvent 事件 ");
53      }
54   }
55    public void actionPerformed(ActionEvent e){
56    String str;
57    if(e.getSource()==comb){
58         str=comb.getSelectedItem().toString();
59         ta.append("\n 籍 贯:"+str+"=>ActionEvent 事件 ");
60    }
61   }
62   public static void main(String args[]){
63        new ItemEventDemo("Itemevent Demo");
64   }
```

```
65 }
```

【程序运行结果】

如图 10-4 所示。

【程序解析】

- 第 20 行和第 21 行代码是为单选按钮 opt1 和 opt2 注册动作事件的监听。
- 第 30 行和第 31 行代码是为下拉列表框 comb 添加动作事件和选项事件的监听，下拉列表框可以触发动作事件 ActionEvent 和选项事件 ItemEvent。

例 10-2 根据复选框中的选择将文本显示为不同的字型，即 Bold(粗体)和 Italic(斜体)，运行效果如图 10-5 所示。

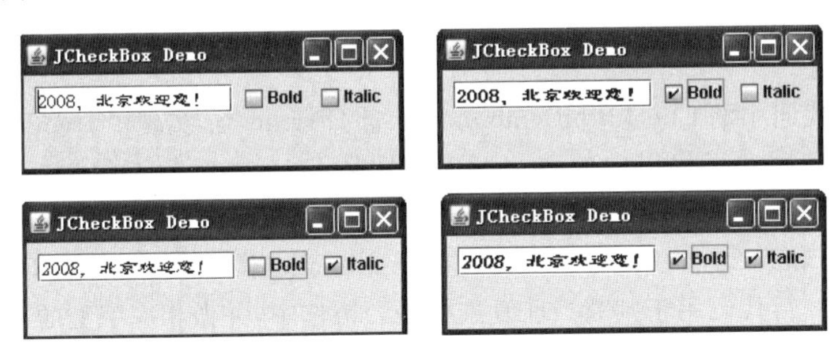

图 10-5　JCheckBox 选项事件的运行效果

【例 10-2】 CheckBoxDemo.java

```
1  import java.awt.*;
2  import java.awt.event.*;
3  import javax.swing.*;
4  public class CheckBoxDemo extends JFrame implements ItemListener{
5    private JTextField field;
6    private JCheckBox bold, italic;
7    private int valBold=Font.PLAIN;
8    private int valItalic=Font.PLAIN;
9    public CheckBoxDemo(){
10     super("JCheckBox Demo");
11     this.setLayout(new FlowLayout());
12     field=new JTextField("2008,北京欢迎您!", 20);
13     field.setFont(new Font("隶书", Font.PLAIN, 14));
14     this.add(field);
15     bold=new JCheckBox("Bold");
16     this.add(bold);
17     italic=new JCheckBox("Italic");
18     this.add(italic);
19     bold.addItemListener(this);
20     italic.addItemListener(this);
21     this.setSize(280, 100);
22     this.setVisible(true);
23   }
24   public void itemStateChanged(ItemEvent event){
```

```
25        if(event.getSource()==bold)
26            valBold=bold.isSelected() ? Font.BOLD : Font.PLAIN;
27        if(event.getSource()==italic)
28            valItalic=italic.isSelected() ? Font.ITALIC : Font.PLAIN;
29        field.setFont(new Font("隶书", valBold+valItalic, 14));
30      }
31      public static void main(String args[]){
32        new CheckBoxDemo();
33      }
34    }
```

【程序运行结果】

如图 10-5 所示。

【程序解析】

- 第 4 行代码中的 CheckBoxDemo 类继承自 JFrame 类,实现了 ItemListener 接口。
- 第 7 行和第 8 行代码中的 Font. PLAIN 是 Font 类的静态常量,表示普通样式常量。
- 第 19 行和第 20 行代码分别为复选框 bold、italic 添加选项事件监听器。
- 第 26、28 行代码用于判断当前复选框是否被选中,并做相应字型的样式处理。

2. ListSelectionEvent 类

JList 列表框的事件处理一般可分为两种:一种是当用户单击列表框中的某一个选项并选中它时,将产生 ListSelectionEvent 类的选项事件,此事件是 Swing 的事件;另一种是当用户双击列表框中的某个选项时,则产生 MouseEvent 类的事件。

如果希望实现 JList 的 ListSelectionEvent 事件,首先必须声明实现监听者对象的类接口 ListSelectionListener,并通过 JList 类的 addListSelectionListener()方法注册文本框的监听者对象,再在 ListSelectionListener 接口的 valueChanged(ListSelectionEvent e)方法体中写入有关代码,就可以响应 ListSelectionEvent 事件。

例 10-3 实现了 JList 列表框的 ListSelectionEvent 事件,其中在 JList 列表框中可以实现多选,运行效果如图 10-6 所示。

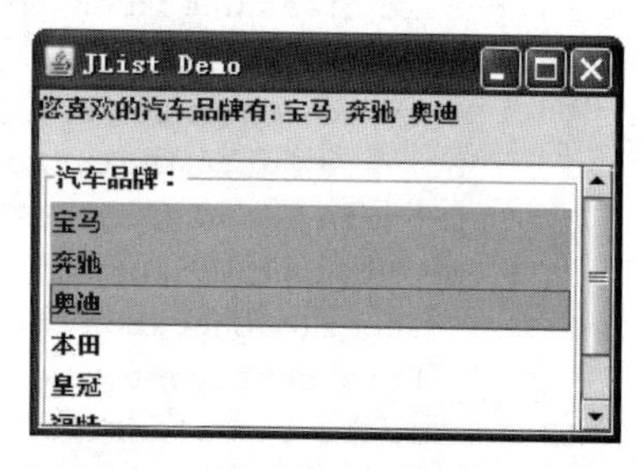

图 10-6　JList 选项事件的运行效果

【例 10-3】 JListDemo. java

```
1   import java.awt.*;
2   import java.awt.event.*;
3   import javax.swing.*;
4   import javax.swing.event.*;
5   public class JListDemo extends JFrame implements ListSelectionListener {
6     private JList list;
7     private JLabel label;
8     String[] s={ "宝马", "奔驰", "奥迪", "本田", "皇冠", "福特", "现代" };
```

```
9     public JListDemo() {
10    //设置组件之间水平和垂直方向的间距
11      this.setLayout(new BorderLayout(0, 15));
12      label=new JLabel(" ");
13      list=new JList(s);
14      list.setVisibleRowCount(5);
15      list.setBorder(BorderFactory.createTitledBorder("汽车品牌: "));
16      list.addListSelectionListener(this);
17      this.add(label, BorderLayout.NORTH);
18      this.add(new JScrollPane(list), BorderLayout.CENTER);
19      this.setTitle("JList Demo");
20      this.setSize(300, 200);
21      this.setVisible(true);
22    }
23    public void valueChanged(ListSelectionEvent e) {
24      int tmp=0;
25      String stmp="您喜欢的汽车品牌有: ";
26    //利用 JList 类所提供的 getSelectedIndices()方法可得到用户所选取的所有项
27      int[] index=list.getSelectedIndices();
28      for(int i=0; i<index.length; i++) {
29        tmp=index[i];
30        stmp=stmp+s[tmp]+"  ";
31      }
32      label.setText(stmp);
33    }
34    public static void main(String args[]) {
35      new JListDemo();
36    }
37  }
```

【程序运行结果】

如图 10-6 所示。

【程序解析】

- 第 5 行代码中的实现 ListSelectionListener 接口以对 JList 的选择事件进行监听。
- 第 15 行代码中的 BorderFactory 类提供了 Border 对象的工厂类。createTitledBorder()方法创建新标题边框。
- 第 18 行代码将 JList 加入一个 JScrollPane，当 JList 显示的内容过多时，可利用滚动条进行滚动显示。
- 第 27 行代码将选中的选项对应的下标索引保存在整型数组 index 中。
- 第 28～31 行代码根据取得的下标值，找到相应的选项内容。

10.2.3 盒式布局(BoxLayout 类)

与前面几种布局的区别在于，BoxLayout 是由 javax. Swing 提供的布局管理器，功能强大，而且更加易用。BoxLayout 将几个组件以水平或垂直的方式组合在一起，即形成行型盒式布局或列型盒式布局。行型盒式布局管理器中添加的组件的上边同在一条水平线上，如果组件的高度不相等，BoxLayout 会试图调整，以便让所有组件和最高组件的高度一致。列型盒式布局管理器中添加的组件的左边同在一条垂直线上，如果组件的宽度不等，BoxLayout 会调整各组件使其宽度同最宽组件的宽度一致。其中各个组件的大小随窗口的大小变化而变化。和流布局不同的是，当空间不够时，组件不会自动往下移。

BoxLayout 布局的主要构造函数为 BoxLayout(Container target，int axis)，其中 axis 是用于指定组件排列的方式(X_AXIS 表示水平排列，Y_AXIS 表示垂直排列)。

BoxLayout 通常和 Box 容器联合使用，常用方法如表 10-6 所示。

表 10-6　Box 常用方法

常用方法	用　途
public static Box createHorizontalBox()	创建一个从左到右显示其组件的 Box
public static Box createVerticalBox()	创建一个从上到下显示其组件的 Box
public createHorizontalGlue()	创建一个水平方向不可见的、可伸缩的组件
public createVerticalGlue()	创建一个垂直方向不可见的、可伸缩的组件
public createHorizontalStrut(int width)	创建一个不可见的、固定宽度的组件
public createVerticalStrut(int height)	创建一个不可见的、固定高度的组件
public createRigidArea(Dimension d)	创建一个总是具有指定大小的不可见组件

在表 10-6 中包括了可使用 3 种隐藏的组件做间隔。

- Strut(支柱)：用于在组件之间插入固定的空间。
- Glue(胶水)：用于控制一个框布局内额外的空间。
- Ridid area(硬区域)：用于生成一个固定大小的区域。

例 10-4 采用盒式布局，布局效果如图 10-7 所示。

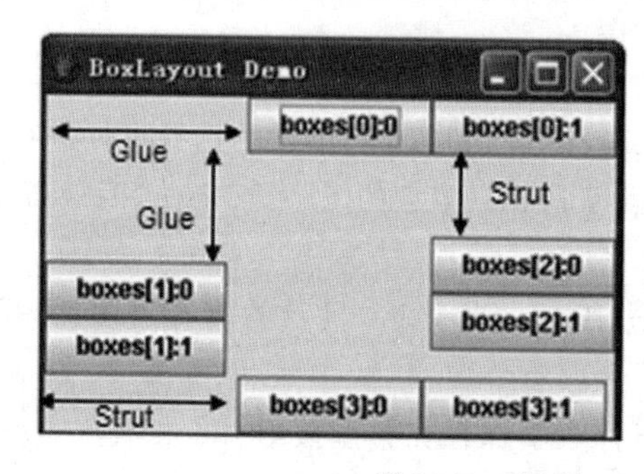

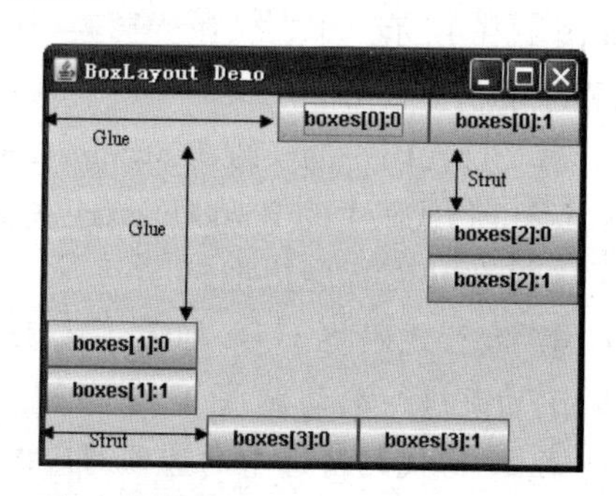

图 10-7　GridBagLayout 的布局效果

【例 10-4】　BoxLayOutDemo. java

```
1    import java.awt.*;
2    import javax.swing.*;
3    public class BoxLayOutDemo {
4        public static void main(String[] args) {
```

```
5            MyFrame f=new MyFrame();
6            f.setVisible(true);
7        }
8    }
9    class MyFrame extends JFrame {
10       public MyFrame() {
11           super("BoxLayout Demo");
12           final int NUM=2;
13           this.setBounds(500, 350, 300, 200);
14           Box boxes[]=new Box[4];
15           boxes[0]=Box.createHorizontalBox();
16           boxes[1]=Box.createVerticalBox();
17           boxes[3]=Box.createHorizontalBox();
18           boxes[2]=Box.createVerticalBox();
19           boxes[0].add(Box.createHorizontalGlue());
20           boxes[1].add(Box.createVerticalGlue());
21           boxes[2].add(Box.createVerticalStrut(40));
22           boxes[3].add(Box.createHorizontalStrut(100));
23           for(int i=0; i<NUM; i++)
24               boxes[0].add(new JButton("boxes[0]:"+i));
25           for(int i=0; i<NUM; i++)
26               boxes[1].add(new JButton("boxes[1]:"+i));
27           for(int i=0; i<NUM; i++)
28               boxes[2].add(new JButton("boxes[2]:"+i));
29           for(int i=0; i<NUM; i++)
30               boxes[3].add(new JButton("boxes[3]:"+i));
31           this.add(boxes[0], BorderLayout.NORTH);
32           this.add(boxes[1], BorderLayout.WEST);
33           this.add(boxes[2], BorderLayout.EAST);
34           this.add(boxes[3], BorderLayout.SOUTH);
35       }
36   }
```

【程序运行结果】

如图 10-7 所示。

【程序解析】

- 第 14 行代码定义长度为 4 的盒型数组。
- 第 23～30 行代码利用循环语句向盒子添加所定义的匿名按钮对象。
- 第 31～34 行代码对 4 个盒子进行 BorderLayout 布局管理。

10.3 任务实施

设计注册界面布局的方法可以多种多样，我们所采取的方法是综合应用了网格包布局和盒式布局，如图 10-8 所示。

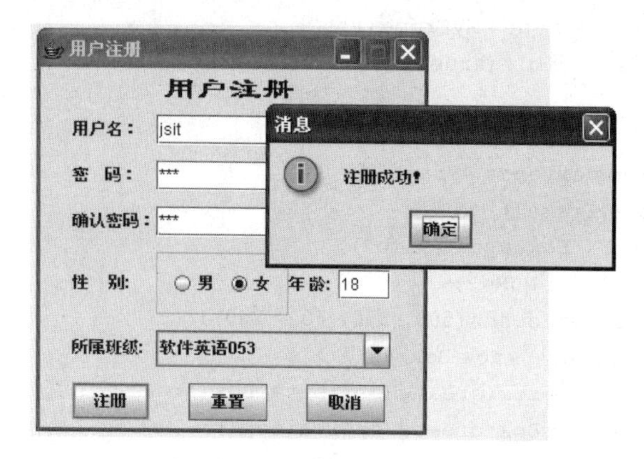

图 10-8 注册界面运行效果

【例 10-5】 Register_GUI. java

```
1   import java.awt.*;
2   import java.awt.event.*;
3     import java.util.*;
4     import javax.swing.*;
5     import javax.swing.border.Border;
6     public class Register_GUI {
7       public static void main(String args[]) {
8         new RegisterFrame();
9       }
10    }
11   class RegisterFrame extends JFrame implements ActionListener {
12     private JLabel titlelabel, namelabel, pwdlabel1, pwdlabel2,
       sexlabel, agelabel, classlabel;
13     private JTextField namefield, agefield;
14     private JPasswordField pwdfield1, pwdfield2;
15     private JButton commitbtn, resetbtn, cancelbtn;
16     private JRadioButton rbtn1, rbtn2;
17     private JComboBox combo;
18     private Vector<String>v;
19     private Box[] box;
20     private JPanel panel;
21     public RegisterFrame() {
22       titlelabel=new JLabel("用户注册");
23       titlelabel.setFont(new Font("隶书", Font.BOLD, 24));
24       namelabel=new JLabel("用户名: ");
25       pwdlabel1=new JLabel("密      码: ");
26       pwdlabel2=new JLabel("确认密码: ");
27       sexlabel=new JLabel("性      别:");
28       agelabel=new JLabel("年 龄:  ");
29       classlabel=new JLabel("所属班级:");
30       namefield=new JTextField(16);
31       pwdfield1=new JPasswordField(16);
32       //设置密码框中显示的字符
```

```
33        pwdfield1.setEchoChar('*');
34        pwdfield2=new JPasswordField(16);
35        pwdfield2.setEchoChar('*');
36        agefield=new JTextField(5);
37        rbtn1=new JRadioButton("男");
38        rbtn2=new JRadioButton("女");
39        ButtonGroup bg=new ButtonGroup();
40        bg.add(rbtn1);
41        bg.add(rbtn2);
42        v=new Vector<String>();
43        v.add("软件英语051                    ");
44        v.add("软件英语052                     ");
45        v.add("软件英语053                    ");
46        v.add("计算机应用051                  ");
47        v.add("计算机应用052                  ");
48        combo=new JComboBox(v);
49        commitbtn=new JButton("注册");
50        commitbtn.addActionListener(this);
51        resetbtn=new JButton("重置");
52        resetbtn.addActionListener(this);
53        cancelbtn=new JButton("取消");
54        cancelbtn.addActionListener(this);
55        panel=new JPanel();
56        panel.add(rbtn1);
57        panel.add(rbtn2);
58        Border border=BorderFactory.createTitledBorder("");
59        panel.setBorder(border);
60        box=new Box[7];
61        for(int i=0; i<7; i++)
62           box[i]=Box.createHorizontalBox();
63        box[0].add(titlelabel);
64        box[0].add(Box.createVerticalStrut(45));
65        box[1].add(namelabel);
66        box[1].add(Box.createHorizontalStrut(30));
67        box[1].add(namefield);
68        box[1].add(Box.createVerticalStrut(10));
69        box[2].add(pwdlabel1);
70        box[2].add(Box.createHorizontalStrut(30));
71        box[2].add(pwdfield1);
72        box[2].add(Box.createVerticalStrut(10));
73        box[3].add(pwdlabel2);
74        box[3].add(Box.createHorizontalStrut(20));
75        box[3].add(pwdfield2);
76        box[3].add(Box.createVerticalStrut(10));
77        box[4].add(sexlabel);
78        box[4].add(Box.createHorizontalStrut(15));
79        box[4].add(panel);
80        box[4].add(Box.createHorizontalStrut(5));
81        box[4].add(agelabel);
```

```
82          box[4].add(Box.createHorizontalStrut(5));
83          box[4].add(agefield);
84          box[4].add(Box.createHorizontalStrut(1));
85          box[5].add(classlabel);
86          box[5].add(Box.createHorizontalStrut(30));
87          box[5].add(combo);
88          box[5].add(Box.createVerticalStrut(30));
89          box[6].add(commitbtn);
90          box[6].add(Box.createHorizontalStrut(30));
91          box[6].add(resetbtn);
92          box[6].add(Box.createHorizontalStrut(30));
93          box[6].add(cancelbtn);
94          box[6].add(Box.createVerticalStrut(30));
95          this.setLayout(new FlowLayout());
96          for(int i=0; i<7; i++)
97             this.add(box[i]);
98          this.setSize(300, 300);
99          this.setLocationRelativeTo(null);
100         this.setVisible(true);
101      }
102      public void actionPerformed(ActionEvent e) {
103         if(e.getSource()==commitbtn) {
104           //接受客户的详细资料
105           Register rinfo=new Register();
106           rinfo.name=namefield.getText().trim();
107           rinfo.password=new String(pwdfield1.getPassword());
108           rinfo.sex=rbtn1.isSelected() ? "男" : "女";
109           rinfo.age=agefield.getText().trim();
110           rinfo.nclass=combo.getSelectedItem().toString();
111           //验证用户名是否为空
112            if(rinfo.name.length()==0) {
113               JOptionPane.showMessageDialog(null, "\t用户名不能为空");
114               return;
115            }
116           //验证密码是否为空
117           if(rinfo.password.length()==0) {
118              JOptionPane.showMessageDialog(null, "\t密码不能为空");
119              return;
120           }
121           //验证密码的一致性
122           if(!rinfo.password.equals(new String(pwdfield2.getPassword()))) {
123             JOptionPane.showMessageDialog(null, "密码两次输入不一致,请重新输入");
124             return;
125           }
126           //验证年龄是否为空
127           if(rinfo.age.length()==0) {
128              JOptionPane.showMessageDialog(null, "\t年龄不能为空");
129              return;
130            }
```

```
131         //验证年龄的合法性
132          int age=Integer.parseInt(rinfo.age);
133          if(age<=0 || age>100) {
134             JOptionPane.showMessageDialog(null, "\t 年龄输入不合法");
135             return;
136          }
137             JOptionPane.showMessageDialog(null, "\t 注册成功!");
138         }
139       if(e.getSource()==resetbtn) {
140          namefield.setText("");
141          pwdfield1.setText("");
142          pwdfield2.setText("");
143          rbtn1.setSelected();
144          agefield.setText("");
145          combo.setSelectedIndex(0);
146       }
147       if(e.getSource()==cancelbtn) {
148          this.dispose();
149       }
150      }
151    }
152    class Register {
153      String name;
154      String password;
155      String sex;
156      String age;
157      String nclass;
158    }
```

【程序解析】

本例仅采用了盒式布局,定义 7 个行型盒子(第 61 行),略显烦琐,实际应用中可采取多种布局方式结合或直接定位的 nul 布局方式。

注册界面中,仅对“注册”“重置”“取消”按钮的动作事件进行监听,在相应的 actionPerformed()方法(第 102 行代码)中主要完成的是对注册信息的验证。

对于如何将正确的注册信息写到文件中,将在后续章节中详细介绍,目前对于成功注册仅以对话框进行提示(第 137 行代码)。

自　测　题

一、选择题

1. ItemEvent 事件的监听器接口是(　　)。

A. ItemListener　　B. ActionListener

C. WindowListener　　D. KeyListener

2. 下列是 Swing 中新增的布局管理器的是(　　)。

A. FlowLayout　　B. BorderLayout

C. GridLayout　　D. BoxLayout

3. 选中一个新的选项时,JComboBox 会触发事件数量是(　　)种。

A. 1　　B. 2　　C. 3　　D. 4

4. JList 列表框的事件处理一般可分为(　　)种。

A. 1　　B. 2　　C. 3　　D. 4

5. 用户双击列表框中的某个选项时,则产生(　　)类的动作事件。

A. MouseEvent　　B. ListSelectionEvent

C. ActionEven　　D. KeyEvent

二、填空题

1. 选中一个新的选项时,JComboBox 会触发两次________事件,一次是取消前一个选项,另一次是选择当前选项。产生该事件后,JComboBox 紧接着触发________事件。

2. ItemEvent 事件需要实现________接口,该接口中只包含 1 个抽象方法________,当选项的选择状态发生改变时被调用。

3. BoxLayout 布局可使用 3 种隐藏的组件做间隔,分别是__________、________、________。

4. 通常在 itemStateChanged(ItemEvent e)方法里会调用________方法获得产生这个选择事件的列表(List)对象的引用,再利用列表对象的方法________或________就可以方便地得知用户选择了列表的哪个选项。

5. 能够引发选项事件的 Swing 组件包括________、________、________。

拓 展 实 践

【实践 10-1】 调试并修改以下程序,用户单击列表框中的关于专业的某一个选项并选中它时,则在下拉列表框中显示相关课程,运行效果如图 10-9 所示。

```
import javax.swing.*;
import java.awt.*;
import java.awt.event.*;
public class Ex10_1 extends JFrame implements ListSelectionListener{
   String pro[]={"软件专业","网络专业","动漫专业"};
   JPanel p1;
   JComboBox courseCombo;
   JList proList;
   Ex10-1(){
     proList=new JList();
     courseCombo=new JComboBox();
     p1=new JPanel();
```

```
    this.add(p1);
    p1.add(proList);
    p1.add(courseCombo);
    this.add(p1);
    this.setSize(400,200);
    this.setVisible(true);
  }
  public void valueChanged(ListSelectionEvent e){
    Object obj=e.getSource();
    if(obj==proList){
       courseCombo.removeAllItems();
       int nIndex=proList.getSelectedIndex();
       switch(nIndex){
           case 0: courseCombo.addItem("Java 程序设计");
                   courseCombo.addItem("J2ee 项目开发");

           case 1: courseCombo.addItem("网络基本原理");
                   courseCombo.addItem("局域网技术与组网工程");
                   courseCombo.addItem("网络操作系统");

           case 2: courseCombo.addItem("动漫造型");
                   courseCombo.addItem("漫画制作");
       }
    }
  }
  public static void main(String args[]){
    new Ex10_1();
  }
}
```

图 10-9　实践 10-1 的运行效果

【实践 10-2】　用户对文本域中显示的内容进行判断,进行相应的选择后,文本框中显示答案是否正确,运行效果如图 10-10 所示。

图 10-10　实践 10-2 的运行效果

```
import javax.swing.*;
import java.awt.*;
import java.awt.event.*;
public class Ex10_2 extends JFrame implements ActionListener{
  JRadioButton rad1=new JRadioButton("说法正确",false);
  JRadioButton rad2=new JRadioButton("说法错误",false);
  JTextArea ta=new JTextArea(2,10);
  JTextField tf=new JTextField(4);
  JLabel lb=new JLabel("你的选择:");
  JPanel jp=new JPanel();
  String text="BoxLayout是由Swing提供的布局管理器,功能上同GridBagLayout一样
  强大,而且更加易用。";
  public Ex10-2(){
    this.setLayout(new FlowLayout());
    ta.setText(text);
    this.add(ta);
    ______【代码2】______;          //为单选按钮rad1添加监听器
    ______【代码3】______;          //为单选按钮rad2添加监听器
    ______【代码4】______;          //将单选按钮rad1添加到窗体中
    ______【代码5】______;          //将单选按钮rad2添加到窗体中
    this.add(lb);
    this.add(tf);
    this.setSize(520,150);
    this.setVisible(true);
  }
  public void actionPerformed(ActionEvent e){
    if(e.getSource()==rad1){
      ______【代码6】______;        //将单选按钮rad2设置为false
      tf.setText("正确!");
    }
    else{
      ______【代码7】______;        //将单选按钮rad1设置为false
      tf.setText("错误!");
    }
  }
  public static void main(String args[]){
    new Ex10-2();
  }
}
```

【实践10-3】 利用BoxLayout布局方式设计实现用户的登录界面,并完成相关事件的处理。

面试常考题

【面试题10-1】 MenuItem和CheckboxMenuItem的区别是什么?

【面试题10-2】 如何使用BoxLayout布局?

任务 11　读写考试系统中的文件

学习目标

本任务通过完成考试系统中文件的读写操作，介绍了 Java 关于流的相关内容。应掌握以下内容：

- 熟悉流类的相关层次关系。
- 掌握字节流和字符流在文件读写中的应用。
- 掌握过滤流在文件读写中的应用。
- 掌握打印流在文件读写中的应用。
- 熟悉对象序列化的步骤与应用。

11.1　任务描述

本部分的学习任务是进一步完善系统中涉及文件输入与输出的功能模块，主要包括以下模块。

(1) 用户信息的注册：当用户将符合要求的信息输入并单击“注册”按钮，系统首先将用户信息文件内容读出以确认用户名是否已经存在。若不存在，则把当前信息写到用户信息文件中。此项操作涉及文件读写操作。

(2) 用户登录模块中，当用户输入用户名和密码后，系统将打开用户的信息文件，将所读出的信息同输入的信息进行比较，以确保用户名和密码的正确，此项操作仅涉及文件读操作。

11.2　技术要点

本部分的技术要点是数据的输入/输出。在 Java 程序中，对于数据的输入/输出操作是以“流”(stream)方式进行，如从键盘输入数据、将结果输出到显示器、读取与保存文件等操作都可看作流的处理。Java 中的流是由字符或字节所组成的串。按照流的方向可以分为输入流(inputstream)和输出流(outputstream)两种。数据流入程序称为输入流，从程序流出的数据称为输出流，如图 11-1 所示。

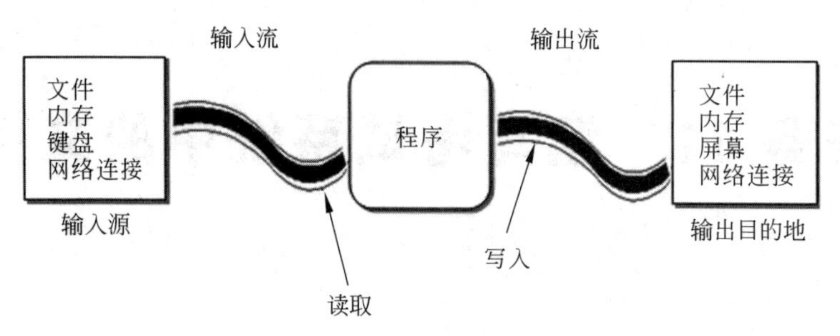

图 11-1　流的输入与输出

在Java开发环境中，主要是由java.io包中提供的一系列的类和接口来实现输入/输出处理。所有的I/O操作都在java.io包中进行定义，而且整个java.io包实际上就是File、InputStream、OutputStream、Reader、Wirter五个类和一个Serializable接口。

标准输入/输出处理则是由java.lang包中提供的类来处理的，但这些类又都是从java.io包中的类继承而来。对于流可以从不同的角度进行分类，除了上述分为输入流和输出流，还可按照处理数据类型的不同分为字节流和字符流。根据流的建立方式和工作原理，可分为节点流和过滤流。

11.2.1　输入/输出流

在Java中，可以通过InputStream、OutputStream、Reader与Writer类来处理流的输入与输出。InputStream与OutputStream类通常是用于处理"字节流"，也就是二进制文件。二进制文件是不能被Windows中的记事本直接编辑的文件，在读写二进制文件时必须使用字节流，例如Word文档、音频和视频文件等。而Reader与Writer类则是用于处理"字符流"，也就是纯文本文件，纯文本文件是可以被Windows中的记事本直接编辑的文件。

1. 字节流(InputStrem和OutputStream类)

在Java语言中，字节流提供了处理字节的输入/输出方法，是Java用于处理以字节为主的流，也就是说，除了访问纯文本文件之外，它们也可用于访问二进制文件的数据。字节流类用两个类层次定义，在顶层的是两个抽象类：InputStream(输入流)和OutputStream(输出流)。这两个抽象类由Object类扩展而来，是所有字节输入流和输出流的基类。抽象类不能直接创建流对象，由其所派生出来的子类提供了读写不同数据的处理，图11-2展示了这些类之间的关系。

在表11-1和表11-2中分别列出了抽象类InputStream和OutputStream中的常用方法，这些方法都可以被它们所有的子类继承使用，所有这些方法在发生错误时都会抛出IOException异常，程序必须使用try-catch块捕获并处理这个异常。

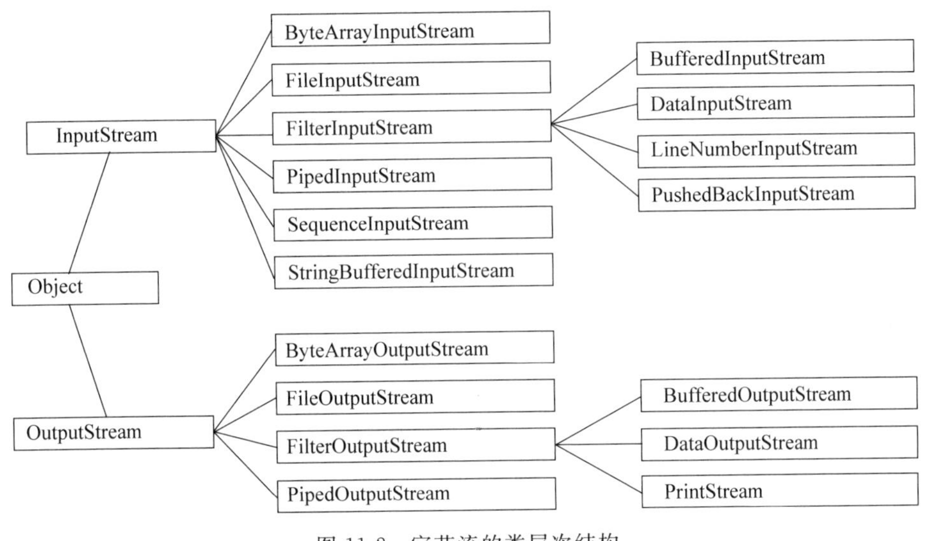

图 11-2　字节流的类层次结构

表 11-1　InputStream 类的常用方法

常用方法	用　途
public abstract int read() throws IOException	从输入流读取一个字节的数据
public int read(byte[] b) throws IOException	从输入流读取字节数并存储在数组 b 中
public int read(byte[] b,int off,int len) throws IOException	从输入流中读取 len 个字节数据并存放在字节数组 buf[off]位置
public long skip(long n) throws IOException	从输入流中跳过 n 个字节
public void close() throws IOException	关闭输入流,释放资源

表 11-2　OutputStream 类的常用方法

常用方法	用　途
public abstract void write(int b) throws IOException	将指定的字节数据写入输出流
public void write(byte[] b) throws IOException	将字节数组写入输出流
public void write(byte b[ ],int off,int len)	从字节数组的 off 处向输出流写入 len 个字节
public void flush() throws IOException	强制将输出流保存在缓冲区中的数据写入输出流
public void close() throws IOException	先调用 flush,然后关闭输出流,并释放资源

另外,Java 定义了字节流的子类文件输入/输出流(FileInputStream 和 FileOutputStream),专门来处理磁盘文件的读写操作。常用的构造函数如表 11-3 和表 11-4 所示。

表 11-3 FileInputStream 类的常用构造函数

常用构造函数	用　　途
public FileInputStream (String name) throws FileNotFoundException	根据文件名称创建一个可供读取数据的输入流对象
public FileInputStream(File file) throws FileNotFoundException	根据 File 对象创建 FileInputStream 类的对象

表 11-4 FileOutputStream 类的常用构造函数

常用构造函数	用　　途
public FileOutputStream(String filename) throws FileNotFoundException	根据文件名称创建一个可供写入数据的输出流对象,原先的文件会被覆盖
public FileOutputStream(File file) throws FileNotFoundException	同上。但如果 a 设为 true,则会将数据附加在原先的数据后面

通常,FileInputStream 和 FileOutputStream 经常配合使用,以便实现对文件的存取,常用于二进制文件的操作。输入流 FileInputStream 中的 read()方法按照单个字节顺序读取数据源中的数据,每调用一次,按照顺序从文件中读取一个字节,然后将该字节以整数(0～255 中的一个整数)形式返回。如果到达文件末尾时,read()将返回－1。创建 FileInputStream 对象时,若所指定的文件不存在,则会产生一个 FileNotFoundException 异常。

输出流 FileOutputStream 中的 write()方法将字节写到输出流中。虽然 Java 在程序结束时会自动关闭所有打开的文件,但是在流操作结束后显式的关闭流仍然是编程的一个良好习惯。输入/输出流中均提供了 close()方法进行显式地关闭流的操作。FileOutputStream 对象的创建不依赖于文件是否存在。如果该文件存在,但它是一个目录,而不是一个常规文件;或者该文件不存在,但无法创建它;抑或因为其他某些原因而无法打开,将会产生一个 FileNotFoundException 异常。

例 11-1 展示了利用字节流实现文件的复制过程。

【例 11-1】 FileStreamDemo. java

```
1   import java.io.*;
2   public class FileStreamDemo {
3     public static void main(String[] args) {
4         int b=0;
5         FileInputStream in=null;
6         FileOutputStream out=null;
7         try {
8           in=new FileInputStream("user.txt");
9           out=new FileOutputStream("user.bak");
10          while((b=in.read())!=-1){
11            out.write(b);
12          }
13          in.close();
```

```
14          out.close();
15        } catch(FileNotFoundException e) {
16          System.out.println("找不到指定文件"); System.exit(-1);
17        } catch(IOException e1) {
18          System.out.println("文件复制错误"); System.exit(-1);
19        }
20        System.out.println("文件已复制");
21    }
22  }
```

【程序解析】

- 第 5 行和第 6 行代码定义的是字节流，字节流读写文件的单元是字节，所以它不但可以读写文本文件，也可以读写图片、声音、影像文件，这个特点非常有用，因为可以把这种文件变成流，然后在网络上传输。
- 第 8 行代码表示在程序运行前应将 user.txt 放置于当前项目根目录下。
- 第 10～12 行代码从输入流中循环读取一个字符，并写入输出流。如果到达文件结尾，则返回－1，结束循环。
- 第 15 行和第 17 行代码对可能发生的异常进行了捕获并处理：一个是创建输入流对象时，可能引发 FileNotFoundException 异常；另一个是循环读取文件中的内容时，可能引发 IOException 异常。

如果将文本文件 user.txt 的内容在控制台输出，则只需做如下修改：

```
try {
      in=new FileInputStream("user.txt");
      while((b=in.read())!=-1){
          System.out.print((char)b);
    }
```

如果 user.txt 中包含了汉字，通过字节流在控制台输出，将会出现一堆乱码，则需要进行如下修改：

```
byte[] bytes=new byte[2];
while while((b=fr.read(bytes)) !=-1) {
  System.out.println(new String(bytes,"gbk"));}
}
```

这是因为读取汉字时是 gbk 编码，输出到控制台使用的也是 gbk 编码，而 Java 使用 Unicode 来存储字符数据，因此需要按指定的字符编码形式，将字符数据编码并写入目的输出流中。

2. 字符流(Reader 类和 Writer 类)

字符流是以一个字符(两个字节)的长度为单位来进行处理(0～65535、0x0000～0xffff)，并进行适当的字符编码转换处理。Reader 和 Writer 是所有字符流的基类，属于抽象类，它们的子类为基于字符的输入/输出处理提供了丰富的功能。图 11-3 展示了字符输入流类派生的若干具体子类。

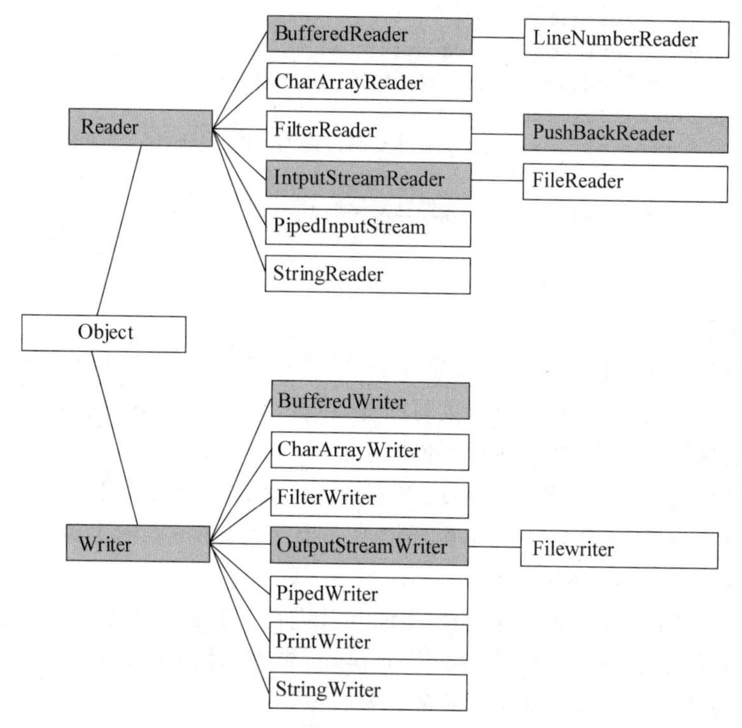

图 11-3　字符流的类层次结构

表 11-5 和表 11-6 列出了字符输入流和输出流中的常用方法，所有这些方法在发生错误时都会抛出 IOException 异常，Reader 和 Writer 两个抽象类定义的方法都可以被它们所有的子类继承。

表 11-5　Reader 类的常用方法

常 用 方 法	用　　途
public int read()	从输入流读取一个字符。如果到达文件结尾，则返回－1
public int read(char buf[ ])	从输入流中将指定个数的字符读入数组 buf 中，并返回读取成功的实际字符数目。如果到达文件结尾，则返回－1
public int read(char buf[ ], int off, int len)	从输入流中将 len 个字符从 buf[off]位置开始读入数组 buf 中，并返回读取成功的实际字符数目。如果到达文件结尾，则返回－1
public void close()	关闭输入流。如果试图继续读取，将产生一个 IOException 异常

表 11-6　Writer 类的常用方法

常 用 方 法	用　　途
public void write(int c) throws IOException	写入一个字符到输出流中
public void write(char[] cbuf) throws IOException	将一个完整的字符数组写入输出流中
public void write(String str) throws IOException	写入一个字符串到输出流中
public abstract void close() throws IOException	关闭输出流
public abstract void flush() throws IOException	强制输出流中的字符输出到指定的输出流

Java 定义了两个字符流子类的文件输入/输出流(FileReader 类和 FileWriter 类),专门用于处理磁盘文件的读写操作。

FileReader 类继承自 InputStreamReader 类,而 InputStreamReader 类又继承自 Reader 类,因此 Reader 类与 InputStreamReader 类所提供的方法均可供 FileReader 类所创建的对象使用。

要使用 FileReader 类读取文件,必须先调用 FileReader()构造函数产生 FileReader 类的对象,再利用它来调用 read() 方法。如果创建输入流时对应的磁盘文件不存在,则抛出 FileNotFoundException 异常,因此在创建时需要对其进行捕获或者继续向外抛出。

FileReader()构造函数的格式如表 11-7 所示。

表 11-7　FileReader 类的构造函数

常用构造函数	用　　途
public FileReader(String filename) throws FileNotFoundException	根据文件名称创建一个可读取字符的输入流对象
public FileReader(File file) throws FileNotFoundException	使用指定的文件对象来创建一个可读取字符的输入流对象

FileWrite 类继承自 OutputStreamWriter 类,而 OutputStreamWriter 类又继承自 Writer 类,因此 Writer 与 OutputStreamReader 所提供的方法均可供 FileWriter 所建的对象使用。

要使用 FileWriter 类将数据写入文件,必须先调用 FileWriter()构造函数创建 FileWriter 类的对象,再利用它来调用 write()方法。FileWriter 对象的创建不依赖于文件存在与否。在创建文件之前,FileWriter 类将在创建对象时打开它来作为输出。

FileWriter()构造函数的格式如表 11-8 所示。

表 11-8　FileWriter 类的构造函数

常用构造函数	用　　途
public FileWriter(String fileName) throws IOException	根据文件名称创建一个可供写入字符数据的输出流对象,原先的文件会被覆盖
public FileWriter(File file) throws IOException	根据给定的 File 对象构造一个 FileWriter 对象

下面的程序演示了通过字符流类对文本文件的复制。

【例 11-2】　FileReaderWriter. java

```
1  import java.io.*;
2  public class FileReaderWriter{
3    public static void main(String[] args) throws Exception {
4      FileReader fr=new FileReader("user.txt");
5      FileWriter fw=new FileWriter("user.bak");
6      int b;
```

```
7       while((b=fr.read()) !=-1) {
8           fw.write(b);
9       }
10      fr.close();
11      fw.close();
12    }
13  }
```

【程序解析】

- 第3行代码通过 throws Exception 将 main()方法可能出现的异常抛出，抛出的异常由 JVM(Java 虚拟机)处理。
- 第7～9行代码从输入流中循环读取一个字符，并写入输出流。如果到达文件结尾，则返回−1，结束循环。

字节流在进行 I/O 操作时，直接针对的是操作数据终端(例如，文件)；字符流操作时不是直接针对于终端，而是针对于缓存区(理解为内存)操作，之后再由缓存区操作终端(例如，文件)，属于间接操作。

11.2.2 过滤流

前面所学习的字符流和字节流提供的读取文件方法，只能一次读取一个字节或字符。如果要读取整数值、双精度或字符串，需要一个过滤流(Filter Streams)来包装输入流。使用过滤流类就可以读取整数值、双精度或字符串，而不仅仅是字节或字符。过滤流必须以某一个节点流作为流的来源，可以在读写数据的同时对数据进行处理。

为了使用一个过滤流，必须首先把过滤流连接到某个输入/输出流上，通常通过在构造方法的参数中指定所要连接的输入/输出流来实现。例如：

```
FilterInputStream(InputStream in);
FilterOutputStream(OutputStream out);
```

过滤流可以实现不同功能的过滤，例如，缓冲流(BufferedInputStream、BufferedOutputStream 和 BufferedReader、BufferedWriter)可以利用缓冲区暂存数据，用于提高输入/输出处理的效率；数据流(DataInputStream 和 DataOutputStream)支持按照数据类型的大小读写二进制文件。

过滤流分为面向字节和面向字符。本小节将以面向字符的 BufferedReader、BufferedWriter 类以及面向字节的 DataInputStream 和 DataOutputStream 类为例介绍过滤流的使用。

1. 缓冲流(BufferedReader 类和 BufferedWriter 类)

Java 中，将缓冲流 BufferedReader 和 BufferedWriter 同基本的字符输入/输出流(例如，FileReader 和 FileWriter)相连。通过基本的字符输入流将一批数据读入缓冲区。BufferedReader 流将从缓冲区读取数据，而不是每次都直接从数据源读取，有效地提高了读操作的效率。其中 BufferedReader 的 readLine()方法可以一次读入一行字符，以字符串的形式返回，常用构造函数和方法如表 11-9 所示。

表 11-9 BufferedReader 类的常用构造函数及方法

常用构造函数及方法	用　　途
public BufferedReader(Reader in) throws IOException	创建缓冲区字符输入流
public BufferedReader(Reader in,int size) throws IOException	创建缓冲区字符输入流，并设置缓冲区大小
public String readLine() throws IOException	读取一行字符串

缓冲流 BufferedWriter 将一批数据写到缓冲区，基本字符输出流不断将缓冲区中的数据写入目标文件中。当 BufferedWriter 调用 flush()方法刷新缓冲区或调用 close()方法将其关闭时，即使缓冲区数据还未满，缓冲区中的数据立刻被写至目标文件。常用构造函数和方法如表 11-10 所示。

表 11-10 BufferedWriter 类的常用构造函数及方法

常用构造函数及方法	用　　途
public BufferedWriter(Writer out)	创建缓冲区字符输出流
void writer(int c) throws IOException	写入单一字符
public void write(char[] cbuf,int off,int len) throws IOException	写入一段字符数组(off 表示数组索引，len 表示读取位数)
public void write(String s,int off,int len) throws IOException	写入字符串(off 与 len 代表的意义同上)
public oid newLine() throws IOException	写入换行字符

在例 11-3 中，将字符串按照行的方式写进文件，随后又将文件的内容以行方式输出到屏幕。其中，通过 BufferedWriter 类的 write()方法可以将字符串直接写到文件中，BufferedReader 类通过 readLine()方法按照行的方式读入。

【例 11-3】 BufferDemo. java

```
1  import java.io.*;
2  public class BufferDemo{
3    public static void main(String[] args) {
4      String s;
5      try {
6        FileWriter fw=new FileWriter("hello.txt");
7        FileReader fr=new FileReader("hello.txt");
8        BufferedWriter bw=new BufferedWriter(fw);
9        BufferedReader br=new BufferedReader(fr);
10       bw.write("Hello");
```

```
11          bw.newLine();
12          bw.write("Everyone");
13          bw.newLine();
14          bw.flush();
15          while((s=br.readLine())!=null){
16            System.out.println(s);
17          }
18          bw.close();
19          br.close();
20          fr.close();
21          fw.close();
22        } catch(IOException e) { e.printStackTrace();}
23      }
24  }
```

【程序运行结果】

```
Hello
Everyone
```

【程序解析】

- 第 6 行和第 7 行代码创建文件字符输入、输出流对象。
- 第 8 行代码将缓冲输出流与文件输出流相连。
- 第 9 行代码将缓冲输入流与文件输入流相连。
- 第 10 行和第 12 行代码写入字符串。
- 第 11 行和第 13 行代码写入换行符。
- 第 14 行代码刷新缓冲区。
- 第 15～17 行代码循环按行读入缓冲输入流的内容，并输出到控制台。
- 第 18～21 行代码关闭所有流操作。

2. 数据流(DataInputStream 类和 DataOutputStream 类)

在使用 Java 语言进行编程时，除了二进制文件和使用文本文件之外，常常还存在基于 Java 的基本数据类型和字符串的操作。基本数据类型包括 byte、int、char、long、float、double、boolean 和 short。若使用前面所学的字节流和字符流来处理这些数据，将会非常麻烦，Java 语言提供了 DataInputStream 类和 DataOutputStream 类对基本数据类型进行操作。DataInputStream 类和 DataOutputStream 类分别实现了 DataInput 接口和 DataOutput 接口，在这两个接口中定义了对基本数据类型操作的方法，实现的主要功能就是将二进制的字节流转换成 Java 的基本数据类型。

DataInputStream 和 DataOutputStream 两个类中读和写的方法的基本结构为 read××××()和 write××××()，其中××××代表基本数据类型或者 String，例如 readInt()、readByte()、writeChar()、writeBoolean()。DataInputStream 类和 DataOutputStream 类的基本用法参见表 11-11 和表 11-12。

表 11-11 DataInputStream 类的常用构造函数及方法

常用构造函数	方　法
public DataInputStream(InputStream in)	使用指定的底层 InputStream 创建一个 DataInputStream
public final int read(byte[] b) throws IOException	从包含的输入流中读取一定数量的字节，并将它们存储到缓冲区数组 b 中
public final boolean readBoolean() throws IOException	读取一个输入字节，如果该字节不是零，则返回 true；如果是零，则返回 false
public final byte readByte() throws IOException	读取并返回一个输入字节
public final char readChar() throws IOException	读取两个输入字节并返回一个 char 值
public final String readUTF() throws IOException	读入一个已使用 UTF-8 修改版格式编码的字符串

表 11-12 DataOutputStream 类的常用构造函数及方法

常用构造函数	方　法
public DataOutputStream(OutputStream out)	创建一个新的数据输出流，将数据写入指定基础输出流
public void flush() throws IOException	清空此数据输出流
public final void writeBoolean(boolean v) throws IOException	按照 boolean 数据类型写入
public final void writeByte(int v) throws IOException	按照 byte 数据类型写入
public final void writeChar(int v) throws IOException	按照 char 数据类型写入
public final void writeFloat(float v) throws IOException	按照 float 数据类型写入
public final void writeInt(int v) throws IOException	按照 int 数据类型写入
public final void writeUTF(String str) throws IOException	按照按 UTF-8 格式写入一个字符串

【例 11-4】 DataStreamDemo. java

```
1   import java.io.*;
2   class DataStreamDemo{
3     public static void main(String args[]) throws  IOException {
4         FileOutputStream fos=new FileOutputStream("a.txt");
5         DataOutputStream dos=new DataOutputStream(fos);
6             dos.writeUTF("北京");
7             dos.writeInt(2020);
8             dos.writeUTF("欢迎您!");
9         FileInputStream  fis=new FileInputStream("a.txt");
10        DataInputStream dis=new DataInputStream(fis);
11        System.out.print(dis.readUTF()+dis.readInt()+dis.readUTF());
12        dis.close();
13    }
14  }
```

【程序运行结果】

```
北京 2020 欢迎您!
```

【程序解析】

- 第 4 行代码创建 a. txt 文件输出流对象。
- 第 5 行代码创建数据输出流对象,并与文件输出流相连。
- 第 6～8 行代码利用数据输出流的 write×××()方法并按照不同类型数据写入输出流,最终写入 a. txt 文件。
- 第 14 行代码创建 a. txt 文件输入流对象。
- 第 15 行代码创建数据输入流对象,并与文件输出流相连。
- 第 17 行代码利用数据输出流的 read×××()方法并按照不同类型数据读入输入流,最终在控制台输出。

注意:例 11-4 中的 readUTF()方法从输入流中读取若干字节,把它转换为 UTF-8 字符编码;writeUTF()方法向输出流中写入采用 UTF-8 字符编码的字符串。

11.2.3 打印流(PrintStream 类和 PrintWriter 类)

在整个 I/O 包中,打印流是输出信息最方便的类,主要包含字节打印流(PrintStream)和字符打印流(PrintWriter)。打印流提供了非常方便的打印功能,可以打印任何的数据类型,如小数、整数、字符串等。两个类提供了重载的 Print()和 Println()方法,用于多种数据类型的输出。PrintWriter 类和 PrintStream 类的 print 输出操作不会抛出异常,PrintWriter 类和 PrintStream 类有自动刷新功能。常用的构造函数和方法如表 11-13 所示。

表 11-13 PrintStream 类的常用构造函数及方法

常用构造函数及方法	用　途
public PrintStream(File file) throws FileNotFoundException	通过 File 对象实例化 PrintStream 类
public PrintStream(OutputStream out)	接收 OutputStream 对象的实例化 PrintStream 类
public void print(int i)	打印整数
public void print(long l)	打印长整数
public void print(float f)	打印浮点数
public void print(String s)	打印字符串
public void print(Object obj)	打印对象

【例 11-5】 PrintDemo. java

```
1  import java.io.*;
2  public class PrintDemo{
3    public static void main(String arg[]) throws FileNotFoundException {
```

```
4         PrintStream ps=null;
5         ps=new PrintStream(new FileOutputStream(new File("test.txt")));
6         ps.print("Java ");
7         ps.println("progammer");
8         ps.print("全国程序员成绩查询!");
9         ps.println();
10        String name="张三";
11        int age=21;
12        float score=85.25f;
13        ps.printf("姓名:%s  年龄:%d  分数:%f    ",name,age,score);
14        ps.close();
15      }
16  }
```

【程序运行结果】

```
打开在 C 盘根目录中\test.txt 的内容并显示如下:
Java progammer
全国程序员成绩查询!
姓名:张三  年龄:21  分数:85.250000
```

【程序解析】

- 第 6 行代码创建字节打印流对象,指向 test. txt 文件。
- 第 7～10 行代码利用字节打印流,将数据写入 test. txt 文件中。
- 第 14 行代码使用指定格式字符串和参数将格式化的字符串写入输出流。

11.2.4　文件(File 类)

在 java. io 包中提供了操作流的大量类和接口,但在这个包中 File 类不是用于操作流的,而是用于处理文件和文件系统的,包括文件的创建、删除、重命名、取得文件大小、修改日期。Java 语言中通过 File 类来建立与磁盘文件的联系。File 类主要用于获取文件或者目录的信息,File 类的对象本身不提供对文件的处理功能,要想对文件实现读写操作,需要使用相关的输入/输出流。

File 类属于 java. io 包,是 java. lang. Object 的子类。表 11-14 所示提供了 3 个构造函数,用于生成 File 类对象。

表 11-14　File 类的构造函数

常用构造函数	用　　途
public File(String name)	创建一个新 File 对象并与 name 所指的文件或者目录进行关联
public File(String pathname,String filename)	创建一个新 File 对象并与 pathname 目录下的 filename 文件进行关联
public File(File path,String file)	创建一个新 File 对象并与 path 目录下的 filename 文件进行关联

要使用一个 File 类，必须向 File 类构造函数传递一个文件路径。例如，下面的语句以不同的方式创建了文件对象 f1、f2、f3，均指向的是 user. dat 文件，其中"//"表示"/"。

```
File f1=new File("user.dat");
File f2=new File("c:\data\user.dat");
File f3=new File("c:\data","user.dat");
```

File 类的常用方法如表 11-15 所示。

表 11-15　File 类的常用方法

常用方法	用　　途
public boolean createNewFile()	创建一个新的空文件
String getName()	返回表示当前对象的文件名
public boolean delete()	删除文件
public boolean exists()	判断文件是否存在
public boolean isDirectory()	判断给定的路径是否是一个目录
public long length()	返回文件的大小
public String[ ] list()	返回当前 File 对象指定的路径文件列表
public File[ ] listFiles()	列出指定目录的全部内容
public boolean mkdir()	创建一个目录
public boolean renameTo(File dest)	为已有的文件重命名

例 11-6 是创建和删除文件操作的应用。若文件不存在则新建，若文件已存在则删除。

【例 11-6】 FileDemo. java

```
1   import java.io.File;
2   import java.io.IOException;
3   public class FileDemo{
4     public static void main(String args[]){
5       File f=new File("d:"+File.separator+"test.txt"); //实例化 File 类的对象
6       //File f=new File("d://test.txt");
7       if(f.exists()){                  //如果文件存在则删除
8           f.delete();                  //删除文件
9       }else{
10        try{
11          f.createNewFile();           //创建文件,根据给定的路径创建
12        }catch(IOException e){
13          e.printStackTrace();         //输出异常信息
14        }
15      }
16    }
17  }
```

【程序解析】

第 5 行和第 6 行代码采用两种不同的语句表示文件路径。建议采用第 5 行代码表示。因为在 Windows 操作系统中使用“\”作为路径分隔符,而在 Linux 系统下使用“/”作为路径的分隔符。从实际的开发而言,大部分情况下都会在 Windows 中做开发,然后再将项目部署到 Linux 下。为此在 File 类中提供了一个常量为 public static final String separator,用于表示路径分隔符。

11.2.5 文件的随机访问(RandomAccessFile 类)

RandomAccessFile 类(随机访问文件)是直接继承 Object 类,它既不是 InputStream 类的子类,也不是 OutputStream 类的子类,它所创建的流和先前所学的输入流和输出流不同。RandomAccessFile 类创建的流的指向既可以作为源,也可以作为目的,即 RandomAccessFile 类创建的流可以同时对文件进行读写操作。

另外,对于先前的输入流和输出流来说,它们创建的对象都是按照先后顺序访问流,即只能进行顺序读或写。而 RandomAccessFile 类具有随机读写文件的功能,所谓的随机访问文件是指在文件内的任意位置读或写数据。RandomAccessFile 类通过一个文件指针适当地移动来实现文件的任意访问,具有更大的灵活性。

在创建 RandomAccessFile 对象时,不仅要说明文件对象或文件名,同时还需指明访问模式,即“只读方式”(r)或“读写方式”(rw)。RandomAccessFile 类常用构造函数及方法如表 11-16 所示。

表 11-16 RandomAccessFile 类常用构造函数及方法

常用构造函数及方法	用　途
RandomAccessFile(String name, String mode)	创建从中读取和向其中写入(可选)的随机存取文件流,该文件具有指定的名称
RandomAccessFile(File file,String mode)	创建从中读取和向其中写入(可选)的随机存取文件流,该文件由 File 参数指定
long getFilePointer()	得到当前的文件指针
void seek(long pos)	文件指针移到指定位置
int skipBytes(int n)	使文件指针向前移动指定的 n 个字节
long length()	返回文件长度
boolean readBoolean()	从文件中读取一个布尔值
int readLine()	从文件中读取文本的下一行
void seek(long pos)	文件指针移到指定位置
int skipBytes(int n)	文件指针向前移动 n 个字节
void write(int b)	向文件写入指定的字节
void write(byte[] b)	将 b. length 个字节从指定字节数组写入文件,并从当前文件指针开始
void writeBoolean(Boolean v)	写入一个布尔值

例 11-7 将创建随机读写的文件，将数据存储在该文件中，并读取其中的数据。

【例 11-7】 RandomAcessFileDemo. java

```
1  import java.io.*;
2  public class RandomAcessFileDemo{
3    public static void main(String[] args) throws Exception{
4      File f=new File("raf.dat");
5      RandomAccessFile raf=new RandomAccessFile(f,"rw");
6      String username="javalover";
7      int age=18;
8      raf.writeUTF(username);
9      raf.writeInt(age);
10     System.out.println("文件创建完毕");
11     System.out.println("从文件顺序读取文件的数据");
12     raf.seek(0);
13     System.out.println(raf.readUTF());
14     System.out.println(raf.readInt());
15     raf.close();
16   }
17 }
```

【程序解析】

第 5 行代码按照读写(rw)访问模式打开 raf. dat，若该文件不存在，RandomAcessFile 类的构造函数将创建该文件。接下来将字符串和整型数据写入该文件中，最后将数据从文件中读出并输出到屏幕。

11.2.6 标准输入/输出流

标准输入/输出流是在 java. lang. System 类中包含三个预定义的流变量：in、out、err。

- System. out：代表标准的输出流。默认情况下，数据输出到控制台。
- System. in：代表标准输入。默认情况下，数据源是键盘。
- System. err：代表标准错误流。默认情况下，数据输出到控制台。

一般情况下，我们利用 System. in 进行键盘输入，习惯一行一行地读取输入的数据。

例 11-8 中为了实现可以按行读取数据，首先利用 InputSteamReader 把 System. in 转换成 Reader，然后把 System. in 包装成 BufferedReader，这样大大地提高了读数据的效率。

【例 11-8】 SystemDemo. java

```
1  import java.io.*;
2  public class SystemDemo{
3    public static void main(String[] args) throws IOException{
4      int a;
5      float b;
6      String str;
```

```
7        BufferedReader br=new BufferedReader(new InputStreamReader(System.in));
8        System.out.print("请输入加数(整型): ");
9        str=br.readLine();
10       a=Integer.parseInt(str);
11       System.out.print("请输入被加数(实型): ");
12       str=br.readLine();
13       b=Float.parseFloat(str);
14       System.out.println("两数相加结果为: "+(a+b));
15       System.out.print("请输入一个字符串: ");
16       String s=br.readLine();
17       System.out.println("输入的字符串为: "+s);
18     }
19   }
```

【程序运行结果】

```
请输入加数(整型): 12
请输入被加数(实型): 22
两数相加结果为: 34.0
请输入一个字符: abc
输入的字符串为: abc
```

【程序解析】

在本例中,系统将所有通过键盘输入的数据都看作字符串类型。如果输入的是其他数据类型,如输入的是整型或浮点型等,则需要进行转换。

利用过滤流对 System. in 进行包装并实现按行输入,实现起来相对比较复杂。JDK 1.5 新增的一个 java. util. Scanner 类同样可以实现按行输入。使用 Scanner 类创建一个对象:

```
Scanner reader=new Scanner(System.in);
```

然后 reader 对象调用下列方法,可以读取用户在命令行输入的各种数据类型: next. Byte()、nextDouble()、nextFloat、nextInt()、nextLin()、nextLong()、nextShot()等。上述方法执行时都会等待用户在命令行输入数据并按 Enter 键确认。下面利用 Scanner 类实现与例 11-8 相同的功能。

【例 11-9】 ScannerDemo. java

```
1   import java.util.Scanner;
2   public class ScannerDemo {
3     public static void main(String[] args) {
4       int a;
5       float b;
6       String str;
7       Scanner cin=new Scanner(System.in);        //创建输入处理的对象
8       System.out.print("请输入加数(整型): ");
9       a=cin.nextInt();
10      System.out.print("请输入被加数(实型):");
11      b=cin.nextFloat();
```

```
12        System.out.println("两数相加结果为: "+a+b);
13        System.out.print("请输入一个字符串: ");
14        str=cin.next();
15        System.out.println("输入的字符串为: "+str);
16     }
17  }
```

【程序解析】

Scanner类可以接收任意的输入流。在实际开发中,人们习惯打印流程序输出数据,并使用Scanner程序输入数据。

11.2.7 对象序列化

在面向对象编程中,数据经常要和相关的操作被封装在某一个类中。例如,用户的注册信息,以及对用户信息的编辑、读取等操作被封装在一个类中。在实际应用中,需要将整个对象及其状态一并保存到文件中或者用于网络传输,同时又能够将该对象还原成原来的状态。这种将程序中的对象写进文件,以及从文件中将对象恢复出来的机制就是所谓的对象序列化。序列化的实质是将对象转换成二进制数据流的一种方法,而把字节序列恢复为Java对象的过程称为对象的反序列化。

在Java中,对象序列化通过java.io.Serializable接口和对象流类ObjectInputStream、ObjectOutputStream实现。具体步骤如下。

(1) 定义一个可以序列化的对象。只有实现Serializable接口的类才能被序列化。Serializable接口中没有任何方法,当一个类声明实现Serializable接口时,只是表明该类加入对象序列化协议。

(2) 构造对象的输入/输出流。将对象写入字节流和从字节流中读取数据,分别通过ObjectInputStream、ObjectOutputStream类来实现。其中ObjectOutputStream类中提供了writeObject()方法用于将指定的对象写入对象输出流中,也即实现对象的序列化。ObjectInputStream类中提供了readObject()方法用于从对象输入流中读取对象,也即实现对象的反序列化。

从某种意义来看,对象流与数据流是类似的,也具有过滤流的特性。利用对象流来输入、输出对象时,不能单独使用,需要与其他的流连接起来。同时,为了保证读出正确的数据,必须保证向对象输出流写对象的顺序与从对象输入流读对象的顺序一致。

下面通过一个实例来演示如何序列化一个对象,以及如何恢复对象。在这个例子中,我们首先定义一个候选人Candidate类,实现了Serializable接口,然后通过对象输出流的writeObject()方法将Candidate对象保存到candidates.obj文件中。之后,通过对象输入流的readObject()方法从文件candidates.obj中可以读出保存下来的Candidate对象。

【例 11-10】 ObjectStreamDemo.java

```
1   import java.io.*;
2   class Candidate implements Serializable{
3     //存放候选人资料的类
```

```
4    private String fullName,city;
5    private int age;
6    public Candidate(String fullName, int age, String city){
7      this.fullName=fullName;
8      this.age=age;
9      this.city=city;
10   }
11   public String toString(){
12     return(fullName+","+age+","+city);
13   }
14 }
15 class ObjectStreamDemo{
16   public static void main(String[] args) throws Exception{
17     Candidate[] candidates=new Candidate[2];
18     candidates[0]=new Candidate("张三 ", 33,  " 北京");
19     candidates[1]=new Candidate("李四 ", 32, " 上海");
20     //创建对象输出流和文件输出流相连
21     ObjectOutputStream oos;
22     oos=new ObjectOutputStream(new FileOutputStream("candidates.obj"));
23       oos.writeObject(candidates);
24       oos.close();
25     candidates=null;
26     //创建对象输入流和文件输入流相连
27     ObjectInputStream ois;
28     ois=new ObjectInputStream(new FileInputStream("candidates.obj"));
29     candidates=(Candidate[]) ois.readObject();
30     System.out.println("候选人名单");
31     for(int i=0; i<candidates.length; i++)
32       System.out.println("候选人"+(i+1)+": "+candidates[i]);
33       ois.close();
34   }
35 }
```

【程序运行结果】

```
候选人名单:
候选人 1: 张三, 33, 北京
候选人 2: 李四, 32, 上海
```

【程序解析】

- 第 2 行代码定义 Candidate 类,可实现序列化。
- 第 18 行代码定义 Candidate 类数组,长度为 2。
- 第 22 行和第 23 行代码创建对象输出流的对象并指向 candidates.obj 文件。
- 第 24 行代码将对象中的数据写入对象输出流。
- 第 25 行代码关闭对象输出流。
- 第 29 行代码保存对象的文件名一般不要用.txt 文件,建议采用.obj 或.ser。
- 第 30 行代码从输入流中读取对象。
- 第 34 行代码关闭对象输入流。

11.3 任务实施

本节以读写用户信息文件 user.dat 为例进行说明。在注册功能模块中，当我们输入考生注册信息并单击“注册”按钮后，系统首先进行读文件操作，将当前用户名和考试信息中的用户名进行比较，若用户名已存在，将提示重新输入；若填写的注册信息正确，则将当前用户信息写进 user.dat 中。下面以对象流来进行文件的读写操作。

(1) 将用户信息定义为一个实现序列化接口的类。

```
class Person implements Serializable {
    String name;
    String password;
}
```

(2) 注册功能通过对象流读写文件实现。

```
1   public void register() {
2     File f;
3     FileInputStream fi;
4     FileOutputStream fo;
5     Vector<Person>vuser=new Vector<Person>();
6     ObjectInputStream ois;
7     ObjectOutputStream oos;
8     int flag=0;
9     try {
10        //验证用户名或密码是否为空
11        if((p.name.length()==0)||(p.password.length()==0)){
12        JOptionPane.showMessageDialog(null, "\t 用户名或密码不能为空");
13        return;
14    }
15    f=new File("c:\users.obj");
16    if(f.exists()) {
17        fi=new FileInputStream(f);
18        ois=new ObjectInputStream(fi);
19        vuser=(Vector<Person>) ois.readObject();
20        for(int i=0; i<vuser.size(); i++) {
21          Person regtmesg=(Person) vuser.elementAt(i);
22          if(p.name.equals(regtmesg.name)) {
23          JOptionPane.showMessageDialog(null, "该用户已存在,请重新输入");
24          flag=1;
25          break;
26          }
27        }
28        fi.close();
29        ois.close();
30    }
31    if(flag==0) {
```

```
32          //添加新注册用户
33          vuser.addElement(p);
34          //将向量中的类写回文件
35          fo=new FileOutputStream(f);
36          oos=new ObjectOutputStream(fo);
37          oos.writeObject(vuser);
38          //发送注册成功信息
39          JOptionPane.showMessageDialog(null, "用户"+p.name+"注册成功, "+"\n");
40          fo.close();
41          oos.close();
42          }
43      } catch(ClassNotFoundException e) {
44          JOptionPane.showMessageDialog(null, "找不到用户文件'users.obj'!");
45      } catch(IOException e) {
46          System.out.println(e);
47      }
48  }
```

【程序解析】

我们将用户信息文件 users. obj 的数据通过对象流读出，以对象的形式并保存在 Vector 中，将注册输入的用户名同已存在的用户名进行比较，如果用户名已存在，则提示“该用户已存在，请重新输入”；若输入的信息正确，则将输入的注册信息以对象的形式通过对象流保存在文件中。

自　测　题

一、选择题

1. 下列数据流中，属于输入流的一项是(　　)。
   A. 从内存流向硬盘的数据流　　B. 从键盘流向内存的数据流
   C. 从键盘流向显示器的数据流　　D. 从网络流向显示器的数据流
2. Java 语言提供处理不同类型流的包是(　　)。
   A. java. sql　　B. java. util　　C. Java. math　　D. java. io
3. 要从 file. dat 文件中读出第 10 个字节到变量 c 中，下列方法适合的是(　　)。
   A. FileInputStream in=new FileInputStream("file. dat"); int c=in. read();
   B. RandomAccessFile in=new RandomAccessFile("file. dat"); in. skip(9); int c=in. readByte();
   C. FileInputStream in=new FileInputStream("file. dat"); in. skip(9); int c=in. read();
   D. FileInputStream in=new FileInputStream("file. dat"); in. skip(10); int c=in. read();
4. 下列使用了缓冲技术的流是(　　)。

A. BufferedOutputStream　　B. FileInputStream
C. DataOutputStream　　D. FileReader

5. 下列不属于字符流的是(　　)。
A. InputStreamReader　　B. BufferedReader
C. FilterReader　　D. FileInputStream

6. 能对读入字节数据进行 Java 基本数据类型判断过滤的类是(　　)。
A. PrintStream　　B. DataOutputStream
C. DataInputStream　　D. BuffereInputStream

7. 可以实现在文件的任意位置读写一个记录的类是(　　)。
A. RandomAccessFile　　B. FileReader
C. FileWriter　　D. FileInputSreeam

8. 与 InputStream 流相对应的 Java 系统的标准输入对象是(　　)。
A. System. in　　B. System. out
C. Systemerr　　D. System. exit()

9. FileOutputStream 类的父类是(　　)。
A. File　　B. FileOutput
C. OutputStream　　D. InputStream

10. 下列不是抽象类的是(　　)。
A. FileNameFilter　　B. FileOutputStream
C. OutputStream　　D. Reader

二、填空题

1. Java 的 I/O 流包括字节流、________、________、对象流和管道流。

2. 根据流的方向来分,I/O 流包括________和________。

3. FileInputSream 类实现对磁盘文件的读取操作。在读取字符时,它一般与________和________一起使用。

4. 使用 BufferedOutputStream 类输出时,数据首先写入________,直到写满才将数据写入________。

5. BufferedInputStream 类进行输入操作时,数据首先按块读入________,然后读操作直接访问缓冲区,该类是________的直接子类。

6. 流在传输过程中是________行的。

7. Java 系统的标准输出对象包括两个:分别是标准输出对象________和标准错误输出________。

8. 向文件对象写入字节数据应该使用________类,而向一个文件里写入文本应该使用________类。

9. PrintStream 类是________流特有的类,实现了将 Java 基本数据类型转换为________表示。

10. InputStreaml 类是以________输入流为数据源的________。

拓 展 实 践

【实践 11-1】 调试并修改以下程序，实现功能如下：磁盘文件 a. txt 和 b. txt 中各存放一行字母，现将两文件合并，并按照字母的升序排列存放到一个新的文件 c. txt 中。

```
import java.io. * ;
import java.util. * ;
public class Ex11_1 {
  public static void main(String[] args) {
    String s="";
    try{
      FileInputStream f1=new FileInputStream("a.txt", rw);
      RandomAccessFile f2=new RandomAccessFile("b.txt", rw);
      s=f1.readLine()+f2.readLine();
      char c[]=s.toCharArray();
      Arrays.sort(c);
      FileInputStream out=new FileInputStream("c.txt");
      for(int i=0;i<c.length;i++)
      out.write(c[i]);
      out.close();
      f1.close();
      f2.close();
    }
    catch(IOException ex) {
      ex.printStackTrace();
    }
    catch(FileNotFoundException ex) {
      ex.printStackTrace();
    }
  }
```

【实践 11-2】 将程序补充完整，实现的功能是读取 exam. txt 文件(图 11-4)中的试题内容，将其输出到屏幕上(图 11-5)，其中选项前有“ * ”号的表示为该题答案。

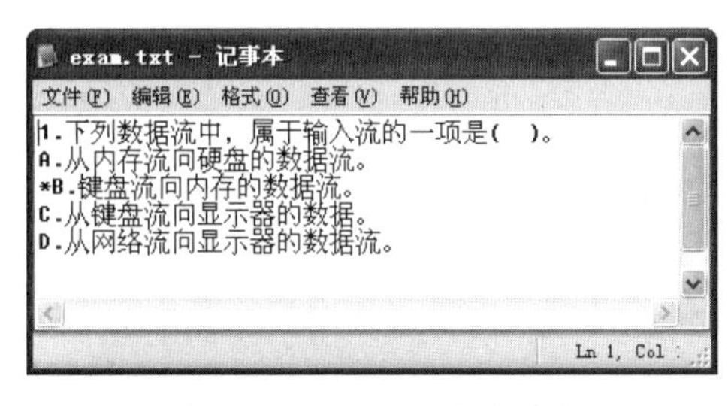

图 11-4　exam. txt 文本内容

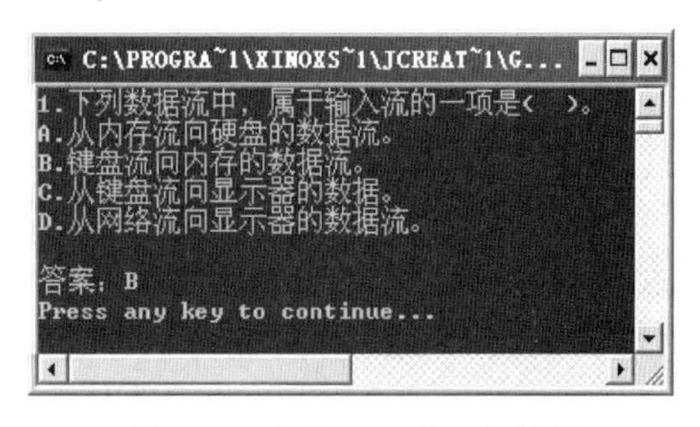

图 11-5　实践 11-2 的运行效果

```
import java.io.*;
public class Ex11_2{
  public static void main(String[] args) {
    try{
          ______【代码 1】______;      //创建 FileReader 对象 fr 并指向 exam.txt
          ______【代码 2】______;      //创建 BufferedReader 对象 in 并指向 exam.txt
          String str;
          char[]  ch=new char[4];
          int k=0;
          while((str=in.readLine())!=null) {
              if(______【代码 3】______)          //判断选择项是否以 * 开头
              {
                  ch[k]=______【代码 4】______;    //获得答案项所对应的字母
                  k++;
                  System.out.println(str.substring(1,str.length()));
              }
              else
                  System.out.println(str);
          }
          ______【代码 5】______;                //关闭输入流
          System.out.print("答案: ");
          for(int i=0;i<k;i++)                    //输出答案
              ______【代码 6】______
      }
      catch(IOException e) {
          System.out.println(e);
    }
  }
}
```

【实践 11-3】 编写一个程序实现以下功能:

(1) 产生 5000 个 1～9999 的随机整数,将其存入文本文件 a.txt 中。

(2) 从文件中读取这 5000 个整数,计算其最大值、最小值和平均值并输出结果。

【实践 11-4】 编写一个程序,将 Fibonacii 数列的前 20 项写入一个随机访问文件,然后从该文件中读出第 2、4、6 等偶数位置上的项并将它们依次写入另一个文件。

面试常考题

【面试题 11-1】 Java 中有几种类型的流? JDK 为每种类型的流提供了一些抽象类以供继承,请说出它们分别是哪些类。

【面试题 11-2】 字节流与字符流的区别有哪些?

任务 12　设计考试系统中的倒计时

学习目标

本任务通过完成考试系统中倒计时的设计，介绍了 Java 中多线程编程技术的相关内容。应掌握以下内容：

- 深入理解进程与线程的概念。
- 掌握线程创建的方法。
- 理解线程状态间的转换、优先级及其调度。
- 了解线程的同步在实际中的应用。

12.1　任务描述

本部分的学习任务是实现倒计时功能。考试系统中的倒计时功能是必不可少的功能之一，当考生成功登录考试系统后，单击“开始考试”按钮，则计时系统开始倒计时。当考试时间结束时，系统将弹出相应的对话框提示并退出考试。如图 12-1 所示，在我们所设计的考试系统中，时间的显示在整个界面的上方，使考生能清晰地看到时间的显示，从而把握好考试时间。Java 利用线程技术可以实现时间的动态刷新和显示，从而可以实现时间的同步显示。

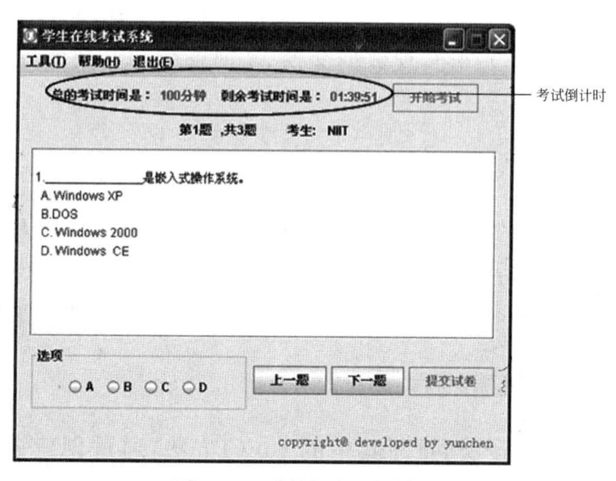

图 12-1　倒计时运行效果

12.2 技术要点

本部分的技术要点是多线程技术。在传统的程序设计中，程序运行的顺序总是按照事先编制好的流程来执行，遇到 if-else 语句就加以判断，遇到 for、while 语句若满足循环条件就重复执行相关语句。这种进程(程序)内部的一个顺序控制流称为“线程”。到目前为止，我们所编写的程序都是单线程运行的，也即在任意给定的时刻，只有一个单独的语句在执行。

多线程机制下可以同时运行多个程序块，相当于并行执行程序代码，使程序运行的效率变得更高。事实上，真正意义上的并行处理是在有多处理器的前提下同一时刻执行多种任务。在单处理器的情况下，多线程通过 CPU 时间片轮转来进行调度和分配资源，使单个程序可以同时运行多个不同的线程，执行不同的任务。由于 CPU 处理数据的速度极快，操作系统能够在很短的时间内迅速在各线程间切换执行，因此看上去所有线程在同一时刻上几乎是同时运行的。多线程执行的方式如图 12-2 所示。

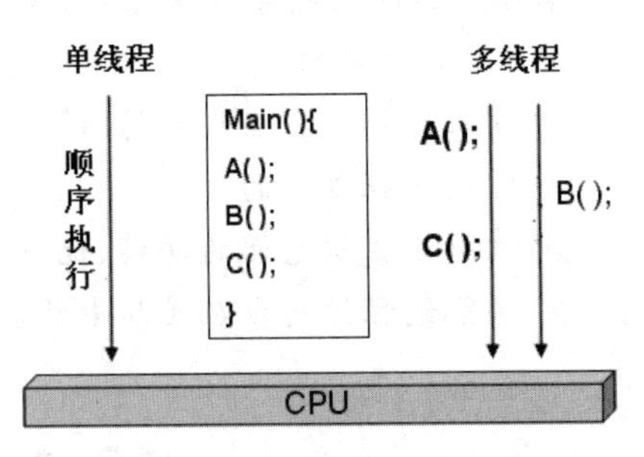

图 12-2 多线程执行的方式

多线程是实现并发机制的一种有效手段。进程和线程一样，都是实现并发性的一个基本单位。相对于线程，进程是程序的一次动态执行过程，它对应了从代码加载、执行以及执行完毕的一个完整过程，这个过程也是进程本身从产生、发展到消亡的过程。每一个进程的内部数据和状态都是完全独立的。基于进程的多任务操作系统能同时运行多个进程(程序)，例如，在使用 Word 编辑文档的同时可以同时播放音乐。

线程和进程的主要差别体现在如下两个方面。

(1) 同样作为基本的执行单元，线程的划分比进程小。

(2) 每个进程都有一段专用的内存区域。与此相反，线程却共享内存单元(包括代码和数据)，通过共享的内存单元来实现数据交换、实时通信与必要的同步操作。

12.2.1 线程的创建

在 Java 程序中，线程以线程对象来表示，也即在程序中一个线程对象代表了一个可以执行程序片段的线程。Java 中提供了两种创建线程的方法：继承 Thread 类或实现 Runnable 接口来创建线程。其中 Thread 类和 Runnable 接口都定义在 java.lang 包中。

1. 扩展 Thread 类创建线程

直接定义 Thread 类的子类，重写其中的 run()方法，通过创建该子类的对象就可以创建线程。Thread 类中包含了创建线程的构造函数以及控制线程的相关方法，如表 12-1

所示。

表 12-1　Thread 类常用构造函数及方法

常用构造函数及方法	用　　途
public Thread()	创建一个线程类的对象
public Thread(String name)	创建一个指定名字的线程类的对象
public Thread(Runnable target)	创建一个系统线程类的对象,该线程可以调用指定 Runnable 接口对象的 run()方法
public static native Thread currentThread()	返回目前正在执行的线程
public final void setName()	设定线程名称
final String getName()	获得线程名称
void run()	包含线程运行时所执行的代码
void start()	启动线程

创建和执行线程包括如下步骤。

(1) 创建一个 Thread 类的子类,该类必须重写 Thread 类的 run()方法。

```
class 类名称 extends Thread            //从 Thread 类扩展出子类
{  成员变量;
   成员方法;
   public void run()                  //重写 Thread 类的 run()方法
   {  线程处理的代码
      …
   }
}
```

(2) 创建该子类的对象,即创建一个新的线程。创建线程对象时会自动调用 Thread 类定义的相关构造函数。

(3) 用构造函数创建新对象之后,这个对象中的有关数据被初始化,从而进入线程的新建状态,直到调用了该对象的 start()方法。

(4) 线程对象开始运行,并自动调用相应的 run()方法。

【例 12-1】 ThreadDemo1.java

```
1   class MyThread extends Thread{
2      public void run(){
3         for(int i=1;i<=10;i++)
4         System.out.println(this.getName()+": "+i);
5      }
6   }
7   public class ThreadDemo1{
8     public static void main(String[] args){
9        MyThread t=new MyThread();
10       t.start();
11    }
```

```
12  }
```

【程序运行结果】

```
Thread-0: 1
Thread-0: 2
Thread-0: 3
Thread-0: 4
Thread-0: 5
Thread-0: 6
Thread-0: 7
Thread-0: 8
Thread-0: 9
Thread-0: 10
```

【程序解析】

- 第 1 行代码定义了 Thread 类的子类 MyThread。
- 第 3～6 行代码循环 10 次输出当前线程。
- 第 9 行代码创建线程对象。
- 第 10 行代码启动线程。

从例 12-1 中可以看到一个简单的定义线程的过程。在此要注意 run()方法是在线程启动后自动被系统调用,如果显式地使用 t. run()语句,则方法调用将失去线程的功能。其中 Thread-0 是默认的线程名,也可以通过 setName()为其命名。

从程序及运行结果看,似乎仅存在一个线程。事实上,当 Java 程序启动时,一个特殊的线程——主线程(main thread)自动创建了,主要功能是产生其他新的线程,以及完成各种关闭操作。从例 12-2 中我们可以看到主线程和其他线程共同运行的情况。

【例 12-2】 ThreadDemo2. java

```
1   class MyThread extends Thread{
2     MyThread(String str){
3       super(str);
4     }
5     public void run(){
6       for(int i=1;i<=5;i++)
7       System.out.println(this.getName()+": "+i);
8     }
9   }
10  public class ThreadDemo2{
11    public static void main(String[] args){
12        MyThread t1=new MyThread("线程 1");
13        MyThread t2=new MyThread("线程 2");
14        t1.start();
15        t2.start();
16        for(int i=1;i<=5;i++)
17          System.out.println(Thread.currentThread().getName()+": "+i);
18    }
19  }
```

【程序运行结果】

第 1 次	第 2 次
main: 1	main: 1
线程 1: 1	main: 2
线程 2: 1	main: 3
线程 1: 2	main: 4
main: 2	main: 5
线程 1: 3	线程 1: 1
线程 2: 2	线程 1: 2
线程 2: 3	线程 1: 3
线程 2: 4	线程 1: 4
线程 1: 4	线程 1: 5
main: 3	线程 2: 1
线程 1: 5	线程 2: 2
线程 2: 5	线程 2: 3
main: 4	线程 2: 4
main: 5	线程 2: 5

【程序解析】

- 第 1 行代码定义了 Thread 类的子类 MyThread。
- 第 6～8 行代码循环 5 次输出当前线程。
- 第 12 行和第 13 行代码创建线程对象 t1、t2。
- 第 14 行和第 15 行代码启动线程对象 t1、t2。
- 第 16～18 行代码循环 5 次输出当前线程(main 主线程)。

2. 实现 Runnable 接口创建线程

在上述通过扩展 Thread 类创建线程的方法虽然简单,但是 Java 不支持多继承。如果当前线程子类还需要继承其他多个类,此时必须实现接口。Java 提供了 Runnable 接口来完成创建线程的操作。在 Runnable 接口中,只包含一个抽象的 run()方法。

```
public interface Runnable{
    public abstract void run()
}
```

利用 Runnable 接口创建线程,首先定义一个实现 Runnable 接口的类,在该类中必须定义 run()方法的实现代码。

```
class MyRunnable implements Runnable
{
...
    public void run()
    {
        //新建线程上执行的代码
    }
}
```

直接创建实现了 Runnable 接口的类的对象并不能生成线程对象，必须还要定义一个 Thread 对象，通过使用 Thread 类的构造函数去新建一个线程，并将实现 Runnable 接口的类的对象引用作为参数传递给为 Thread 类的构造函数，最后通过 start()方法来启动新建线程。基本步骤如下：

```
MyRunnable r=new MyRunnable();
Thread t=new Thread(r);
t.start;
```

我们将例 12-2 改写，通过实现 Runnable 接口创建线程，代码如下：

【例 12-3】 RunnerDemo.java

```
1   class MyRunner implements Runnable{
2     public void run(){
3         String s=Thread.currentThread().getName();
4         for(int i=1;i<=5;i++)
5         System.out.println(s+": "+i);
6     }
7   }
8   public class RunnerDemo{
9     public static void main(String[] args){
10        MyRunner r1=new MyRunner();
11        Thread t1=new Thread(r1,"线程 1");
12        Thread t2=new Thread(r1,"线程 2");
13        t1.start();
14        t2.start();
15        for(int i=1;i<=5;i++)
16          System.out.println(Thread.currentThread().getName()+": "+i);
17    }
18  }
```

【程序运行结果】

同例 12-2。

【程序解析】

- 第 1 行代码定义 MyRunner 类来实现 Runnable 接口。
- 第 10 行代码定义 MyRunner 对象 r1。
- 第 11 行和第 12 行代码创建线程对象 t1、t2，将 r1 作为参数传递给线程对象。
- 第 13 行和第 14 行代码启动线程 t1、t2。
- 第 15～18 行代码循环 5 次输出当前线程(main 主线程)。

12.2.2 线程的管理

1. 线程的状态

线程在它的生命周期一般具有五种状态，即新建、就绪、运行、阻塞、死亡。线程的状态转换如图 12-3 所示。

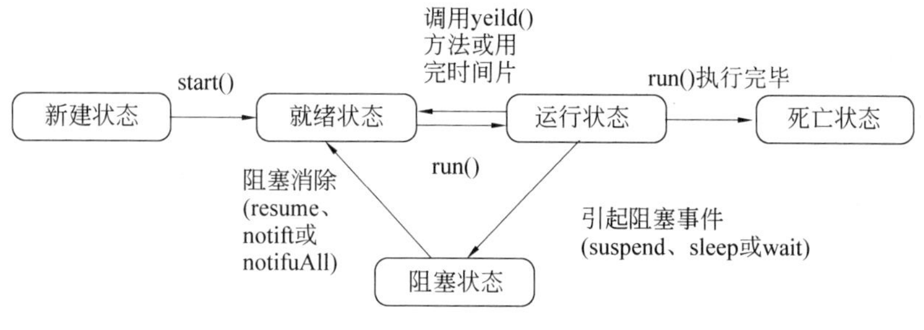

图 12-3 线程的状态转换

1）新建状态(New Thread)

在程序中用构造函数创建了一个线程对象后，新生的线程对象便处于新建状态，此时，该线程仅仅是一个空的线程对象，系统不为它分配相应资源，并且还处于不可运行状态。

2）就绪状态(Runnable)

新建线程对象后，调用该线程的 start()方法就可以启动线程。当线程启动时，线程进入就绪状态。此时，线程将进入线程队列排队，等待 CPU 服务，这表明它已经具备了运行条件。

3）运行状态(Running)

当就绪状态的线程被调用并获得处理器资源时，线程进入运行状态。此时，自动调用该线程对象的 run()方法。run()方法中定义了该线程的操作和功能。

4）阻塞状态(Blocked)

一个正在执行的线程在某些特殊情况下放弃 CPU 而暂时停止运行，如被人为挂起或需要执行费时的输入/输出操作时，将让出 CPU 并暂时中止自己的执行，进入阻塞状态。在运行状态下，如果调用 sleep()、suspend()、wait()等方法，线程将进入阻塞状态。阻塞状态中的线程，Java 虚拟机不会为其分配 CPU，直到引起阻塞的原因被消除后，线程才可以转入就绪状态，从而有机会转到运行状态。

5）死亡状态(Dead)

线程调用 stop()方法时或 run()方法执行结束后，线程即处于死亡状态，结束了生命周期。处于死亡状态的线程不具有继续运行的能力。

2. 线程的优先级

当多线程的执行状态下，我们并不希望按照系统随机分配时间片给一个线程，因为这样将导致程序运行结果的随机性。因此，在 Java 中提供了一个线程调度器来监控程序中启动后进入可运行状态的所有线程。线程调度器按照线程的优先级决定调度哪些线程来执行，具有高优先级的线程会在较低优先级的线程之前得到执行。同时线程的调度是抢先式的，即如果当前线程在执行过程中，一个具有更高优先级的线程进入可执行状态，则该高优先级的线程会被立即调度执行。在 Java 中线程的优先级是用整数表示的，取值范围是 1～10，与 Thread 类的优先级相关的三个静态常量如下。

- 低优先级：Thread. MIN_PRIORITY，取值为 1。
- 默认优先级：Thread. NORM_PRIORITY，取值为 5。
- 高优先级：Thread. MAX_PRIORITY，取值为 10。

线程被创建后，其默认的优先级是 Thread. NORM_PRIORITY。可以用 int getPriority()方法来获得线程的优先级，同时也可以用 void setPriority(int p)方法在线程被创建后改变线程的优先级。

3. 线程的调度

在实际应用中，一般不提倡依靠线程优先级来控制线程的状态，Thread 类中提供了关于线程调度控制的方法，如表 12-2 所示，使用这些方法将运行中的线程状态设置为阻塞或就绪，从而控制线程的执行。

表 12-2 线程调度控制的常用方法

线程调度控制的常用方法	用　　途
public static native void sleep(long millis)	使目前正在执行的线程休眠 millis 毫秒
public static void sleep(long millis, int nanos)	使目前正在执行的线程休眠 millis 毫秒加上 nanos 微秒
public final void suspend()	挂起所有该线程组内的线程
public final void resume()	继续执行线程组中所有线程
public static native void yield()	将目前正在执行的线程暂停，允许其他线程执行

1）线程的睡眠

线程的睡眠是指运行中的线程暂时放弃 CPU，转到阻塞状态。通过调用 Thread 类的 sleep()方法可以使线程在规定的时间内睡眠。在设置的时间内线程会自动醒来，这样便可暂缓线程的运行。线程在睡眠时若被中断，将会抛出一个 InterruptedException 异常，因此在使用 sleep()方法时必须捕获 InterruptedException 异常。

在例 12-4 中，利用线程的 sleep()方法实现了每隔 1 秒输出 0～9 十个整数。

【例 12-4】 SleepDemo. java

```
1   class SleepDemo extends Thread{
2     public void run(){
3         for(int i=0;i<10;i++){
4           System.out.println(i);
5           try{
6               sleep(1000);
7           }catch(InterruptedException e){}
8         }
9     }
10    public static void main(String args[]){
11        SleepDemo t=new SleepDemo();
```

```
12        t.start();
13    }
14  }
```

【程序运行结果】

```
0
1
2
3
4
5
6
7
8
9
```

【程序解析】

- 第 1 行代码定义线程 Thread 类的子类 SleepDemo。
- 第 4 行代码循环输出 i 值。
- 第 5～7 行代码将当前线程休眠 1 秒。
- 第 11 行代码创建 SleepDemo 类线程对象。
- 第 12 行代码启动线程 t。

2）线程的让步

与 sleep()方法相似，通过调用 Thread 类提供的 yield()方法暂停当前运行中的线程，使之转入就绪状态，只是不能由用户指定线程暂停时间的长短，同时它把执行的机会转给具有相同或更高优先级别的线程。如果没有其他的相同或跟高优先级别的可运行线程，则 yield ()方法不做任何操作。sleep()方法和 yield()方法都是使处于运行状态的线程放弃 CPU，两者的区别如下。

- sleep()方法是将 CPU 出让给其他任何线程，而 yield()方法只会给优先级更高或同优先级的线程运行的机会。
- sleep()方法使当前运行的线程转到阻塞状态，在指定的时间内肯定不会执行；而 yield()方法将使运行的线程进入就绪状态，所以执行 yield()的线程有可能在进入就绪状态后马上又被执行。

【例 12-5】 YieldDemo. java

```
1  public class YieldDemo{
2    public static void main(String args[]) {
3        MyThread t1=new MyThread("t1");
4        MyThread t2=new MyThread("t2");
5        t1.start();
6        t2.start();
7    }
8  }
9  class MyThread extends Thread{
```

```
10    MyThread(String s) {
11        super(s);
12    }
13    public void run() {
14      for(int i=0; i<5; i++){
15          System.out.println(getName()+": "+i);
16            if(i%2==0)
17                yield();
18      }
19    }
20  }
```

【程序运行结果】

```
t2: 0
t1: 0
t2: 1
t1: 1
t2: 2
t1: 2
t2: 3
t1: 3
t2: 4
t1: 4
```

【程序解析】

在例 12-5 输出结果中，每个线程输出 i 是偶数时，由于使用 yield()语句，则下一个显示可能切换到其他线程。该方法与 sleep()类似，只是不能由用户指定暂停多长时间，因此也有可能使线程马上被执行。如果不用 yield()方法，则显示结果是随机的。

3）线程的挂起与恢复

suspend()方法和 resume()方法：两个方法一般配套使用，suspend()方法使线程进入阻塞状态，并且不会自动恢复，必须使其对应的 resume()方法被调用，才能使线程重新进入可执行状态。典型情况下，suspend()方法和 resume()方法被用在等待另一个线程产生结果的情形：测试发现结果还没有产生后，会让线程阻塞；另一个线程产生了结果后，调用 resume()方法使线程恢复。

但 suspend()方法很容易引起死锁问题，已经不推荐使用了。

4. 线程的同步

在之前编写的多线程程序中，多个线通常是独立运行的，各个线程程序具有自己的独占资源，而且异步执行。即每个线程都包含了运行时自己所需要的数据或方法，而不必去关心其他线程的状态和行为。但是在有些情况下，多个线程需要共享同一资源，如果此时不去考虑线程之间的协调性，就可能造成运行结果的错误。例如，在银行对同一个账户存钱，一方存入相应金额后，账户还未修改账户余额时，另一方也把一定金额存入该账户，因此可能导致所返回的账户余额不正确，例 12-6 模拟了丈夫和妻子分别对一张银行卡存款的过程。

【例 12-6】 ATMDemo1.java

```
1  public class ATMDemo1{
2    public static void main(String[] args){
3      BankAccount visacard=new BankAccount();
4      ATM 丈夫=new ATM("丈夫", visacard, 200);
5      ATM 妻子=new ATM("妻子",   visacard, 300);
6      Thread t1=new Thread(丈夫);
7      Thread t2=new Thread(妻子);
8      System.out.println("当前账户余额为:"+  visacard. getmoney());
9      t1.start();
10     t2.start();
11   }
12 }
13 class ATM implements Runnable{           //模拟 ATM 机或柜台存钱
14     BankAccount card;
15     String name;
16     long m;
17   ATM(String n, BankAccount card, long m){
18     this.name=n;
19     this.card=card;
20     this.m=m;
21   }
22   public void run(){
23       card.save(name, m);                 //调用方法存钱
24       System.out.println(name+"存入 "+m+" 后,账户余额为 "+card. getmoney());
25   }
26 }
27 class BankAccount{
28   static long money=1000;                 //设置账户中的初始金额
29   public void save(String s, long m){    //存钱
30       System.out.println(s+"存入 "+m);
31       long tmpe=money;                    //获得当前账户余额
32       try{                                //模拟存钱所花费的时间
33           Thread.currentThread().sleep(10);
34       } catch(InterruptedException e){}
35       money=tmpe+m;                       //相加之后存回账户
36   }
37   public long getmoney(){                 //获得当前账户余额
38       return money;
39   }
40 }
```

【程序运行结果】

```
当前账户余额为: 1000
丈夫存入 200
妻子存入 300
妻子存入 300 后, 账户余额为 1300
```

```
丈夫存入 200 后，账户余额为 1200
```

【程序解析】

在这个存款程序中，账户的初始余额为 1000 元。丈夫存入 200 元后，存款为 1200 元；而妻子存入 300 元后，账户余额理论上应该为 1500 元；但是结果却显示为 1300 元。

这个结果和实际不符，问题就出在当线程 t1 存钱后，通过程序第 31 行语句获得当前账户余额 1000 元后，立即执行 sleep(10)，因此在还来不及对账户余额进行修改时，线程 t2 执行存钱操作，也通过程序第 31 行语句获得当前账户余额。由于线程 1 未修改余额的值，因此线程 2 获得的余额仍为 1000 元。最后当线程 1 和线程 2 分别继续执行时，均在各自获得余额数目的基础上加上存入的金额数。本例出错的原因就在于，在线程 t1 的执行尚未结束时，money 被线程 t2 读取。

在 Java 中，为了保证多个线程对共享资源操作的一致性和完整性，引入了同步机制。所谓线程同步，即某个线程在一个完整操作的全执行过程中，独享相关资源使其不被侵占，从而避免了多个线程在某段时间内对同一资源的访问。

Java 中可以通过对关键代码段使用关键字 synchronized 来表明被同步的资源，也即给资源加"锁"，这个锁称为互斥锁。当某个资源被 synchronized 关键字修饰时，系统在运行时候会分配给它一个互斥锁，表明该资源在同一时刻只能被一个线程访问。

实现同步的方法有两种。

方法 1：利用同步方法来实现同步

只需要将关键字 synchronized 放置于方法前修饰该方法即可。同步方法是利用互斥锁保证关键字 synchronized 所修饰的方法在被一个线程调用时，则其他试图调用同一实例中该方法的线程都必须等待，直到该方法被调用结束释放互斥锁给下一个等待的线程。

现在对例 12-6 进行一些改动，将 synchronized 放置在 public void save(String s,long m)方法之前，即

```
public synchronized void save(String s, long m)
```

程序运行结果为：

```
当前账户余额为:1000
丈夫存入 200
妻子存入 300
丈夫存入 200 后，账户余额为 1200
妻子存入 300 后，账户余额为 1500
```

方法 2：利用同步代码块来实现同步

为了实现线程的同步，也可以将对共享受资源操作的代码块放入一个同步代码块中。同步代码块的语法形式如下：

```
返回类型 方法名(形参数数)
{
```

```
        synchronized(Object)
      {
         //关键代码
      }
}
```

同步代码块的方法也是利用互斥锁来实现对共享资源的有序操作，其中 Object 是需要同步的对象的引用。下面利用同步代码块对例 12-6 进行修改，运行结果同上。

```
public void save(String s, long m){
    synchronized(this){
    System.out.println(s+"存入 "+m);
    long tmpe=money;
    try{
       Thread.currentThread().sleep(10);
    } catch(InterruptedException e)    {}
       money=tmpe+m;
    }
}
```

12.3 任务实施

我们将考试系统中的倒计时功能从原考试系统中分离，并做了部分修改，将其完善成为一个独立的应用程序。如图 12-4 和图 12-5 所示，当单击“开始考试”按钮后，计时系统开始运作，运行期间可以单击“结束考试”按钮终止计时。当考试时间结束，将弹出对话框提示，再单击“确定”按钮退出系统，如图 12-6 所示。

图 12-4　倒计时界面

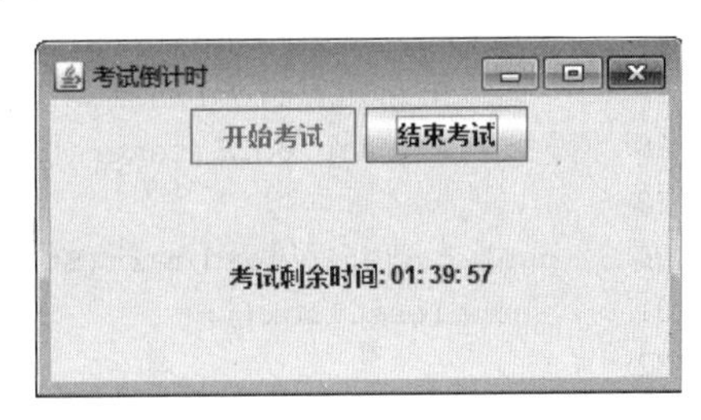

图 12-5　倒计时开始计时

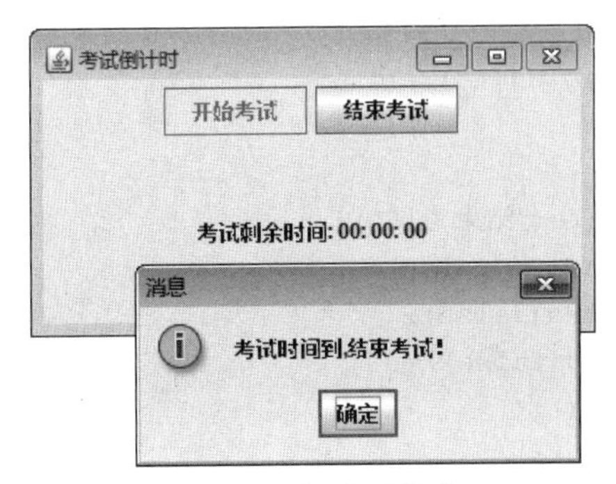

图 12-6　倒计时结束

【例 12-7】 TestClock.java

```
1   import java.text.NumberFormat;
2   import java.awt.event.*;
3   import javax.swing.*;
4   public class TestClock implements ActionListener {
5     JFrame jf;
6     JButton begin;
7     JButton end;
8     JPanel p1;
9     JLabel clock;
10    ClockDispaly mt;
11    public TestClock(){
12      jf=new JFrame("考试倒计时");
13      begin=new JButton("开始考试");
14      end=new JButton("结束考试");
15      p1=new JPanel();
16      JLabel clock=new JLabel();
17      clock.setHorizontalAlignment(JLabel.CENTER);
18      p1.add(begin);
19      p1.add(end);
20      jf.add(p1,"North");
21      jf.add(clock,"Center");
22      jf.setSize(340,180);
23      jf.setLocation(500,300);
24      jf.setDefaultCloseOperation(JFrame.EXIT_ON_CLOSE);
25      jf.setVisible(true);
26      mt=new ClockDispaly(clock,100);
27      begin.addActionListener(this);
28      end.addActionListener(this);
29    }
30    public static void main(String[] args){
31      new TestClock();
32    }
33    public void actionPerformed(ActionEvent e){
34      String s=e.getActionCommand();
35      if(s.equals("开始考试")){
36        begin.setEnabled(false);
37        mt.start();
38      }
39      else if(s.equals("结束考试")){
40        begin.setEnabled(false);
41        end.setEnabled(false);
42        p1.setEnabled(false);
43        mt.interrupt();
44        System.exit(0);
45      }
```

```
46     }
47   }
48   class ClockDispaly extends Thread{
49     private JLabel lefttimer;
50     private int testtime;
51     public ClockDispaly(JLabel lt,int time){
52     lefttimer=lt;
53     testtime=time * 60;
54   }
55   public void run(){
56     NumberFormat f=NumberFormat.getInstance();
57     f.setMinimumIntegerDigits(2);
58     int h,m,s;
59     while(testtime>=0) {
60     h=testtime/3600;
61     m=testtime %3600/60;
62     s=testtime %60;
63     StringBuffer sb=new StringBuffer("");
64     sb.append("考试剩余时间: "+f.format(h)+": "+f.format(m)+": "+f.format(s));
65     lefttimer.setText(sb.toString());
66     try{
67       Thread.sleep(1000);
68     }catch(Exception ex) { }
69           testtime=testtime-1;
70     }
71     JOptionPane.showMessageDialog(null,"\t 考试时间到,结束考试!");
72     System.exit(0);
73     }
74   }
```

【程序解析】

- 第 1 行代码中的 NumberFormat 类是所有数字格式的抽象基类。此类提供了格式化和分析数字的接口。NumberFormat 类还提供了一些方法,用于确定哪些语言环境具有数字格式,以及它们的名称是什么。具体可以参见 Java API 文档。在本程序中是利用 NumberFormat 类提供的方法来控制时间格式的显示。
- 第 4 行代码定义类 TestClock 来实现 ActionListener 接口。
- 第 27 行代码设置考试时间位为 100 分钟。
- 第 38 行代码启动倒计时线程。
- 第 44 行代码终止线程。
- 第 49 行代码定义 ClockDispaly 类继承自 Thread 类,用于倒计时。
- 第 57 行代码返回当前默认语言环境的通用数字格式。
- 第 58 行代码返回整数部分允许显示的最小整数位数。
- 第 61～63 行代码定义时、分、秒。
- 第 67～69 行代码每秒刷新时间显示。

自　测　题

一、选择题

1. 下列关于Java线程的说法正确的是(　　)。
   A. 每一个Java线程可以看成由代码、一个真实的CPU以及数据3部分组成
   B. 创建线程有两种方法,从Thread类中继承的创建方法可以防止出现多父类问题
   C. Thread类属于java.util程序包
   D. 以上说法无一正确
2. 可以对对象加互斥锁的关键字是(　　)。
   A. transient　　B. synchronized　　C. serialize　　D. static
3. 下列可用于创建一个可运行的类的方法是(　　)。
   A. public class X implements Runable { public void run() {...} }
   B. public class X implements Thread { public void run() {...} }
   C. public class X implements Thread { public int run() {...} }
   D. public class X implements Runable { protected void run() {...} }
4. 下面不会直接引起线程停止执行的选项是(　　)。
   A. 从一个同步语句块中退出来
   B. 调用一个对象的wait()方法
   C. 调用一个输入流对象的read()方法
   D. 调用一个线程对象的setPriority()方法
5. 使当前线程进入阻塞状态,直到被唤醒的方法是(　　)。
   A. resume()　　B. wait()　　C. suspend()　　D. notify()
6. 下列可以使线程从运行状态进入其他阻塞状态的方法(　　)。
   A. sleep()　　B. wait()　　C. yield()　　D. start()
7. Java中的线程模型包含(　　)。
   A. 一个虚拟处理机　　B. CPU执行的代码
   C. 代码操作的数据　　D. 以上都是
8. 关于线程组,以下说法错误的是(　　)。
   A. 在应用程序中线程可以独立存在,不一定要属于某个线程
   B. 一个线程只能创建时设置其线程组
   C. 线程组由java.lang包中的ThreadGroup类实现
   D. 线程组使一组线程可以作为一个对象进行统一处理或维护
9. 以下不属于Thread类提供的线程控制方法是(　　)。
   A. break()　　B. sleep()　　C. yield()　　D. join()

10. 下列关于线程的说法正确的是(　　)。

A. 线程就是进程

B. 线程在操作系统出现后就产生了

C. Soloris 是支持线程的操作系统

D. 在单处理器和多处理器上多个线程不可以并发执行

二、填空题

1. 线程模型在 Java 中是由________类进行定义和描述的。

2. 多线程是 Java 程序的________机制,它能共享同步数据,处理不同事件。

3. Java 的线程调度策略是一种基于优先级________。

4. 在 Java 中,新建的线程调用 start()方法,将使线程的状态从 New(新建状态)转换为________。

5. 按照线程的模型,一个具体的线程是由虚拟的 CPU、代码与数据组成,其中代码与数据构成了________,现成的行为由它决定。

6. Thread 类的方法中,toString()方法的作用是________。

7. 线程是一个________级的实体,线程结构驻留在用户空间中,能够被普通的相应级别的方法直接访问。

8. Thread 类中表示最高优先级的常量是________,而表示最低优先级的常量是________。

9. 线程的生命周期包括新建状态、________、________和终止状态。

10. 在 Java 语言中临界区使用关键字________标识。

拓 展 实 践

【实践 12-1】 调试并修改以下程序,使其正确运行。

```
class Ex12_1 extends Thread{
  public static void main(String[] args){
    Ex11_1 t=new Ex11_1();
       t.start();
       t.start();
  }
  public void run(){
     System.out.println("test");
     sleep(1000);
  }
}
```

【实践 12-2】 下列程序通过设定线程的优先级,抢占主线程的 CPU。选择正确的语句填入横线处。其中 t 是主线程,t1 是实现了 Runnable 接口的类的实例;t2 是创建的线程,通过设置优先级使 t1 抢占主线程 t 的 CPU。

```
class T1 implements Runnable {
  private boolean f=true;
  public void run(){
  while(f){
     System.out.println(Thread.currentThread().getName()+"num");
     try{
           ______【代码 1】______;           //线程睡眠 1 秒
        }
        catch(Exception e){
        ______【代码 2】______;           //输出错误的追踪信息
        }
     }
  }
  public void stopRun(){
    f=false;
  }
}
public class Ex12_2{
  public static void main(String[] args){
    ______【代码 3】______;              //创建 t1 时实现了 Runnable 接口的类的实例
    Thread t2=new Thread(t1,"T1");
    ______【代码 4】______;              //创建 t 时实现了主线程
    ______【代码 5】______;              //设置主线程 t 的优先级最低
    t2.start();
    t1.stopRun();
    System.out.println("stop");
  }
}
```

【实践 12-3】 利用多线程的同步,模拟火车票的预订程序。对于编号为“20140730”的车票,创建两个订票系统的订票过程,其中定义一个变量 tnum 为票的张数 1,当该车票被预订后则该变量值为 0,通过 sleep()方法模拟网络延迟。

任务 13　设计考试功能模块

学习目标

本任务主要完成对考试系统中考试功能模块完善，内容除了新增关于菜单及其事件处理、工具栏和滚动面板以外，实际上是对先前所学 GUI 程序设计的一个综合应用。通过本任务的学习，最终将一个单机版的考试系统进行完善。应掌握以下内容：

- 掌握菜单的设计中 JMenuBar、JMenu、JMenuItem 的创建。
- 掌握菜单相关事件的处理。
- 了解工具栏 JToolBar 的使用。
- 了解滚动面板 JScrollPane 的使用。

13.1　任务描述

本部分的学习任务是设计考试功能模块。

当考生输入正确的用户口名和密码后，进入的是图 13-1(a)所示的考试界面一。其中菜单栏包括“工具”“帮助”“退出”三项。“工具”中仅含一个“计算器”，如图 13-1(b)所示。“帮助”菜单下包括“版本”和“关于”命令，如图 13-1(c)所示。

选择“退出”菜单，可以退出考试系统。

单击“开始考试”按钮，时钟开始倒计时，同时在界面上显示第一题，通过单击“上一题”“下一题”按钮可以显示其他试题。若当前已经是最后一题，再单击“下一题”按钮，系统将显示提示，如图 13-1(e)所示。单击“提交试卷”按钮后，屏幕上将显示此次考试的成绩，如图 13-1(f)所示。

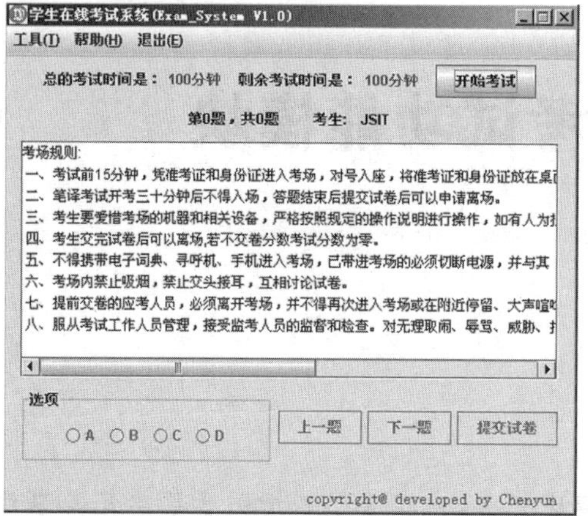

(a) 考试界面一

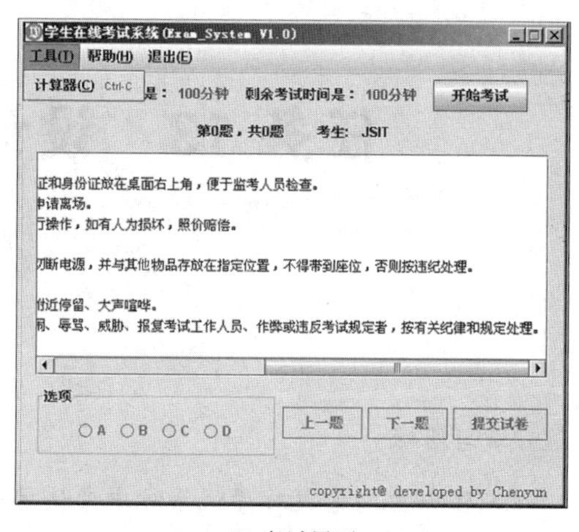

(b) 考试界面二

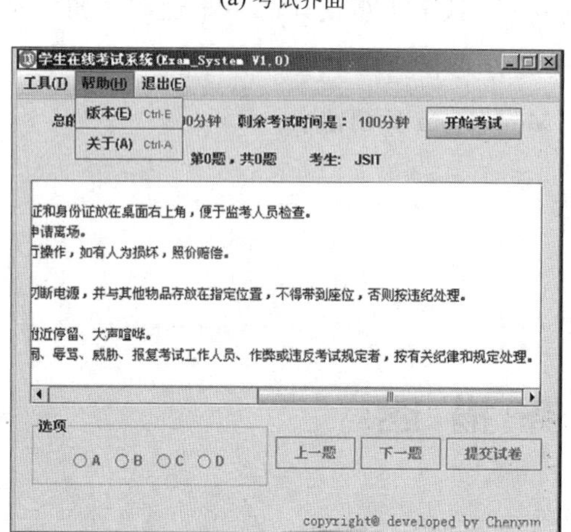

(c) 考试界面三

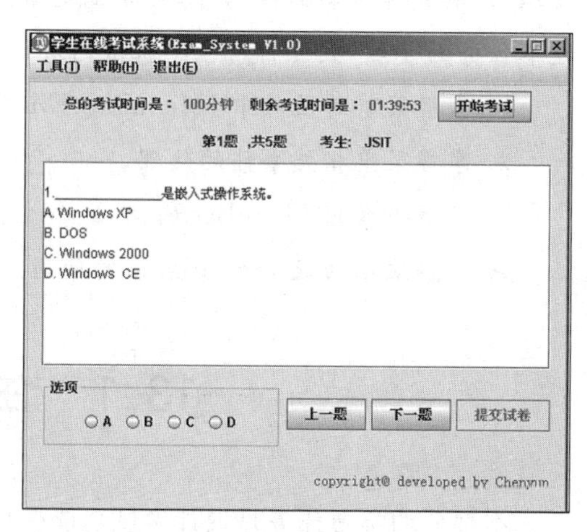

(d) 考试界面四

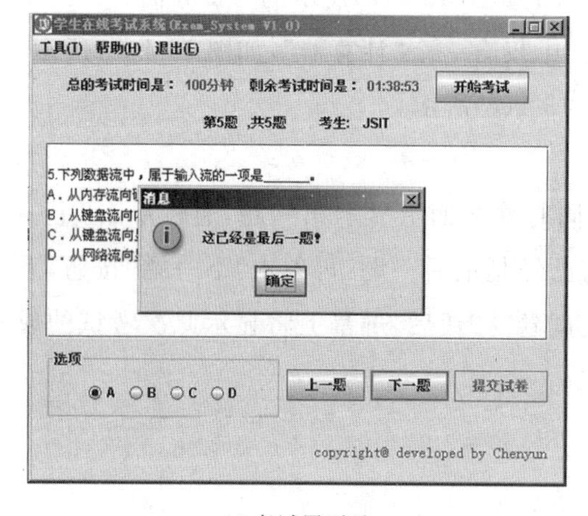

(e) 考试界面五

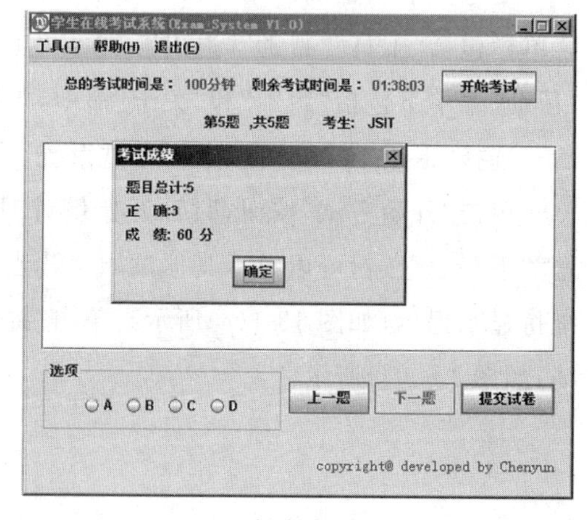

(f) 考试界面六

图 13-1 考试界面

13.2 技术要点

13.2.1 菜单

在实际应用中,菜单作为图形用户界面的常用组件,为用户操作软件提供了更大的便捷,有效地提高了工作效率。菜单与其他组件不同,无法直接添加到容器的某一位置,也无法用布局管理器对其加以控制,菜单通常出现在应用软件的顶层窗口中。在 Java 应用程序中,一个完整的菜单是由菜单栏、菜单和菜单项组成。如图 13-2 所示,Java 提供了四个实现菜单的类: JMenuBar、JMenuItem、JCheckBoxMenuItem、JRadioButtonMenuItem。

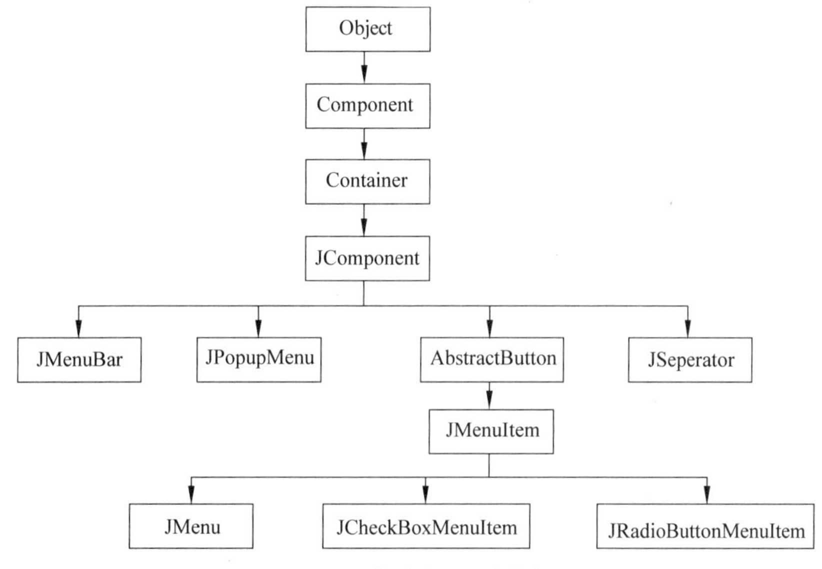

图 13-2 菜单类的层次结构

创建菜单的具体步骤如下: 首先创建菜单栏,并将其与指定主窗口关联;创建菜单(JMenu)以及子菜单并将其添加到指定菜单栏;创建菜单项,并将菜单项加入子菜单或菜单中。

1. 菜单栏(JMenuBar 类)

用于创建菜单栏的 JMenuBar 类中包含一个默认的构造函数和多个常用方法,如表 13-1 所示。

表 13-1 JMenuBar 类的常用构造函数及方法

常用构造函数及方法	用 途
public JMenuBar()	创建 JMenuBar 对象
public JMenu add(JMenu m)	将 JMenu 对象 m 加到 JMenuBar 中

续表

常用构造函数及方法	用　　途
public JMenu getMenu(int i)	取得指定位置的 JMenu 对象
public int getMenuCount()	取得 JMenuBar 中 JMenu 对象的总数
public void remove(int index)	删除指定位置的 JMenu 对象
public void remove(JMenuComponent m)	删除 JMenuComponent 对象 m

菜单栏对象创建好后，可以通过 JFrame 类的 setJMenuBar()方法将其添加到顶层窗口 JFrame 中，效果如图 13-3 所示，代码如下。

图 13-3　菜单示例一

```
JFrame fr=new JFrame();
JMenuBar bar=new JMenuBar();
//添加菜单栏到指定窗口
fr.setJMenuBar(bar);
```

2. 菜单(JMenu 类)

创建好菜单栏后，我们接着需使用创建菜单的 JMenu 类。JMenu 类的构造函数及常用方法如表 13-2 所示。

表 13-2　JMenu 类的常用构造函数及方法

常用构造函数及方法	用　　途
public JMenu()	创建 JMenu 对象
Public JMenu(String label)	创建标题为 label 的 JMenu 对象
public JMenuItem add(JMenuItem mi)	将某个菜单项 m 追加到此菜单的末尾
public void add(String label)	添加标题为 label 的菜单项到 JMenu 中
public void addSeparator()	将分隔符追加到菜单的末尾
public　JMenuItem getItem(int index)	返回指定位置的 JMenuItem 对象
public int getItemCount()	返回目前的 JMenu 对象里 JMenuItme 的总数
public void insert(JMenuItem mi,int index)	在 index 位置插入 JMenuItem 对象 mi
public void insert(String label. int index)	在 index 位置增加标题为 label 的 JMenu 对象
public void insertSeparator(int index)	在 index 位置增加一行分隔线
public void remove(int index)	删除 index 位置的 JMenuItem 对象
public void removeAll()	删除 JMenu 中所有的 JMenuItem 对象

例如，图 13-3 中的“文件”“格式”菜单的菜单命令定义如下：

```
JMenu fileMenu=new JMenu("文件");
JMenu formatMenu=new JMenu("格式");
```

```
bar.add(fileMenu);
bar.add(editMenu);
```

JMenu 是可以连接到 JMenuBar 对象或者其他 JMenu 对象上的菜单。直接添加到 JMenuBar 上的菜单叫作顶层菜单，连接到其他 JMenu 对象上的菜单称为子菜单。典型的非顶层 JMenu 都有右箭头标记，表明当用户选择该 JMenu 时，在 JMenu 旁还会弹出子菜单，如图 13-4 和图 13-5 所示。

图 13-4　菜单示例二

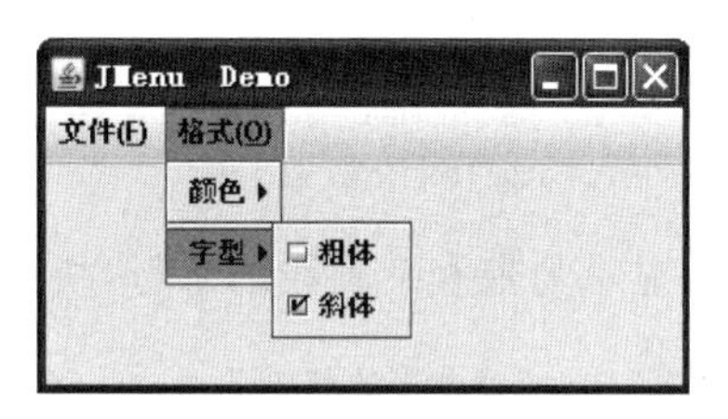

图 13-5　菜单示例三

3. 菜单项(JMenuItem 类)

菜单项通常代表一个菜单命令，由 JMenuItem 类创建。如图 13-2 所示，JMenuItem 类是直接继承了 AbstractButton 类，因此具有 AbstractButton 类的许多特性，与 JButton 类非常类似。例如，当我们选择某个菜单项时，就如同单击按钮触发 ActiveEvent 事件。

JMenuItem 类的构造函数及常用方法如表 13-3 所示。

表 13-3　JMenuItem 类的构造函数及常用方法

常用构造函数及方法	用　　途
public JMenuItem()	创建一个空白的 JMenuItem 对象
public JMenuItem(String label)	创建标题为 label 的 JMenuItem 对象
public JMenuItem(Icon icon)	创建带有指定图标的 JMenuItem 对象
public JMenuItem(String text,Icon icon)	创建带有指定文本和图标的 JMenuItem 对象
public JMenuItem(String text,int mnemonic)	创建带有指定文本和键盘快捷键的 JMenuItem 对象
public String getLabel()	获得 MenuItem 的标题
public boolean isEnabled()	判断 MenuItem 是否可以使用
public void setEnabled(boolean b)	设置 MenuItem 可以使用
public void setLabel(String label)	设置 MenuItem 的标题为 label

例如，要创建如图 13-6 所示的菜单项，代码如下。

```
JMenuItem newItem, exitItem;
newItem=new JMenuItem("新建");
exitItem=new JMenuItem("退出");
fileMenu.add(newItem);
fileMenu.add exitItem);
```

图 13-6　菜单示例四

1）分隔线、热键和快捷键

Java通过提供分隔线、热键和快捷键等功能，为用户的操作带来了便利。分隔线通常用于对同一菜单下的菜单项进行分组，使菜单功能的显示更加清晰。JMenuItem类中提供了addSeparator()方法以创建分隔线。

例如：

```
JMenu fileMenu=new JMenu();
fileMenu.add(newItem);
fileMenu. addSeparator();  //在“新建”和“退出”菜单项之间加分隔线
fileMenu.add(exitItem);
```

热键显示为带有下画线的字母，快捷键则显示为菜单项旁边的组合键，例如：

```
//设置“文件”菜单项的热键为F
fileMenu=new JMenu("文件(F)");
fileMenu.setMnemonic('F');
//设置“格式”菜单项的热键为O
formatMenu=new JMenu("格式(O)");
formatMenu.setMnemonic('O');
//设置“新建”菜单项的快捷键为Ctrl+N
newItem.setAccelerator(KeyStroke.getKeyStroke(KeyEvent.VK_N, InputEvent.
CTRL_MASK));
//设置“退出”菜单项的快捷键为Ctrl+E
exitItem.setAccelerator(KeyStroke.getKeyStroke(KeyEvent.VK_E, InputEvent.
CTRL_MASK));
```

2）单选按钮菜单项(JRadioButtonMenuItem类)

菜单项中的单选按钮是由JRadioButtonMenuItem类创建的，在菜单项中实现多选一。单击选定的单选按钮，不会改变其状态；单击未选定的单选按钮时，将取消选定相应的单选按钮。

例如，图13-4对应的关键代码如下。

```
JMenu formatMenu=new JMenu();
String colors[]={"黑色", "蓝色", "红色"};
JMenuItem colorMenu=new JMenu("颜色");
    JRadioButtonMenuItem colorItems=new JRadioButtonMenuItem[colors.length];
    ButtonGroup colorGroup=new ButtonGroup();
    for(int count=0; count<colors.length; count++) {
        colorItems[ count ]=new JRadioButtonMenuItem(colors[ count ]);
        colorMenu.add(colorItems[ count ]);
        colorGroup.add(colorItems[ count ]);
    }
formatMenu.add(colorMenu);
```

3）复选框菜单项(JCheckBoxMenuItem类)

菜单项中的复选框是由JCheckBoxMenuItem类创建的，单击并释放JCheckBoxMenuItem时，菜单项的状态会变为选定或取消选定。

例如，图 13-3 对应的关键代码如下。

```
JMenu formatMenu=new JMenu();
JMenu fontMenu=new JMenu("字型");
fontMenu.add(new JCheckBoxMenuItem("粗体"));
fontMenu.add(new JCheckBoxMenuItem("斜体"));
formatMenu.add(fontMenu);
```

13.2.2　菜单的事件处理

菜单的设计看似复杂，但它却只会触发最简单的事件——ActionEvent。因此当我们选择了某个 JMenuItem 类的对象时便触发了 ActionEvent 事件。在例 13-1 中，当用户选择“新建”菜单项时，系统将弹出对话框；选择“退出”菜单项时，系统将退出。程序运行效果如图 13-7 所示。

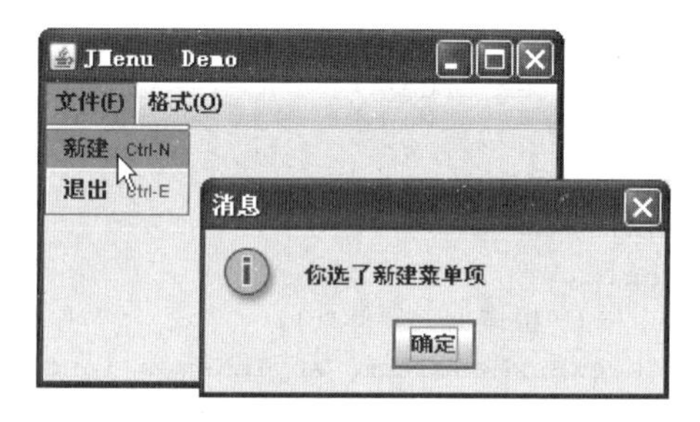

图 13-7　菜单示例五

【例 13-1】 JMenuDemo.java

```
1   import java.awt.*;
2   import java.awt.event.*;
3   import javax.swing.*;
4   public class JMenuDemo extends JFrame implements ActionListener{
5   private JMenu fileMenu,formatMenu, colorMenu,fontMenu;
6   private JMenuItem newItem,exitItem;
7   private JRadioButtonMenuItem colorItems[];
8   private JCheckBoxMenuItem styleItems[];
9   private ButtonGroup colorGroup;
10  public JMenuDemo(){
11  super("JMenus Demo");
12  fileMenu=new JMenu("文件(F)");
13  fileMenu.setMnemonic('F');
14  newItem=new JMenuItem("新建");
15  newItem.setAccelerator(KeyStroke.getKeyStroke(KeyEvent.VK_N,
    InputEvent.CTRL_MASK));
16  newItem.addActionListener(this);
17  fileMenu.add(newItem);
18  exitItem=new JMenuItem("退出");
19  exitItem.setAccelerator(KeyStroke.getKeyStroke(KeyEvent.VK_E,
```

```
        InputEvent.CTRL_MASK));
20      exitItem.addActionListener(this);
21      fileMenu.add(exitItem);
22      JMenuBar bar=new JMenuBar();
23      setJMenuBar(bar);
24      bar.add(fileMenu);
25      formatMenu=new JMenu("格式(O)");
26      formatMenu.setMnemonic('O');
27      String colors[]={ "黑色", "蓝色", "红色"};
28      colorMenu=new JMenu("颜色");
29      colorMenu.setMnemonic('C');
30      colorItems=new JRadioButtonMenuItem[ colors.length ];
31      colorGroup=new ButtonGroup();
32      for(int count=0; count<colors.length; count++) {
33          colorItems[ count ]=new JRadioButtonMenuItem(colors[ count ]);
34          colorMenu.add(colorItems[ count ]);
35          colorGroup.add(colorItems[ count ]);
36      }
37      colorItems[0].setSelected(true);
38      formatMenu.add(colorMenu);
39      formatMenu.addSeparator();
40      fontMenu=new JMenu("字型");
41      fontMenu.setMnemonic('n');
42      String styleNames[]={ "粗体", "斜体" };
43      styleItems=new JCheckBoxMenuItem[ styleNames.length ];
44      for(int count=0; count<styleNames.length; count++) {
45          styleItems[count]=new JCheckBoxMenuItem(styleNames[count]);
46          fontMenu.add(styleItems[ count ]);
47      }
48      formatMenu.add(fontMenu);
49      bar.add(formatMenu);
50      setSize(300, 200);
51      setVisible(true);
52      }
53      public void actionPerformed(ActionEvent event){
54        if(event.getSource()==newItem)
55          JOptionPane.showMessageDialog(null,"你选了"+newItem.getText()+"菜单项");}
56        if(event.getSource()==exitItem)
57          System.exit(0);}
58      }
59      public static void main(String args[]){
60          JMenuDemo application=new JMenuDemo();
61        }
62      }
```

【程序运行结果】

效果如图 13-7 所示。

【程序解析】

- 第 4 行代码定义了 JMenuDemo 类，该类继承自 JFrameleu 并实现了 ActionListener

接口。
- 第 13、26、29、41 行代码用于设置热键。
- 第 15 行代码用于设置快捷键。
- 第 16、20 行代码注册动作事件监听器。
- 第 32～36 行代码创建单选按钮菜单项并添加到菜单中。
- 第 44～47 行代码创建复选框菜单项并添加到菜单中。
- 第 53 行代码实现动作事件的处理。

13.2.3　工具栏(JToolBar 类)

JToolBar 类继承自 JComponent 类,可以用于建立窗口的工具栏按钮。它也属于一组容器,在创建 JToolBar 对象后,就可以将 GUI 组件放置其中,如图 13-8 所示。

首先创建 JToolBar 组件,使用 add()方法新增 GUI 组件。最后只需将 JToolBar 整体看成一个组件,新增到顶层容器即可。

图 13-8　JToolBar 运行效果

【例 13-2】　JToolBarDemo.java

```
1   import javax.swing.*;
2   import java.awt.*;
3   import java.awt.event.*;
4   public class JToolBarDemo extends JFrame implements ActionListener{
5     private JButton red,green,yellow;
6     private JToolBar toolBar;
7     private Container c;
8     public JToolBarDemo(){
9       super("JToolBar Demo");
10      c=this.getContentPane();
11      c.setBackground(Color.white);
12      toolBar=new JToolBar();
13      red=new JButton("红色");
14      red.addActionListener(this);
15      green=new JButton("绿色");
16      green.setToolTipText("绿色");
17      green.addActionListener(this);
18      yellow=new JButton("黄色");
19      yellow.setToolTipText("黄色");
20      yellow.addActionListener(this);
21      toolBar.add(red);
22      toolBar.add(green);
23      toolBar.add(yellow);
24      this.add(toolBar, BorderLayout.NORTH);
25      this.setSize(250,200);
26      this.setVisible(true);
27    }
```

```
28    public void actionPerformed(ActionEvent e){
29        if(e.getSource()==red)
30          c.setBackground(Color.red);
31        if(e.getSource()==green)
32          c.setBackground(Color.green);
33        if(e.getSource()==yellow)
34          c.setBackground(Color.yellow);
35    }
36    public static void main(String[] args){
37      new JToolBarDemo();
38    }
39  }
```

【程序运行结果】

如图 13-8 所示。

【程序解析】

- 第 4 行代码定义了 JMenuDemo 类,该类继承自 JFrameleu 类并实现了 ActionListener 接口。
- 第 11 行代码设置背景颜色是白色。
- 第 14、17、20 行代码注册动作事件监听器。
- 第 21～23 行代码将按钮添加到工具栏上。
- 第 28 行代码实现动作事件的处理。

13.2.4 滚动面板(JScrollPane 类)

滚动面板是带有滚动条的面板。滚动面板可以看作一个特殊的容器,只可以添加一个组件。在默认情况下,只有当组件内容超出面板时才会显示滚动条。

JTextArea 和 JList 等组件本身不带滚动条,如果需要,可以将其放到相应的滚动面板中。

表 13-4 JScrollPane 类的构造函数

常用构造函数	用　途
public JScrollPane()	创建一个空的 JScrollPane 对象
public JScrollPane(Component view)	创建一个新的 JScrollPane 对象,当组件内容大于显示区域时会自动产生滚动条
public JScrollPane(Component view,int vsbPolicy, int hsbPllicy)	创建一个新 JScrollPane 对象,指定显示的组件,可使用一对滚动条
public JScrollPane(int vsbPolicy,int hsbPolicy)	创建一个具有一对滚动条的空 JScrollPane 对象

其中滚动条显示方式 vsbPolicy 和 hsbPolicy 的值可使用下面的静态常量来进行设置,这些参数是在 ScrollPaneConstants 接口中定义。

- HORIZONTAL_SCROLLBAR_ALAWAYS: 显示水平滚动条。

- HORIZONTAL_SCROLLBAR_AS_NEEDED：当组件内容水平区域大于显示区域时出现水平滚动条。
- HORIZONTAL_SCROLLBAR_NEVER：不显示水平滚动条。
- VERTICAL_SCROLLBAR_ALWAYS：显示垂直滚动条。
- VERTICAL_SCROLLBAR_AS_NEEDED：当组件内容垂直区域大于显示区域时出现垂直滚动条。
- VERTICAL_SCROLLBAR_NEVER：不显示垂直滚动条。

图 13-9 在 JLabel 组件中显示图片，由于图片尺寸比 JLabel 组件大，因此通过定义一个 JScrollPane 容器，利用滚动条可以查看整幅图片。程序代码参见例 13-3。

图 13-9　JScrollPane 运行效果

【例 13-3】 JScrollpaneDemo. java

```
1   import java.awt.*;
2   import java.awt.event.*;
3   import javax.swing.*;
4   public class JScrollpaneDemo extends JFrame{
5      JScrollPane scrollPane;
6      public JScrollpaneDemo(String title){
7       super(title);
8       JLabel label=new JLabel(new ImageIcon("flower.jpg"));
9       scrollPane=new JScrollPane(label,JScrollPane.VERTICAL_SCROLLBAR_
        ALWAYS,JScrollPane.HORIZONTAL_SCROLLBAR_ALWAYS);
10      this.add(scrollPane);
11      this.setSize(350,300);
12      this.setVisible(true);
13    }
14    public static void main(String[] args){
15      new JScrollpaneDemo("JScrollpaneDemo");
16    }
17  }
```

【程序运行结果】

如图 13-9 所示。

【程序解析】

- 第 8 行代码定义 JLabel 组件用于显示图片。
- 第 9 行代码创建滚动面板对象 JScrollPane,并设置好相关参数,显示水平和垂直滚动条,建立标签组件和滚动面板的关联。
- 第 10 行代码将滚动面板添加到当前窗口。

13.3 任务实施

例 13-4 中的代码实现了考试模块中的主要功能。

【例 13-4】 Test_GUI.java

```
1    import java.awt.*;
2    import java.awt.event.*;
3    import java.io.*;
4    import java.text.NumberFormat;
5    import java.util.Vector;
6    import javax.swing.*;
7    import javax.swing.border.Border;
8    public class Test_GUI{
9      public static void main(String[] args){
10        new Test_GUI("NIIT");
11     }
12     public Test_GUI(String name){
13        TestFrame tf=new TestFrame(name);
14        tf.setDefaultCloseOperation(JFrame.EXIT_ON_CLOSE);
15        tf.setVisible(true);
16     }
17  }
18     //框架类
19     class TestFrame extends JFrame{
20       private static final long serialVersionUID=1L;
21       private Toolkit tool;
22       private JMenuBar mb;
23       private JMenu menutool,menuhelp,menuexit;
24       private JMenuItem calculator,edition,about;
25       private JDialog help;
26       public TestFrame(String name){
27         setTitle("学生在线考试系统(Exam_System V1.0);
28         tool=Toolkit.getDefaultToolkit();
29         Dimension ds=tool.getScreenSize();
30         int w=ds.width;
31         int h=ds.height;
32         setBounds((w-500)/2,(h-430)/2, 500, 450);
33         //设置窗体图标
```

```
34        Image image=tool.getImage(Test_GUI.class.getResource("tubiao.jpg"));
35        setIconImage(image);
36        setResizable(false);
37        //---------------菜单条的设置---------------------
38        mb=new JMenuBar();
39        setJMenuBar(mb);
40        menutool=new JMenu("工具(T)");
41        menuhelp=new JMenu("帮助(H)");
42        menuexit=new JMenu("退出(E)");
43        //设置助记符
44        menutool.setMnemonic('T');
45        menuhelp.setMnemonic('H');
46        menuexit.setMnemonic('E');
47        mb.add(menutool);
48        mb.add(menuhelp);
49        mb.add(menuexit);
50        calculator=new JMenuItem("计算器(C)",'C');
51        edition=new JMenuItem("版本(E)",'E');
52        about=new JMenuItem("关于(A)",'H');
53        menutool.add(calculator);
54        menuhelp.add(edition);
55        //添加分隔线
56        menuhelp.addSeparator();
57        menuhelp.add(about);
58        //设置快捷键
59        calculator.setAccelerator(KeyStroke.getKeyStroke(KeyEvent.VK_C,
          InputEvent.CTRL_MASK));
60        edition.setAccelerator(KeyStroke.getKeyStroke(KeyEvent.VK_E,
          InputEvent.CTRL_MASK));
61        about.setAccelerator(KeyStroke.getKeyStroke(KeyEvent.VK_A,
          InputEvent.CTRL_MASK));
62        BorderLayout bl=new BorderLayout();
63        setLayout(bl);
64        TestPanel tp=new TestPanel(name);
65        add(tp,BorderLayout.CENTER);
66        //----------匿名内部类添加事件------------
67        calculator.addActionListener(new ActionListener() {
68          public void actionPerformed(ActionEvent arg0)     {
69            new Calulator();
70          }
71        });
72        edition.addActionListener(new ActionListener(){
73          public void actionPerformed(ActionEvent arg0){
74            JOptionPane.showMessageDialog(null,"单机版 Exam_System V1.0",
            "版本信息",JOptionPane.PLAIN_MESSAGE);
75          }
76        });
77        about.addActionListener(new ActionListener(){
78          public void actionPerformed(ActionEvent arg0){
```

```
79            help=new JDialog(new JFrame());
80            JPanel panel=new JPanel();
81            JTextArea helparea=new JTextArea(14,25);
82            helparea.setText("本书以学生考试系统的项目开发贯穿全书。"+
83                           "\n系统的开发分为三个版本："+"\n
                                1.单机版 Exam_System V1.0"+"\n
                                2.C/S版 Exam_System V1.1"+
84                           "\n    3.B/S版  Exam_System V1.3");
85            helparea.setEditable(false);
86            JScrollPane sp=new JScrollPane(helparea);
87            panel.add(sp);
88            help.setTitle("帮助信息");
89            help.add(panel,"Center");
90            help.setBounds(350,200,300,300);
91            help.setVisible(true);
92          }
93        });
94        menuexit.addMouseListener(new MouseListener(){
95          public void mouseClicked(MouseEvent arg0){
96            int temp=JOptionPane.showConfirmDialog(null, "您确认要退出系统
              吗?", "确认对话框",
97                JOptionPane.YES_NO_OPTION);
98             if(temp==JOptionPane.YES_OPTION){
99                System.exit(0);
100             }
101             else if(temp==JOptionPane.NO_OPTION){
102                return;
103             }
104          }
105          public void mouseEntered(MouseEvent arg0) {}
106          public void mouseExited(MouseEvent arg0){}
107          public void mousePressed(MouseEvent arg0){}
108          public void mouseReleased(MouseEvent arg0){}
109        });
110      }
111    }
112      //容器类
113    class TestPanel extends JPanel implements ActionListener{
114      private JLabel totaltime,lifttime,ttimeshow,ltimeshow,textinfo,userinfo;
115      private JLabel copyright;        //版权信息标签
116      private JButton starttest,back,next,commit;
117      private JTextArea area;
118      private JRadioButton rbtna,rbtnb,rbtnc,rbtnd;
119      private String totaltimer="",lifttimer="",username="";
120      private int i=0,n=0;
121      private Box box,box1,box2,box3,box4,box5;
122      private Testquestion[] question;
123      private ClockDisplay clock;
```

```
124     private int index=0;
125     private int time=0;
126     public TestPanel(String name){
127       username=name;
128       totaltimer="00:00:00";
129       lifttimer="00:00:00";
130       totaltime=new JLabel("总的考试时间是：");
131       lifttime=new JLabel("剩余考试时间是：");
132       ttimeshow=new JLabel(totaltimer);
133       ttimeshow.setForeground(Color.RED);
134       ltimeshow=new JLabel(lifttimer);
135       ltimeshow.setForeground(Color.RED);
136       textinfo=new JLabel("第"+i+"题"+",共"+n+"题");
137       userinfo=new JLabel("考生：    "+username);
138       copyright=new JLabel();
139       copyright.setHorizontalAlignment(JLabel.RIGHT);
140       copyright.setFont(new Font("宋体",Font.PLAIN,14));
141       copyright.setForeground(Color.GRAY);
142       copyright.setText("copyright@  developed by cy");
143       starttest=new JButton("开始考试");
144       back=new JButton("上一题");
145       back.setEnabled(false);
146       next=new JButton("下一题");
147       next.setEnabled(false);
148       commit=new JButton("提交试卷");
149       commit.setEnabled(false);
150       area=new JTextArea(10,10);
151       area.setText("考场规则:\n "+
152           "一、考试前 15 分钟,凭准考证和身份证进入考场,对号入座,将准考证和身
              份证放在桌面右上角,便于监考人员检查。\n "+
153           "二、笔译考试开考三十分钟后不得入场,答题结束后提交试卷后可以申请离
              场。\n "+
154           "三、考生要爱惜考场的机器和相关设备,严格按照规定的操作说明进行操作,
              如有人为损坏,照价赔偿。");
155       JScrollPane sp=new JScrollPane(area);
156       area.setEditable(false);
157       rbtna=new JRadioButton("A");
158       rbtnb=new JRadioButton("B");
159       rbtnc=new JRadioButton("C");
160       rbtnd=new JRadioButton("D");
161       rbtna.setEnabled(false);
162       rbtnb.setEnabled(false);
163       rbtnc.setEnabled(false);
164       rbtnd.setEnabled(false);
165       ButtonGroup bg=new ButtonGroup();
166       bg.add(rbtna);
167       bg.add(rbtnb);
```

```
168         bg.add(rbtnc);
169         bg.add(rbtnd);
170         Border border=BorderFactory.createTitledBorder("选项");
171         JPanel panel=new JPanel();
172         panel.add(rbtna);
173         panel.add(rbtnb);
174         panel.add(rbtnc);
175         panel.add(rbtnd);
176         panel.setBorder(border);
177         box=Box.createVerticalBox();
178         box1=Box.createHorizontalBox();
179         box2=Box.createHorizontalBox();
180         box3=Box.createHorizontalBox();
181         box4=Box.createHorizontalBox();
182         box5=Box.createHorizontalBox();
183         new JDialog(new JFrame());
184          //注册监听事件
185         starttest.addActionListener(this);
186         back.addActionListener(this);
187         next.addActionListener(this);
188         commit.addActionListener(this);
189          //添加组件,采用箱式布局
190          box1.add(totaltime);
191          box1.add(Box.createHorizontalStrut(5));
192          box1.add(ttimeshow);
193          box1.add(Box.createHorizontalStrut(15));
194          box1.add(lifttime);
195          box1.add(Box.createHorizontalStrut(5));
196          box1.add(ltimeshow);
197          box1.add(Box.createHorizontalStrut(15));
198          box1.add(starttest);
199          box2.add(textinfo);
200          box2.add(Box.createHorizontalStrut(30));
201          box2.add(userinfo);
202          box3.add(sp, BorderLayout.CENTER);
203          box4.add(panel);
204          box4.add(Box.createHorizontalStrut(5));
205          box4.add(back);
206          box4.add(Box.createHorizontalStrut(5));
207          box4.add(next);
208          box4.add(Box.createHorizontalStrut(5));
209          box4.add(commit);
210          box5.add(Box.createHorizontalStrut(250));
211          box5.add(copyright);
212          box.add(box1);
213          box.add(Box.createVerticalStrut(10));
214          box.add(box2);
```

```
215          box.add(Box.createVerticalStrut(10));
216          box.add(box3);
217          box.add(Box.createVerticalStrut(10));
218          box.add(box4);
219          box.add(Box.createVerticalStrut(20));
220          box.add(box5,BorderLayout.EAST);
221          add(box);
222          //加载考试时间和试题
223          testTime();
224          createTestQuestion();
225          ttimeshow.setText(time+"分钟");
226          ltimeshow.setText(time+"分钟");
227        }
228        public void display(Testquestion q){
229          //略,拓展实践中完善程序
230        }
231        //--------从文件中读取出来的试题加载到程序中--------------
232        public void createTestQuestion(){
233            Vector<Testquestion>qList=new Vector<Testquestion>();
234            //略,拓展实践中完善程序
235            for(int i=0; i<qList.size();i++)
236              question[i]=(Testquestion)qList.elementAt(i);
237        }
238        //--------从试题文件中获取考试时间------------
239        public void testTime(){
240          FileReader fr=null;
241          BufferedReader br=null;
242          String s="";
243          try{
244            fr=new FileReader("test.txt");
245            br=new BufferedReader(fr);
246            s=br.readLine();
247            while(s!=null &&(!s.equals("# # # # # "))){
248                s=br.readLine();
249            }
250            time=Integer.parseInt(br.readLine());
251            fr.close();
252            br.close();
253          } catch(IOException e) {
254                e.printStackTrace();
255            }
256          }
257        //--------从试题文件中读取试题-------------------
258        public Testquestion ReadTestquestion(BufferedReader br){
259          //略,拓展实践中完善程序
260        }
261        //------------事件的实现-----------------
262        public void actionPerformed(ActionEvent e){
263          //略,拓展实践中完善程序
```

```
264        }
265        //------------答案的选择-----------------
266        public String chioce(){
267        //略,拓展实践中完善程序
268        }
269        //-----------显示答题情况的方法--------------
270        public void scorereport(){
271        //略,拓展实践中完善程序
272        }
273        //--------------读取试题类-----------------
274    class Testquestion{
275      private String questionText="";            //试题
276      private String standardKey;                //答案
277      private String selectedKey;                //选择的答案
278      public String getQuestion(){               //获取试题
279         return questionText;
280      }
281      public void setQuestion(String s){
282         questionText  =s;
283      }
284      public String getSelectedKey(){            //获取选择的答案
285         return selectedKey;
286      }
287      public void setSelectedKey(String s){      //设置选择的答案
288         selectedKey=s;
289      }
290      public void setStandardKey(String s){      //设置标准答案
291         standardKey=s;
292      }
293      public String getStandardKey(String s){    //获取标准答案
294         return standardKey;
295      }
296      public boolean checkKey(){                 //检查答案正确与否
297         if(standardKey.equals(selectedKey)){
298         return true;
299         }
300         return false;
301      }
302    }
303      //--------考试计时类----------
304    class ClockDisplay extends Thread{//略,拓展实践中完善程序}
```

【程序运行结果】

如图 13-1 所示。

【程序解析】

考试界面及功能的设计是对前几个任务内容的综合应用,因此以上程序代码仅给出代码框架,可在项目实践中将其完善。

- 第 62 行、第 121 行代码显示了界面的主要布局是采用 BorderLayout 和 BoxLayout 布局管理。
- 第 37～57 行代码主要是菜单栏的创建。
- 第 67 行、第 72 行代码通过匿名内部类添加事件，这也是编写事件处理代码中常用的方法。
- 第 170 行、第 176 行代码中，panel 对象利用 BorderFactory 类对界面中的单选按钮组件进行分组，其中 BorderFactory 类提供标准 Border 对象的工厂类。关于工厂类的相关介绍，本书不作详细介绍，有兴趣的读者可以自行查阅相关资料。
- 第 274～304 行代码定义了读取试题类，定义了与试题相关的属性和方法，包括试题的题目、答案、考生所选择的答案，以及获得、设置答案和试题等。
- 第 304 行代码定义的 ClockDispaly 类用于考试系统中的倒计时。

试题文件 test. txt 定义如下，100 用于设置考试时间，单位是分钟，答案均在每题之后。题目与答案之间用一行“ * ”号分隔，题目之间用 3 行“ * ”号分隔。

```
#####
100
*****
1. ________是嵌入式操作系统。
   A. Windows XP
   B. DOS
   C. Windows 2000
   D. Windows CE
*****
D
*****
*****
*****
2. Java 语言提供处理不同类型流的包是________。
A. _java.sql
B. _java.util
C. _Java.math
D. _java.io
*****
D
*****
*****
*****
3. 以下关于窗口的说法错误的是________。
A. 窗口可以改变大小
B. 窗口无论何时都可以移动位置
C. 窗口都有标题栏
D.可以在打开的多个窗口之间进行切换
*****
B
*****
```

自 测 题

一、选择题

1. 使用(　　)方法可以将 JMenuBar 对象设置为主菜单。

A. setHelpMenu()　　　　B. setJMenuBar()

C. add()　　　　D. setHelpMenuLocation()

2. 用于构造弹出式菜单的 Java 类是(　　)。

A. JMenuBar　　　　B. JMenu

C. JmenuItem　　　　D. JpopupMenu

3. 在 Java 中,有关菜单叙述错误的是(　　)。

A. 下拉菜单通过出现在菜单条上的名字来可视化表示

B. 菜单条通常出现在 JFrame 的顶部

C. 菜单中的菜单项不能再成为一个菜单

D. 每个菜单可以有许多菜单项

4. JScrollPane 面板的滚动条通过移动(　)对象来实现。

A. JViewport　　　　B. JSplitPane

C. JTabbedPane　　　　D. JPanel

5. 下面用户界面组件中不是容器的是(　　)。

A. JApplet　　　　B. JPanel

C. JScrollPane　　　　D. JWindows

二、填空题

1. 直接添加到________的菜单叫作顶层菜单,连接到________的菜单称为子菜单。

2. JMenuItem 类中提供________方法创建分隔线。

3. 菜单项中的复选框是由________类创建,单选按钮是由________类创建。

4. 滚动面板 JScrollPane 是________的面板,滚动面板可以看作________,只可以添加一个组件。在默认情况下,只有当组件内容超出面板时,才会显示滚动条。

5. JToolBar 工具栏继承自________类,可以用来建立窗口的工具栏按钮,它也属于一组容器,在创建 JToolBar 对象后,就可以将 GUI 组件放置其中。

拓 展 实 践

【实践 13-1】 编写设计一个包含菜单的简易计算器(图 13-10),并可以通过考试界面中的"工具"下的"计算器"进行调用。

图 13-10　简易计算器

【实践 13-2】 编写设计一个简单的记事本程序。

面试常考题

【面试题 13-1】 怎样在 Applet 中建立自己的菜单(MenuBar/Menu)?

任务 14　利用数据库存储系统信息

学习目标

本任务将学生在线考试系统的试题信息、用户信息存放在数据库中，通过修改部分现有代码实现对数据库信息的存取。学习本任务应掌握以下内容：

- 了解 JDBC 的基本概念。
- 了解 MySQL 的安装、配置及基本操作。
- 了解 Navicat for MySQL 的安装、配置及基本操作。
- 掌握利用 JDBC 连接 MySQL 数据库的步骤。
- 掌握利用 JDBC 操作数据库的方式。

14.1　任务描述

前面学习过的内容中，系统中的用户登录信息都是以文件的形式存放。随着数据信息的不断增大，以这种方式存放信息日益显出其弊端，因此，对系统进行修改，将所有信息以数据库的形式存放，为此将系统相关信息以记录的形式存在 MySQL 数据库中。首先要创建了 test 数据库，其中包含数据表 userin(注册用户信息)、test_tm(试题信息)、test_time(考试用时)，具体内容如表 14-1～表 14-3 所示。

表 14-1　userin(注册用户信息)

字段名称	字段类型	字段长度	备注
id	int	10	自动递增、主键
name	varchar	30	
password	varchar	30	
sex	varchar	30	
age	int	10	
nclass	varchar	30	

表 14-2　test_tm（试题信息）

字段名称	字段类型	字段长度	备注
id	int	10	自动递增、主键
tm	varchar	200	
chioce_a	varchar	100	
chioce_b	varchar	100	
chioce_c	varchar	100	
chioce_d	varchar	100	
answer	varchar	10	

表 14-3　test_time（考试用时）

字段名称	字段类型	字段长度	备注
id	int	10	自动递增、主键
time	int	5	

14.2　技 术 要 点

14.2.1　JDBC 概述

JDBC（Java Data Base Connectivity）是 Java 语言为了支持 SQL 功能而提供的与数据库相连的用户接口，由一组 Java 语言编写的类和接口组成，使用内嵌式的 SQL，主要实现三方的功能，包括建立与数据库的连接，执行 SQL 声明以及处理 SQL 执行结果。JDBC 支持基本的 SQL 功能，使用它可方便地与不同的关系型数据库建立连接，进行相关操作。因此，程序员可以将精力集中于上层的功能实现，而不必关心底层与具体的数据库的连接和访问过程。

1. JDBC 与 ODBC

Microsoft 的 ODBC（Open DataBase Connectivity）是当前与关系型数据库连接最常用的接口。JDBC 是建立在 ODBC 的基础上的，实际上可视为 ODBC 的 Java 语言翻译形式。当然两者都是建立在 X/Open SQL CLI（Call Level Interface）的抽象定义之上的。而 JDBC 与 ODBC 相比，在使用上更为方便。虽然 ODBC 已经是成型的通用接口，但是我们在 Java 程序中却要建立 JDBC 接口，这样做的原因和好处包括以下几点。

（1）ODBC 使用的是 C 语言界面，而从 Java 直接调用 C 源码容易在安全性、健壮性和可移植性等方面产生问题，运行功效也受到影响。

（2）将 ODBC 的 C 语言 API 逐字译为 Java 也并不理想。比如，Java 没有指针。JDBC 的一种面向对象式的翻译界面，对 Java 的程序员来说更为自然方便。

(3) ODBC 难以学习掌握，经常将简单的特性与复杂的特性混合使用。而 JDBC 相对简单明了许多，容易理解掌握。

(4) JDBC 有助于实现“纯 Java”的方案。当使用 ODBC 时，每一台客户机都要求装入 ODBC 的驱动器和管理器。而当使用 JDBC，驱动器完全由 Java 语言编写时，JDBC 代码可以在所有的 Java 平台上自动装入、移植，而且是安全的。

当然，在 JDBC 中也可以使用 ODBC，但是需要通过中介 JDBC-ODBC Bridge 使用。

2. JDBC API

JDBC 中最重要的部分是定义了一系列的抽象接口，通过这些接口，JDBC 实现了三个基本的功能：建立与数据的连接，执行 SQL 声明和处理执行结果。

这些接口都存在 Java 的 SQL 包中，它们的名称和基本功能如下。

- java. sql. DriverMagnager：管理驱动器，支持驱动器与数据连接的创建。
- java. sql. Connection：代表与某一数据库的连接，支持 SQL 声明的创建。
- java. sql. Statement：在连接中执行一静态的 SQL 声明并取得执行结果。
- java. sql. PreparedStatement：Statement 的子类，代表预编译的 SQL 声明。
- java. sql. CallableStatement：Statement 的子类，代表 SQL 的存储过程。
- java. sql. ResultSet：代表执行 SQL 声明后产生的数据结果。

3. JDBC 体系结构

Java 程序员通过 SQL 包中定义的一系列抽象类对数据库进行操作，而实现这些抽象类及完成实际操作，则是由数据库驱动器 Driver 运行的。它们之间的层次关系如图 14-1 所示。

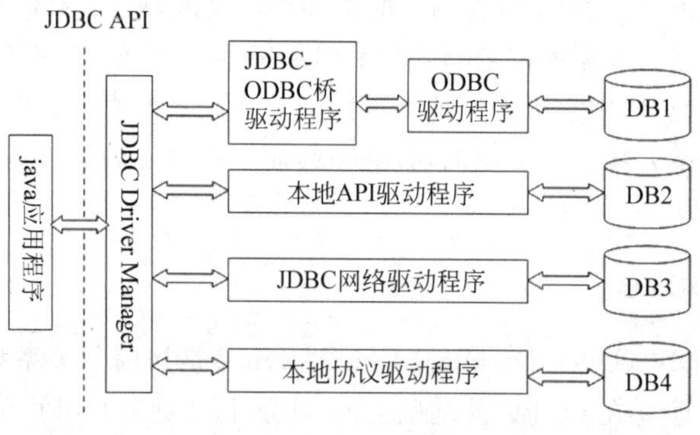

图 14-1　JDBC 的体系结构

JDBC 的 Driver 可分为以下四种类型。

1) JDBC-ODBC 桥驱动

JDBC-ODBC 是 SUN 公司提供的一个标准的 JDBC 操作。这种类型的驱动实际是把所有 JDBC 的调用传递给 ODBC，再由 ODBC 调用本地数据库驱动代码(本地数据库驱动代码是指由数据库厂商提供的数据库操作二进制代码库，例如在 Oracle for Windows

中就是 OCI DLL 文件)。这种驱动器通过 ODBC 驱动器提供数据库连接。使用这种驱动器,要求每一台客户机都装入 ODBC 的驱动器。JDBC-ODBC 通过 ODBC 驱动程序提供数据库连接,在 JDBC 和 ODBC 之间搭建一座桥梁,以便 Java 程序访问配有 ODBC 驱动程序的数据库,缺点是操作性能较低,通常情况下不推荐使用这种方式进行操作。

2) JDBC 本地驱动

本地 API 驱动直接把 JDBC 调用转变为数据库的标准调用再去访问数据库。这种方法直接使用各个数据库生产商提供的 JDBC 驱动程序,其中 JDBC 驱动程序本身是一组类和接口,通常以 jar 包(zip 包)的形式出现,使用时需要进行相关配置。在开发中大部分情况都基于某一种数据库,所以使用此模式访问数据库最为普遍。

3) JDBC 网络驱动

这种驱动器将 JDBC 指令转化成独立于 DBMS 的网络协议形式,再由服务器转化为特定 DBMS 的协议形式。有关 DBMS 的协议由各数据库厂商决定。这种驱动器可以连接到不同的数据库上,最为灵活。目前一些厂商已经开始添加 JDBC 的这种驱动器到他们已有的数据库中介产品中。要注意的是,为了支持广域网存取,需要增加有关安全性的措施,如防火墙等。

4) 本地协议纯 JDBC 驱动

这种驱动是将 JDBC 指令转化成网络协议后不再转换,由 DBMS 直接使用。相当于客户机直接与服务器联系,是 Internet 访问的一个很实用的解决方法。

在这四种驱动器中,后两类的驱动效率更高,也更具有通用性。但目前第一、第二类驱动比较容易获得,使用也较普遍。本书将以第二种类型 JDBC 本地驱动为例。

14.2.2 MySQL 数据库简介

1. MySQL 概述

MySQL 是一个小型关系型数据库管理系统,开发者为瑞典 MySQL AB 公司。目前 MySQL 被广泛地应用在 Internet 上的中小型网站中。由于其体积小、速度快、总体拥有成本低,尤其是开放源码这一特点,许多中小型网站为了降低网站总体拥有成本而选择了 MySQL 作为网站数据库。MySQL 的官方网站是 http://www.MySQL.com/,提供最新版的软件下载,本书使用的是 MySQL 5.0。

2. MySQL 的安装与配置

打开下载的 MySQL 安装文件,双击解压缩,运行 setup.exe,出现如图 14-2 所示的界面。

MySQL 安装向导启动,单击 Next 按钮继续。图 14-3 询问是否要注册一个 MySQL.com 的账号,或是使用已有的账号登录 MySQL.com,一般不需要了,单击选中 Skip Sign-Up,单击 Next 按钮略过此步骤。

图 14-4 选中 Configure the MySQL Server now 选项,单击 Finish 按钮结束软件的安装并启动 MySQL 配置向导。在 MySQL 配置向导启动界面中单击 Next 按钮继续。图 14-5

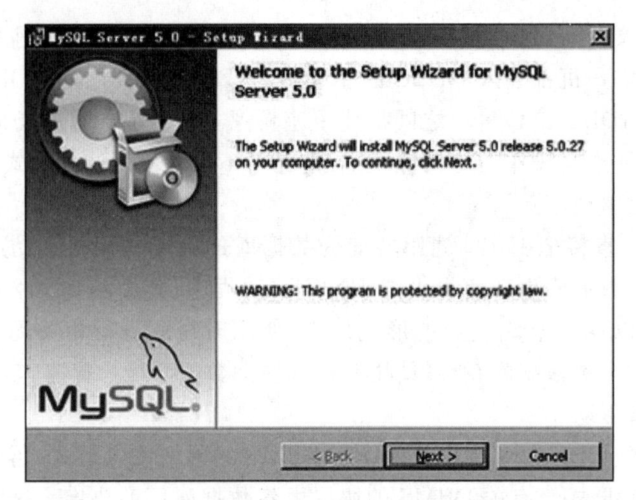

图 14-2 MySQL 安装向导

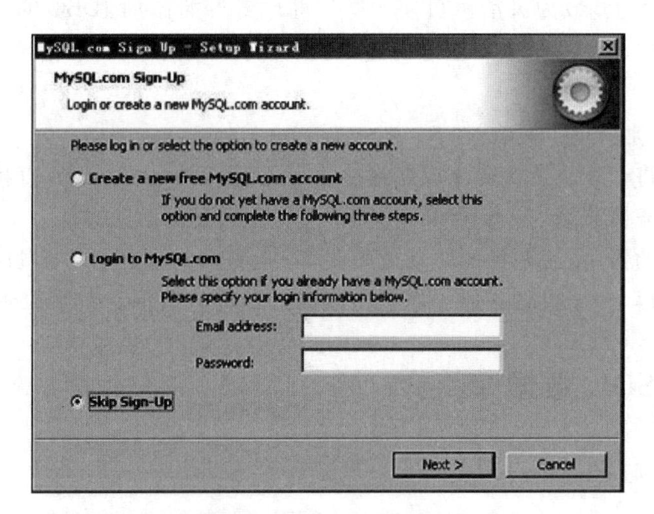

图 14-3 询问是否要注册

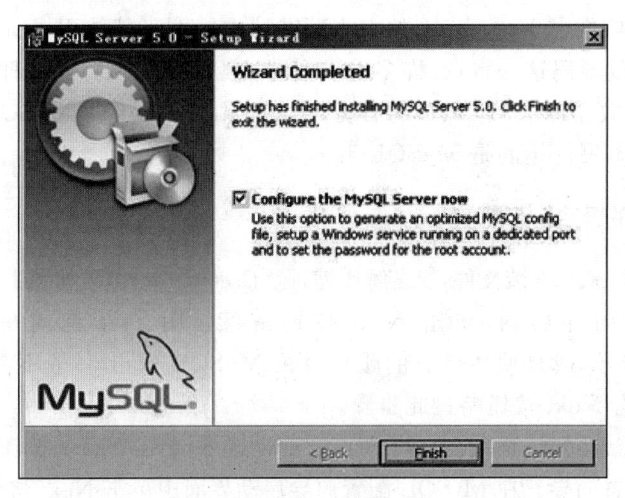

图 14-4 完成安装向导

可选择的配置方式有 Detailed Configuration（手动精确配置）或 Standard Configuration（标准配置），现选择 Detailed Configuration 选项，方便熟悉配置过程。

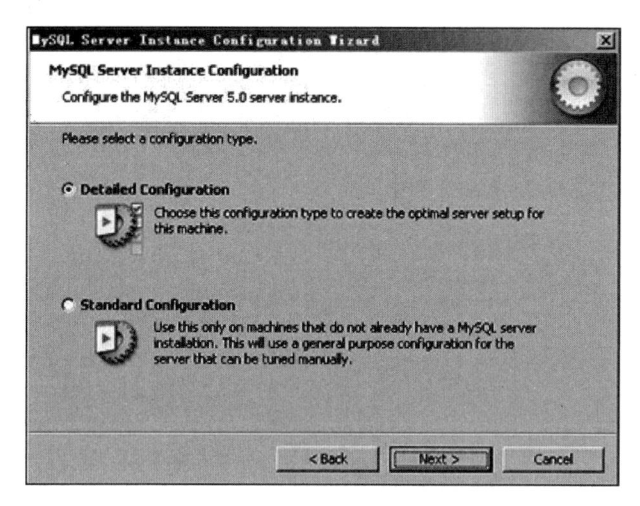

图 14-5　MySQL 配置向导启动界面

图 14-6 用于选择服务器类型，选项包括 Developer Machine（开发测试类，MySQL 占用很少资源）、Server Machine（服务器类型，MySQL 占用较多资源）、Dedicated MySQL Server Machine（专门的数据库服务器，MySQL 占用所有可用资源）等选项，用户可根据自己的类型选择，一般选择 Server Machine，不会用得资源太少，也不会占满所有资源。

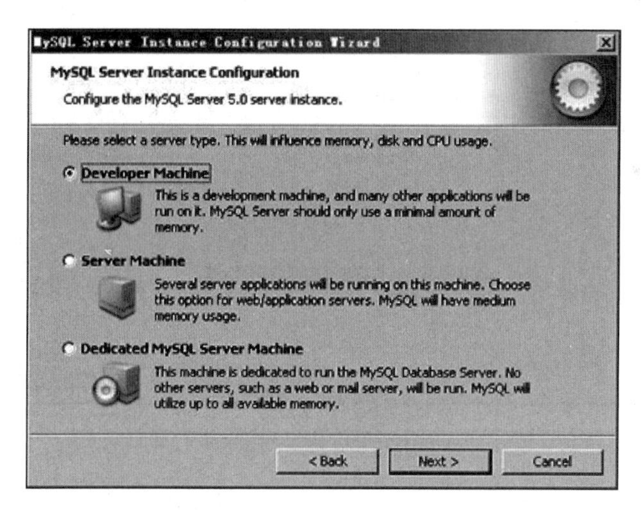

图 14-6　选择服务器类型

图 14-7 用于选择 MySQL 数据库的大致用途，选项包括 Multifunctional Database（通用多功能型，较好）、Transactional Database Only（服务器类型，专注于事务处理，一般）、Non-Transactional Database Only（非事务处理型，较简单，主要做一些监控、记数用，对 MyISAM 数据类型的支持仅限于 Non-Transactional），随自己的用途而选择，这里选择 Transactional Database Only 选项，单击 Next 按钮继续。

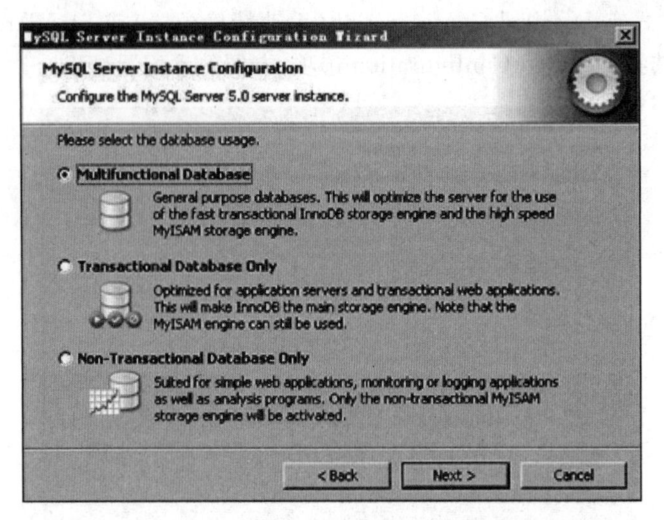

图 14-7　选择 MySQL 数据库的大致用途

图 14-8 用于对 InnoDB Tablespace 进行配置，就是为 InnoDB 数据库文件选择一个存储空间，如果修改了，要记住位置，重装时要选择一样的地方，否则可能会造成数据库损坏，本书使用默认位置，直接单击 Next 按钮继续。

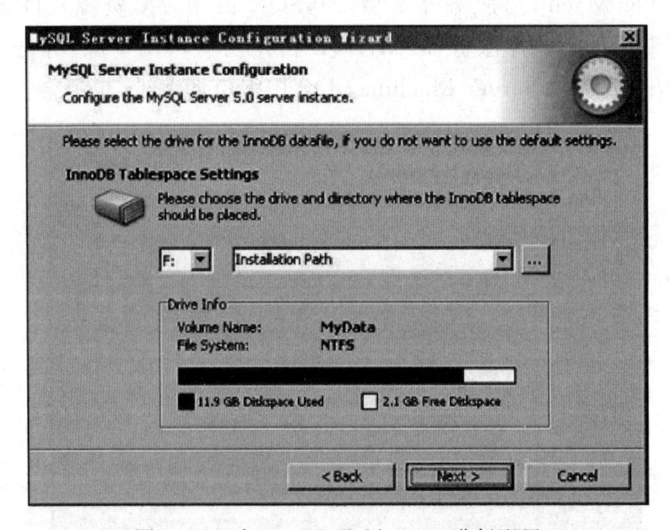

图 14-8　对 InnoDB Tablespace 进行配置

图 14-9 根据网站的一般 MySQL 访问量以及同时连接的用户数目进行选择，选项有 Decision Support(DSS)/OLAP(20 个左右)、Online Transaction Processing(OLTP)(500 个左右)、Manual Setting(手动设置，自己输入一个数)，这里选择 Online Transaction Processing(OLTP)选项，单击 Next 按钮继续。

图 14-10 用于确定是否启用 TCP/IP 连接并设定端口。如果不启用 TCP/IP 连接，就只能在自己的机器上访问 MySQL 数据库了。这里设置为启用 TCP/IP 连接，Port Number 为 3306。在这个页面上还可以选择 Enable Strict Mode(启用标准模式)，这样

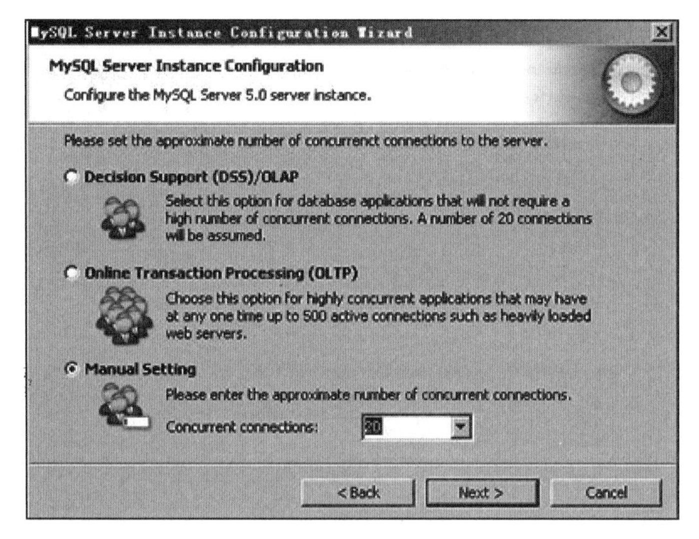

图 14-9　选择网站的 MySQL 访问量

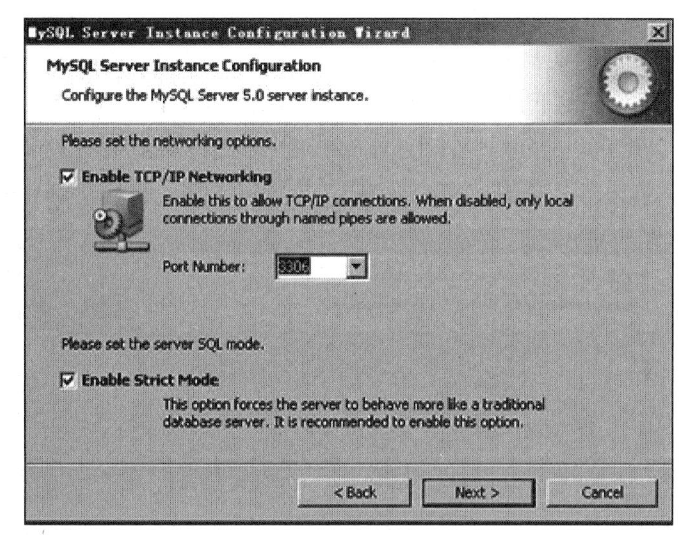

图 14-10　TCP/IP 连接设置

MySQL 就不会允许细小的语法错误。如果是新手，建议取消标准模式以减少麻烦。但熟悉 MySQL 以后，尽量使用标准模式，因为它可以降低有害数据进入数据库的可能性。单击 Next 按钮继续。

图 14-11 分别是西文编码，多字节的通用 UTF8 编码都不是我们通用的编码，这里选择第三个选项，然后在 Character Set 选项中选择或填入 GBK，当然也可以用 GB2312，区别就是 GBK 的字库容量大，包括了 GB2312 的所有汉字，并且加上了繁体字。使用 MySQL 时，在执行数据操作命令之前运行一次“SET NAMES GBK;”命令（运行一次就行了，GBK 可以替换为其他值，视这里的设置而定），就可以正常地使用汉字（或其他文字）了，否则不能正常显示汉字。单击 Next 按钮继续。

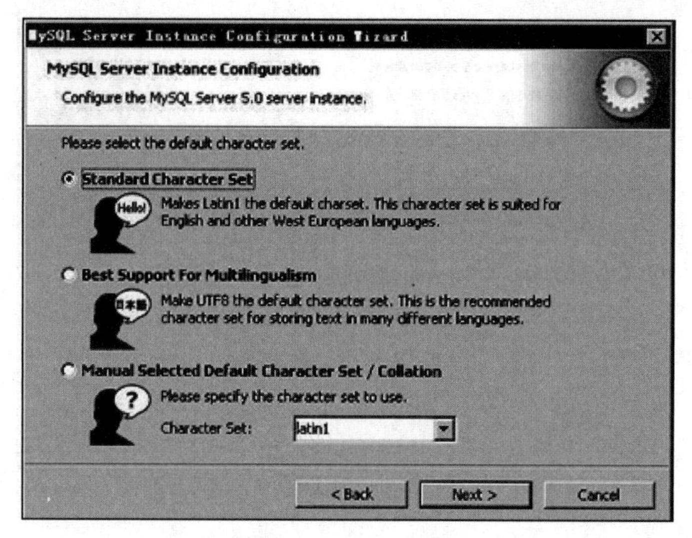

图 14-11　选择字符集

图 14-12 选择是否将 MySQL 安装为 Windows 服务，还可以指定 Service Name（服务标识名称），以及是否将 MySQL 的 bin 目录加入 Windows PATH 环境变量中（加入后，就可以直接使用 bin 下的文件，而不用指出目录名，比如要建立数据库连接，用"MySQL.exe -uusername -ppassword;"命令就可以了，不用指出 MySQL.exe 的完整地址，很方便），这里选中所有选项，Service Name 选项值不变。单击 Next 按钮继续。

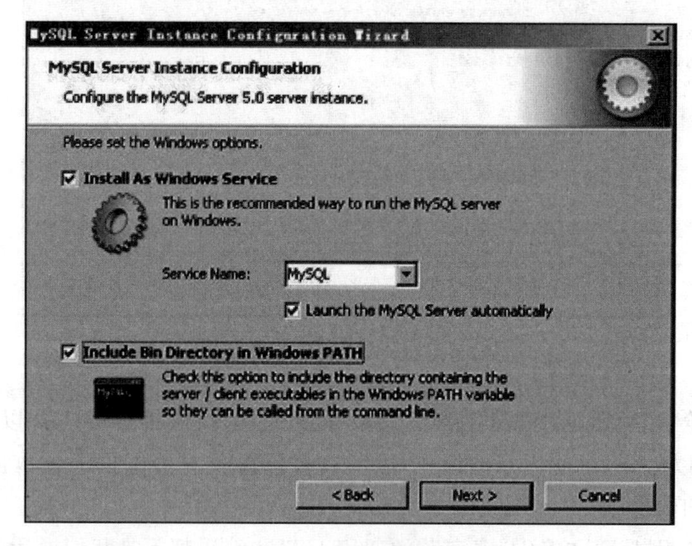

图 14-12　设置服务

图 14-13 询问是否要修改默认 root 用户（超级管理）的密码（默认为空），本书将 root 密码设置为 123456。

确认设置无误。如果有误，单击 Back 按钮返回检查。单击 Execute 按钮使设置生效。设置完毕，单击 Finish 按钮结束 MySQL 的安装与配置，如图 14-14 所示。

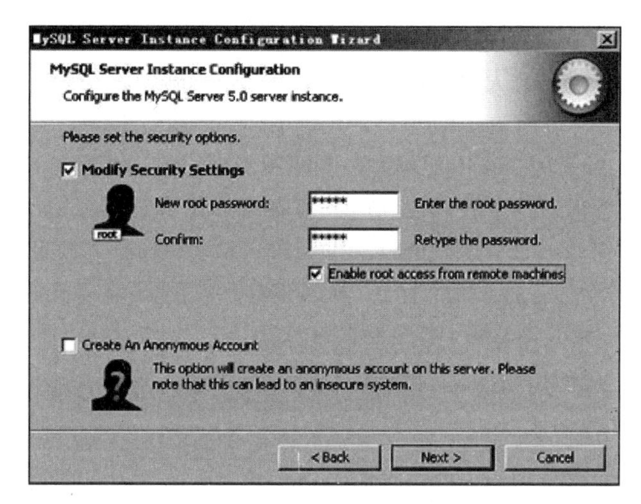

图 14-13　修改默认 root 超级管理密码

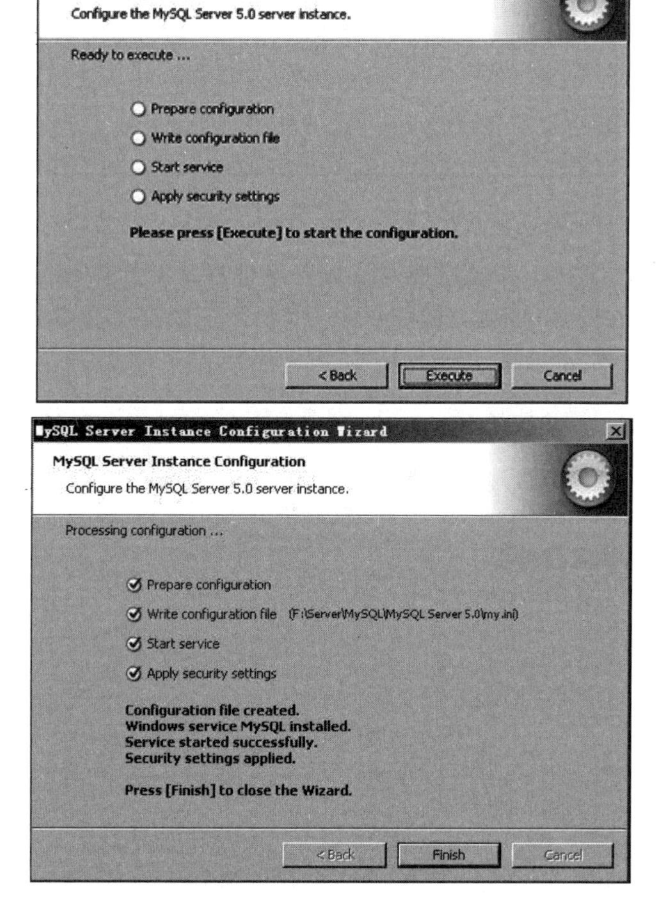

图 14-14　设置完成

14.2.3 创建数据库及数据表

创建如表 14-1 所示的 MySQL 数据表有两种方法，第一种是在 MySQL 命令行提示符下输入 SQL 命令；第二种方法可以利用数据库图形化客户端工具 Navicat for MySQL 创建数据表。可以到 Navicat 官网 http://www.navicat.com/下载最新版。

选择“文件”→“新建连接”命令打开“新建连接”对话框，输入连接名(连接名为自定义)；密码在安装 MySQL 时设置，本书设置为“123456”，如图 14-15 所示。

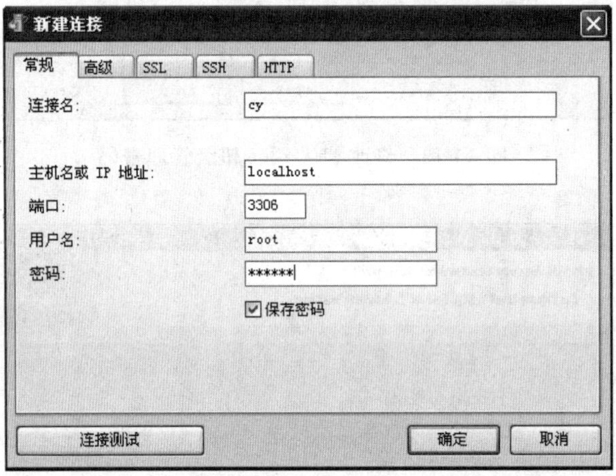

图 14-15　新建数据库连接

单击“连接测试”按钮，弹出连接测试成功对话框。再打开数据库连接，可以看到 MySQL 中的所有数据库和数据表，如图 14-16 所示。数据库和数据表的其他操作如图 14-17～图 14-20 所示。

图 14-16　打开数据库连接

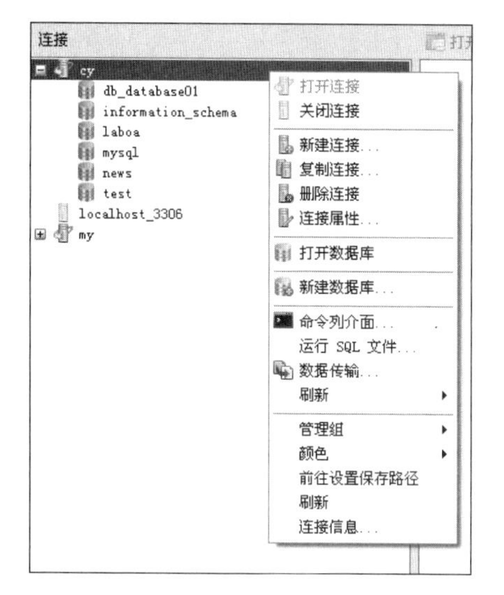

图 14-17　新建数据库快捷菜单

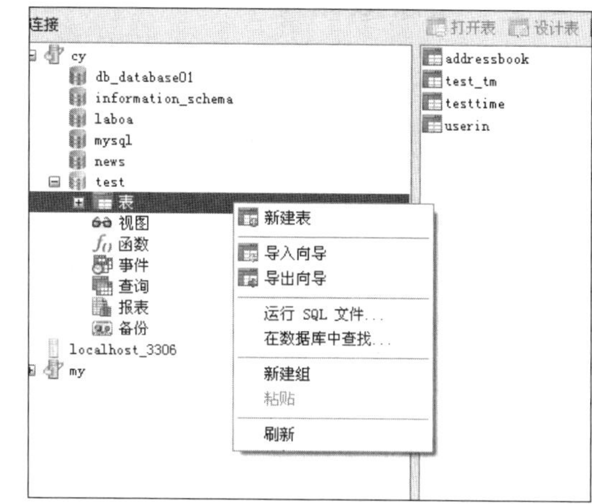

图 14-18　新建数据表快捷菜单

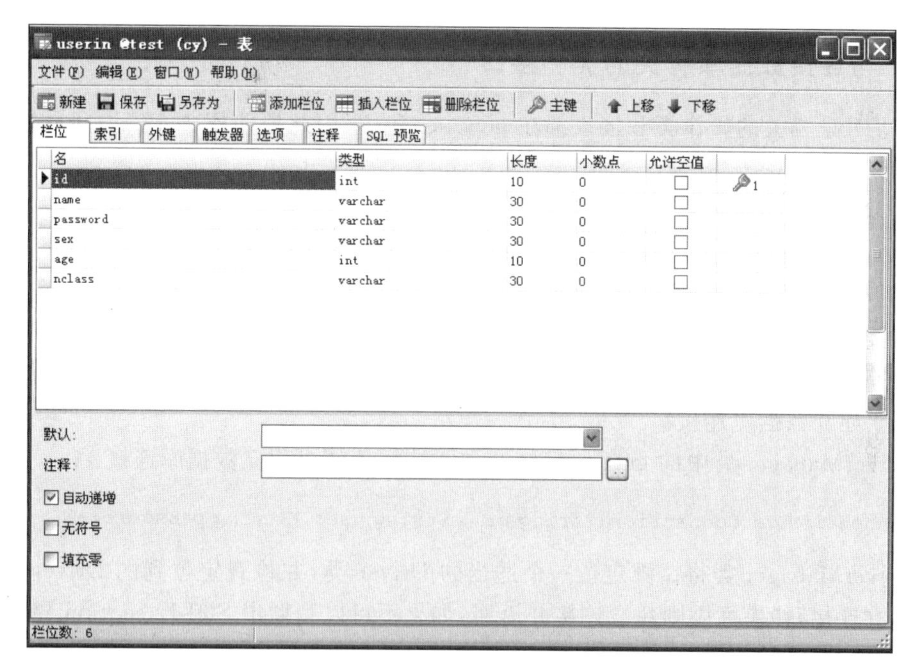

图 14-19　新建数据表界面

userin @test (cy) - 表

文件(F) 编辑(E) 查看(V) 窗口(W) 帮助(H)

导入向导 导出向导 筛选向导 网格查看 表单查看 备注 十六进制 图像 升序排序

id	name	password	sex	age	nclass
1	abc	123456	女	18	软件英语053
2	ss	ss	男	21	软件英语053

图 14-20　录入数据表记录

14.2.4 连接数据库

连接数据库的方式常用的有两种，一种是使用 JDBC—ODBC 桥连接，需要配置 ODBC；第二种是采用 JDBC 驱动程序连接，需要下载、配置数据库的驱动程序。本书只介绍第二种数据库连接方式。

1. 下载

MySQL 官网 http://dev.MySQL.com/downloads/connector/j/3.1.html 提供了最新 JDBC 驱动包。本书使用的是 MySQL -connector-java-5.10-bin.jar。

2. 在 Eclipse 中配置

在 Eclipse 中右击，选择“构建路径”→“配置构建路径”→“库”→“添加外部 JAR 包”，将下载的 MySQL -connector-java-5.10-bin.jar. 导入并确定即可。

3. 与连接数据库有关的类和接口

与 JDBC 相关的操作类和接口都在 java.sql 包中，因此要使用 JDBC 访问数据库，需要导入该包。

1) DriverManager 类

java.sql.DriverManager 类负责管理 JDBC 驱动程序的基本服务，是 JDBC 的管理层，作用于用户和驱动程序之间，负责跟踪可用的驱动程序，并在数据库和驱动程序之间建立连接；另外，DriverManager 类也处理诸如驱动程序登录时间限制及登录和跟踪消息的显示等工作。成功加载 Driver 类并在 DriverManager 类中注册后，DriverManager 类即可用于建立数据库连接。

DriverManager 类中的 getConnection()方法用于请求建立数据库连接。

```
Connection getConnection(String url, String user, String password)
```

DriverManager 类将试图定位一个适当的 Driver 类，并检查定位到的 Driver 类是否可以建立连接，如果可以则建立连接并返回，如果不可以则抛出 SQLException 异常。

2) Connection 接口

java.sql.Connection 接口代表与指定数据库的连接，并拥有创建 SQL 的方法。一个应用程序可以与单个数据库有一个连接或多个连接，也可以与多个数据库有连接。

Connection 接口提供的常用方法如表 14-4 所示。

表 14-4 Connection 接口常用方法

常用方法	用途
public createStatement()	创建并返回一个 Statement 实例，通常在执行无参的 SQL 语句时创建该实例

续表

常用方法	用途
public prepareStatement()	创建并返回一个 PreparedStatement 实例，通常在执行包含参数的 SQL 语句时创建该实例，并对 SQL 语句进行了预编译处理
public prepareCall()	创建并返回一个 CallableStatement 实例，通常在调用数据库存储过程时创建该实例
public getAutoCommit()	查看当前的 Connection 实例是否处于自动提交模式，如果是则返回 true，否则返回 false
public isClosed()	查看当前的 Connection 实例是否被关闭，如果被关闭则返回 true，否则返回 false
public commit()	将从上一次提交或回滚以来进行的所有更改同步到数据库，并释放 Connection 实例当前拥有的所有数据库锁定
public rollback()	取消当前事务中的所有更改，并释放当前 Connection 实例拥有的所有数据库锁定。该方法只能在非自动提交模式下使用，如果在自动提交模式下执行该方法，将抛出异常。有一个参数为 Savepoint 实例的重载方法，用于取消 Savepoint 实例之后的所有更改，并释放对应的数据库锁定
public close()	立即释放 Connection 实例占用的数据库和 JDBC 资源，即关闭数据库连接

例 14-1 将演示如何连接数据库。

【例 14-1】 DatabaseConnection. java

```
1   package mydatabase;
2   import java.sql.*;
3   public class DatabaseConnection {
4     private static final String DBDRIVER="com.MySQL .jdbc.Driver";
5     private static final String DBURL="jdbc:MySQL ://localhost:3306/test";
6     private static final String DBUSER="root";
7     private static final String DBPASSWORD="123456";
8     private Connection conn=null;
9     public DatabaseConnection() throws Exception{
10      try{
11        Class.forName(DBDRIVER);
12        this.conn=DriverManager.getConnection(DBURL,DBUSER,DBPASSWORD);
13        System.out.println("JDBC 驱动程序连接数据库成功!");
14      }catch(Exception e){
15      }
16  }
17  public Connection getConnection(){
18    return this.conn;
19  }
20  public void close() throws Exception{
21    if(this.conn !=null){
```

```
22      try{
23        this.conn.close();
24      }catch(Exception e){
25        e.printStackTrace();
26      }
27    }
28  }
29  public static void main(String[] args) throws Exception {
30    new DatabaseConnection();
31    }
32  }
```

【程序运行结果】

```
JDBC驱动程序连接数据库成功!
```

【程序解析】

- 第1行代码将当前生成的DatabaseConnection的class文件放置于包中。
- 第5行代码加载数据库驱动程序。
- 第6～8行代码定义连接字符串。
- 第9行代码创建连接对象。

14.2.5 访问数据库

1. Statement接口

java.sql.Statement接口用于执行静态的SQL语句,并返回执行结果。例如,对于INSERT、UPDATE和DELETE语句,调用executeUpdate(String sql)方法;对于SELECT语句,则调用executeQuery(String sql)方法,并返回一个永远不能为null的ResultSet实例。

利用Connection接口的createStatement()方法可以创建一个Statement对象。方法声明:

```
Statement createStatement();
```

例如:

```
conn=DriverManager.getConnection(dbURL, dbUser, dbPassword);
Statement sql=conn.createStatement();
```

Statement接口提供了三种执行SQL语句的方法,即executeQuery()、executeUpdate()和execute(),使用哪一个方法由SQL语句所产生的内容决定。

1) executeUpdate()方法

```
public int executeUpdate(String sql) throws SQLException
```

executeUpdate()方法用于执行INSERT、UPDATE或DELETE语句以及SQL

DDL(数据定义语言)语句,例如 CREATE TABLE 和 DROP TABLE。INSERT、UPDATE 或 DELETE 语句的效果是修改表中零行或多行中的一列或多列。executeUpdate()方法的返回值是一个整数,表示受影响的行数(即更新计数)。对于 CREATE TABLE 或 DROP TABLE 等不操作行的语句,executeUpdate()方法的返回值总为零。

2) executeQuery()方法

```
public ResultSet executeQuery(String sql) throws SQLException
```

executeQuery()方法一般用于执行 SQL 的 SELECT 语句。它的返回值是执行 SQL 语句后产生的一个 ResultSet 接口的示例(结果集)。

3) execute()方法

```
public boolean execute(String sql) throws SQLException
```

execute()方法用于执行返回多个结果集、多个更新计数或二者组合的语句。

执行语句的所有方法都将关闭所调用的 Statement 对象的当前打开结果集(如果存在)。这意味着在重新执行 Statement 对象之前,需要完成对当前 ResultSet 对象的处理。Statement 对象本身不包含 SQL 语句,因而必须给 Statement. execute()方法提供 SQL 语句作为参数。

例 14-2 插入一条记录,通过 Navcat for MySQL 软件可以直接对 MySQL 数据库进行可视化操作,如图 14-16 所示。

【例 14-2】 Insert. java

```
1   import java.sql.*;
2   import mydatabase.DatabaseConnection;
3   public class InsertDemo {
4     public static void main(String[] args) throws Exception {
5       DatabaseConnection db=new DatabaseConnection();
6       Connection conn=db.getConnection();
7       Statement stmt=null;
8       stmt=conn.createStatement();
9       String sql="INSERT INTO userin(name,password,sex,age,nclass) "+
        " VALUES('Rose','123','女',18,'软件英语 051')";
10      stmt.executeUpdate(sql);
11      stmt.close();           //关闭操作
12      db.close();             //关闭数据库
13    }
14  }
```

【程序运行结果】

使用 Navcat for MySQL 软件查看 MySQL 数据库中的新增记录,结果如图 14-21 所示。

【程序解析】

- 第 5 行代码创建数据库连接对象。

id	name	password	sex	age	nclass
1	abc	123456	女	18	软件英语051
2	Tom	367687	男	19	软件英语053
3	Mary	324241	女	17	计算机应用052
4	Jack	53555	男	18	计算机应用051
5	Rose	123	女	18	软件英语051

图 14-21　查看 MySQL 数据库中的新增记录

- 第 6 行代码获取数据库的连接。
- 第 7 行和第 8 行代码创建语句对象。
- 第 9 行代码定义删除记录的 SQL 语句。
- 第 10 行代码执行记录更新。

例 14-3 删除一条名为 Rose 的记录，删除后表中无此记录。

【例 14-3】 DeleteDemo.java

```
1   import java.sql.*;
2   import mydatabase.DatabaseConnection;
3   public class DeleteDemo {
4     public static void main(String[] args) throws Exception {
5       DatabaseConnection db=new DatabaseConnection();
6       Connection conn=db.getConnection();
7       Statement stmt=null;
8       stmt=conn.createStatement();
9       String sql="DELETE FROM userin WHERE name='Rose'";
10      stmt.executeUpdate(sql);
11      stmt.close();        //关闭操作
12      db.close();          //数据库关闭
13    }
14  }
```

【程序运行结果】

使用 Navcat for MySQL 软件查看 MySQL 数据库中删除操作后剩余的记录，结果如图 14-22 所示。

id	name	password	sex	age	nclass
1	abc	123456	女	18	软件英语051
2	Tom	367687	男	19	软件英语053
3	Mary	324241	女	17	计算机应用052
4	Jack	53555	男	18	计算机应用051

图 14-22　查看 MySQL 数据库删除操作后的剩余记录

【程序解析】

- 第 5 行代码创建数据库连接对象。
- 第 6 行代码获取数据库的连接。
- 第 7 行和第 8 行代码创建 Statement 对象。
- 第 9 行代码定义删除记录的 SQL 语句。
- 第 10 行代码执行记录更新。

2. ResultSet 接口

ResultSet 接口类似于一个数据表，通过该接口的实例可以获得检索结果集，以及对应数据表的相关信息，例如列名和类型等。ResultSet 实例通过执行查询数据库的语句生成。

ResultSet 实例具有指向当前数据行的指针，最初，指针指向第一行记录，通过 next()方法可以将指针移动到下一行。如果存在下一行，该方法返回 true，否则返回 false，所以可以通过 while 循环来显示 ResultSet 结果集。默认情况下 ResultSet 实例不可以更新，只能移动指针，所以只能显示一次，并且只能按从前向后的顺序。如果需要，可以生成可滚动和可更新的 ResultSet 实例。ResultSet 接口提供的常用方法如表 14-5 所示。

表 14-5 ResultSet 接口常用方法

常用方法	用途
public boolean next() throws SQLException	将指针下移一行
public int getInt(int columnIndex) throws SQLException	以整数形式按列的编号取得指定列的内容
public int getInt(String columnLabel) throws SQLException	以整数形式取得指定列的内容
public float getFloat(int columnIndex) throws SQLException	以浮点数形式按列的编号取得指定列的内容
public float getFloat(String columnLabel) throws SQLException	以浮点数形式取得指定列的内容
public String getString(int columnIndex) throws SQLException	以字符串形式按列的编号取得指定列的内容
public String getString(String columnLabel) throws SQLException	以字符串形式取得指定列的内容
public Date getDate(int columnIndex) throws SQLException	以日期形式按列的编号取得指定列的内容
public Date getDate(String columnLabel) throws SQLException	以日期形式取得指定列的内容

Statement 对象创建好之后，就可以使用该对象的 executeQuery()方法来执行数据库查询语句。该方法将查询的结果存放在一个 ResultSet 接口对象中，该对象包含了 SQL 查询语句执行的结果。ResultSet 对象具有指向当前数据行的指针。打开数据表，指针指向第一行，再使用 next()方法将指针移动到下一行，当 ResultSet 对象中没有下一行时，该方法返回 false。通常在循环中使用 next()方法逐行读取数据表中的数据。

例 14-4 将实现数据的查询功能。

【例 14-4】 QueryDemo. java

```
1   import java.sql.*;
2   public class Query {
3   public static void main(String[] args) throws Exception {
4       DatabaseConnection db=new DatabaseConnection();
```

```
5      Connection conn=db.getConnection();
6      Statement stmt=null;
7      stmt=conn.createStatement();
8      String sql="select * from userin";
9      ResultSet rs=stmt.executeQuery(sql);
10     while(rs.next()) {
11         System.out.print(rs.getString("id")+"  ");
12         System.out.print(rs.getString("name")+"  ");
13         System.out.print(rs.getString("password")+"  ");
14         System.out.print(rs.getString("sex")+"  ");
15         System.out.print(rs.getString("age")+"  ");
16         System.out.println("  "+rs.getString("nclass"));
17     }
18     stmt.close();
19     db.close();
20     }
21 }
```

【程序运行结果】

```
1  abc     123456    女  18   软件英语 051
2  Tom     367687    男  19   软件英语 053
3  Mary    324241    女  17   计算机应用 052
4  Jack    53555     男  18   计算机应用 051
```

【程序解析】

- 第 3 行代码利用 throws Exception 进行异常的声明,否则需要用 try...catch 进行异常处理。
- 第 9 行代码通过 Statement 对象的 executeQuery()方法,执行指定的查询并将结果保存到 rs 中。
- 第 10～17 行代码通过 while 循环输出 rs 中的值。
- 第 11～16 行代码也可以换成按照值的顺序采用标号的形式输出,如 rs. getString(1)。
- 第 18 行和第 19 行代码查询结束后需要关闭 Statement 对象,可以使用 Statement 对象的 close()方法。Statement 对象被关闭后,用该对象创建的结果也会自动被关闭。

3. PreparedStatement 接口

PreparedStatement 接口继承自 Statement 接口,但 PreparedStatement 语句中包含了经过预编译的 SQL 语句,因此可以获得更高的执行效率。PreparedStatement 实例包含已编译的 SQL 语句。包含在 PreparedStatement 对象中的 SQL 语句可具有一个或多个 IN 参数。IN 参数的值在 SQL 语句创建时未被指定。相反地,该语句为每个 IN 参数保留一个问号(?)作为占位符。每个问号的值必须在该语句执行之前通过适当的 set×××方法来提供,从而增强了程序设计的动态性。所以对于某些使用频繁的 SQL 语句,用

PreparedStatement 语句比用 Statement 对象具有明显的优势。

PreparedStatement 对象并不将 SQL 语句作为参数提供给这些方法，因为它们已经包含预编译的 SQL 语句。CallableStatement 对象继承这些方法的 PreparedStatement 语句形式。对于这些方法的 PreparedStatement 或 CallableStatement 版本，使用查询参数将抛出 SQLException 异常。应注意，继承自 Statement 接口中所有方法的 PreparedStatement 接口都有自己的 executeQuery()、executeUpdate()和 execute()方法，它的常用方法如表 14-6 所示。

表 14-6　PreparedStatement 接口常用方法

常用方法	用　　途
int executeUpdate()throws SQLException	执行设置的预处理 SQL 语句
ResultSet executeQuery() throws SQLException	执行数据库查询操作并返回
void setInt(int x,int y) throws SQLException	将第 x 参数设置为 int 值
void setFloat(int x,float y) throws SQLException	将第 x 参数设置为 float 值
void setString(intx,String y) throws SQLException	将第 x 参数设置为 String 值
void setDate(int x,Date y) throws SQLException	将第 x 参数设置为 Data 类型的值

例 14-5 将记录('Rose','123','女',18,'软件英语 051') 插入数据表 userin 中。

【例 14-5】　PreparedStatementDemo. java

```
1   import java.sql.*;
2   public class PreparedStatementDemo {
3   public static void main(String[] args) throws Exception {
4     DatabaseConnection db=new DatabaseConnection();
5     Connection conn=db.getConnection();
6     PreparedStatement pstmt=null;
7     String sql="INSERT INTO userin(name,password,sex,age,nclass) VALUES
      (?,?,?,?,?) ";
8     String name="Rose";
9     String password="123";
10    String sex="女";
11    int age=18;
12    String nclass="软件英语 051";
13    try {
14      pstmt=conn.prepareStatement(sql);     //实例化 PreapredStatement 对象
15      pstmt.setString(1,name);
16      pstmt.setString(2,password);
17      pstmt.setString(3,sex);
18      pstmt.setInt(4,age);
19      pstmt.setString(5,nclass);
20      pstmt.executeUpdate();
21    }
22    catch(Exception e){
23      e.printStackTrace();
```

```
24     }
25     pstmt.close();          //关闭操作
26     db.close();             //数据库关闭
27     }
28 }
```

【程序解析】

- 第3行代码利用 throws Exception 进行异常的声明,否则需要用 try...catch 进行异常处理。
- 第7行代码编写预处理的 SQL 语句。
- 第15行代码设置第一个“?”对应字段的值,之后的语句以此类推。
- 第25行代码执行更新语句。

14.3 任务实施

我们将用户登录时对文件的读写转换为对数据库的操作。在用户登录界面中输入用户名和密码后,连接数据库,将输入信息与数据库信息进行比较,判断是否为合法用户。

【例 14-6】 Login_GUI.java 中用户登录功能的 login()方法

```
1   public void login() {
2     String sql="select name,password from userin";
3     try {
4       db=new DatabaseConnection();
5       conn=db.getConnection();
6       stmt=conn.createStatement();
7       rs=stmt.executeQuery(sql);
8       while(rs.next()) {
9         if(rs.getString("name").equals(user.name)
10          && rs.getString("password").equals(user.password)) {
11          loginSuccess=true;
12        }
13      }
14      if(loginSuccess) {
15        stmt.close();
16        conn.close();
17      } else
18        JOptionPane.showMessageDialog(null, "密码不正确,请重新输入!", "密码不
          正确提示", JOptionPane.OK_OPTION);
19      } catch(Exception e) {
20        e.printStackTrace();
21    }
22  }
```

【程序解析】

- 第3行代码定义 SQL 查询语句。

- 第 4～7 行代码声明与数据库操作有关的对象。
- 第 8～13 行代码循环遍历数据集 rs，查找是否存在登录时输入的用户名和密码，如果存在，则将 loginSuccess 设置为 true。

【例 14-7】 Login_GUI.java 中用户注册功能的 register()方法

```
1  public void register() {
2     int flag=0;  //是否重名的判断标志
3     String sql1="select  * from userin where name='"+user.name+"'";
4     try {
5        db=new DatabaseConnection();
6        conn=db.getConnection();
7        stmt=conn.createStatement();
8        rs=stmt.executeQuery(sql1);
9        if(rs.next()) {
10         JOptionPane.showMessageDialog(null, "注册名重复,请另外选择");
11         flag=1;
12       }
13     } catch(Exception e) {
14       e.printStackTrace();
15     }
16     if(flag==0) {        //添加新注册用户
17       String sql2="INSERT INTO userin(name,password,sex,age,nclass)
             VALUES(?,?,?,?,?) ";
18       try {
19           pstmt=conn.prepareStatement(sql2);
20           pstmt.setString(1, user.name);
21           pstmt.setString(2, user.password);
22           pstmt.setString(3, user.sex);
23           pstmt.setString(4, user.age);
24           pstmt.setString(5, user.nclass);
25           pstmt.executeUpdate();
26       //发送注册成功信息
27         JOptionPane.showMessageDialog(null, "用户"+user.name+"注册成功,"
         +"\n");
28         regtSuccess=true;
29         //关闭文件
30         pstmt.close();            //关闭操作
31         db.close();               //关闭数据库
32       } catch(SQLException e) {
33           e.printStackTrace();
34       } catch(Exception e) {
35           e.printStackTrace();
36       }
37    }
38 }
```

【程序解析】

- 第 2 行代码定义标志 flag，用于判断注册的用户名是否已存在，flag=1 表示用户名已存在。

- 第 3 行代码定义 SQL 查询语句，获得与输入的用户名同名的数据集记录。
- 第 9～11 行代码中数据集 rs 不为空时注册名重复。
- 第 5～7 行代码声明与数据库操作有关的对象。
- 第 8 行代码执行查询语句。
- 第 17 行代码定义插入预处理的 SQL 语句。
- 第 20～24 行代码设置相应字段的值。
- 第 25 行代码执行更新语句。

自　测　题

一、选择题

1. 下面可以建立一个 PreparedStatement 接口的 Connection 对象的方法是(　　)。

   A. createPrepareStatement()　　B. prepareStatement()

   C. createPreparedStatement()　　D. preparedStatement()

2. 在 JDBC 中可以调用数据库的存储过程的接口是(　　)。

   A. Statement　　B. PreparedStatement

   C. CallableStatement　　D. PrepareStatement

3. 下面的描述正确的是(　　)。

   A. PreparedStatement 继承自 Statement

   B. Statement 继承自 PreparedStatement

   C. ResultSet 继承自 Statement

   D. CallableStatement 继承自 PreparedStatement

4. 下面的描述错误的是(　　)。

   A. Statement 对象的 executeQuery()方法会返回一个结果集

   B. Statement 对象的 executeUpdate()方法会返回是否更新成功的 boolean 值

   C. 使用 ResultSet 对象中的 getString()方法可以获得一个对应于数据库中 char 类型的值

   D. ResultSet 对象中的 next()方法会使结果集中的下一行成为当前行

5. 如果数据库中某个字段为 numberic 类型，可以获取该类型的结果集中的方法为(　　)。

   A. getNumberic()　　B. getDouble()

   C. setNumberic()　　D. setDouble()

6. 关于 Class. forName()的作用，下列描述不正确的是(　)。

   A. Class. forName(×××. ××. ××)的作用是要求 JVM 查找并加载指定的驱动器类

B. Class. forName(×××. ××. ××)会查找并加载指定的类,并创建驱动器实例

C. Class. forName(×××. ××. ××)会创建驱动器类实例,并注册到 DriverManager 上

D. 当 Class. forName 找不到驱动器类时,会抛出 DriverClassNotFoundException

7. 在 java. sql 包中,关于 Statement 和 PreparedStatement 的区别,描述正确的是( )。

A. Statement 负责查询,PreparedStatement 负责更新和删除

B. Statement 在删除数据时效率更高,PreparedStatement 是预编译的,对于批量处理可以大大提高效率

C. Statement 每次执行一个 SQL 命令时,都会对它进行解析和编译,PreparedStatement 执行同一个 SQL 命令若干次,也只对它解析和编译一次

D. 当同一条 SQL 命令需要执行多次时用 Statement 对象,当需要执行一次时用 PreparedStatement 对象,这样可以提高效率

8. 下列连接各种数据库的驱动器名和对应的 URL 的写法中不正确的是( )。

A. "com. MySQL. jdbc. Driver""jdbc:MySQL://localhost:3306/DatabaseName"

B. "oracle. jdbc. driver. OracleDriver""jdbc: oracle: thin: @ localhost: 1521: DatabaseName"

C. "com. microsoft. jdbc. sqlserver. SQLServerDriver""jdbc: microsoft: sqlserver://localhost:1433; DatabaseName=DatabaseName"

D. "sun. jdbc. odbc. JdbcOdbcDriver""odbc:jdbc:DatabaseName"

二、填空题

1. JDBC 的 Driver 可分为四种类型:________、________、________、________。

2. JDBC API 提供了________、________、________三种接口来实现发送 SQL 语句到数据库并请求执行。

3. 利用________接口的________法可以创建一个 Statement 对象。

4. ________接口的对象可以代表一个预编译的 SQL 语句,它是________接口的子接口。

5. 使用________方法加载和注册驱动程序后,由________类负责管理并跟踪 JDBC 驱动程序,在数据库和相应驱动程序之间建立连接。

拓 展 实 践

【实践 14-1】 创建数据源。设计一个通信录,名为 student. mdb 的 Access 关系数据库,该数据库中包含了一张 student 数据表(表 14-7),并在 ODBC 中配置 Access 数据源。

表 14-7 student 数据表

学号	姓名	班级	手机	E-mail

【实践 14-2】 编写加载数据库的驱动与连接的程序,实现对 student. mdb 的连接。

【实践 14-3】 编写程序实现对通信录(student. mdb)内容的浏览与查询。

面试常考题

【面试题 14-1】 存储过程和函数的区别是什么?

【面试题 14-2】 如何使用可滚动的结果集和可更新的结果集?

学生在线考试系统（C/S 版）

■ 任务 15　设计学生在线考试系统(C/S 版)

任务 15　设计学生在线考试系统(C/S版)

学习目标

本任务通过开发基于C/S的考试系统，介绍Java网络编程的基本知识。学习本任务应掌握以下内容：

- 了解网络基础知识，熟悉网络编程中的专业术语。
- 熟悉Java网络开发中类的使用。
- 比较TCP协议与UDP协议的区别。
- 掌握C/S网络开发的基本模式。

15.1　任务描述

本部分所要完成的学习任务在已完成的单机版考试系统基础上完成C/S版的考试系统。C/S版考试系统运行在局域网环境中，在系统运行过程中需要确定服务器端和客户端实现的功能。我们将考生信息与试题文件存放在服务器端。系统运行时，首先启动服务器端程序，服务器监听是否有客户端与之建立连接运行，运行效果如图15-1所示。考生在客户端输入服务器IP地址，如图15-2所示。为方便运行程序，我们也可以把一台机器模拟成服务器端和客户端，127.0.0.1表示本机地址。考生可以单击"注册"按钮将信息存入服务器端的考生信息文件中，输入正确的用户名和密码登录后，服务器端将试题文件发送到客户端。服务器监听窗口如图15-3所示。考试结束，服务器监听窗口将显示该考生当前的状态以及考试成绩，如图15-4所示。

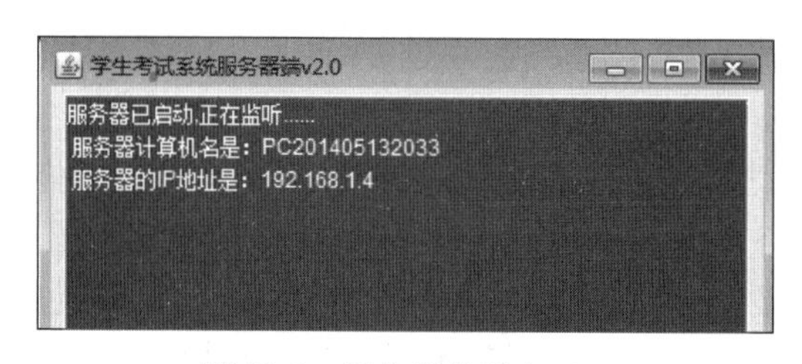

图15-1　服务器监听窗口1

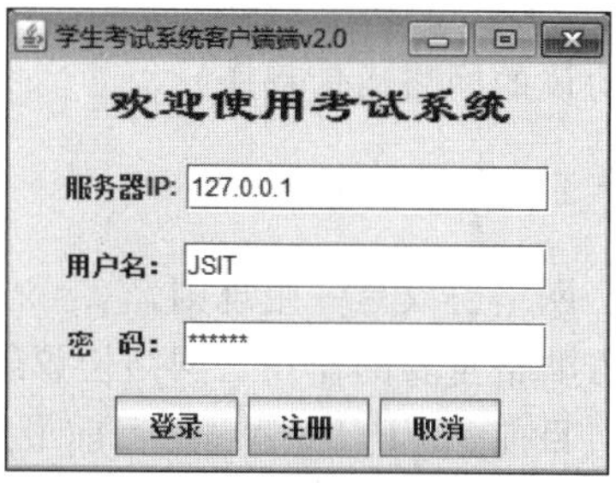

图15-2　客户端登录界面

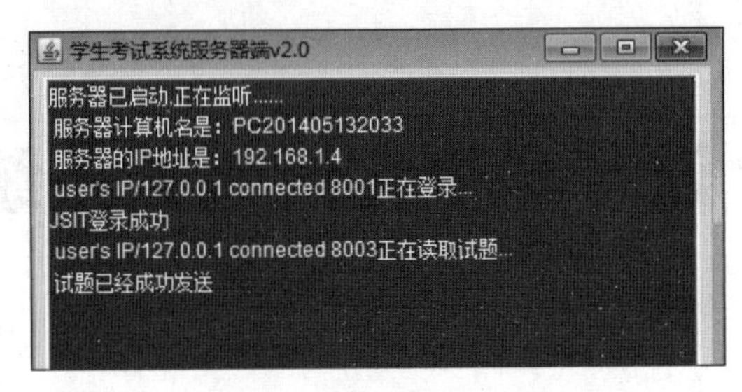

图 15-3　服务器监听窗口 2

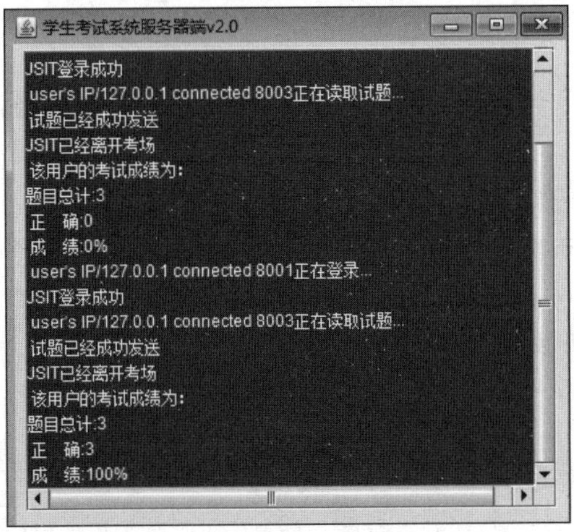

图 15-4　服务器监听窗口 3

15.2　技术要点

15.2.1　网络编程技术基础

Java 是伴随 Internet 发展起来的一种网络编程语言。Java 专门为网络通信提供的软件包 java.net.java.net,为当前最常用的 TCP(Transmission Control Protocol)和 UDP(User Datagram Protocol)网络协议提供了相应的类,使用户能够方便地编写出基于这两个协议的网络通信程序。

1. 网络协议

网络协议是一组规则,它定义了计算机之间相互通信的规程和约定,在计算机通信中起着非常重要的作用。网络协议管理着网络计算机和网络应用程序之间的信息流动。

目前,TCP/IP 协议是目前最流行的商业化网络协议,虽然从名字上看 TCP/IP 包括两个协议,传输控制协议(TCP)和网际协议(IP),但 TCP/IP 实际上是一组协议,它包括上百个各种功能的协议,如远程登录(Telnet)、文件传输(FTP)和电子邮件(POP3、

SMTP)等，而TCP协议和IP协议是保证数据完整传输的两个基本的重要协议。

TCP/IP协议参考模型是一个抽象的分层模型。在这个模型中，所有的TCP/IP协议都归到5个抽象层中，每个抽象层建立在其下层提供的服务上。参考模型包括五个层次：应用层、传输层、网络层、链路层、物理层，如图15-5所示。

应用层（如HTTP、FTP、Telnet协议）
传输层（如TCP、UDP协议）
网络层（如IP协议）
链路层（如设备驱动程序）
物理层（网络的物理连接设备）

图15-5　TCP/IP协议参考模型

网络上的计算机之间通信通常使用的是TCP和UDP协议。TCP是一种可靠的网络通信协议，它的通信方式就像平时打电话一样，首先通话的双方必须建立一个连接(类似于打电话时拨号)，然后才能接收数据(类似于打电话时的交谈)；通信结束后，关闭网络连接(类似于通话的双方挂上电话)。TCP通信协议在通信双方提供了一个点对点的通道，保证了数据通信的可靠进行，否则会提示通信出错。典型的TCP应用程序有超文本传输协议、文件传输协议和远程登录协议。

UDP是一种面向无连接的协议，发送的每个数据报都是一个独立的信息，包括完整的源地址或目的地址，它在网络上以任何可能的路径传送到目的地，因此能否达到目的地，到达目的地的时间以及内容的正确性都是不能保证的，是一种不可靠的通信协议。它的通信方式非常类似于手机发短消息，不能保证对方是否能正确接收到消息。在网络通信质量不断提高的今天，UDP的应用也是相当广泛，它与TCP相比具有系统开销小的优点。UDP的一个典型的应用是ping，ping命令的目的是测试通过网络连接的计算机之间的通信是否畅通。

2. IP和端口号

网络层对TCP/IP网络中的硬件资源通过IP进行标识。连接到TCP/IP网络中的每台计算机(或其他设备)都有唯一的地址，这就是IP地址。目前所有的IP地址都是由32位二进制来表示，这种地址格式称为IPv4(Internet Protocol version 4)，通常以%d.%d.%d.%d的形式表示，每个d是一个8位整数。随着Internet的发展，IPv4表示的IP地址已经不能满足要求，因此一种称为IPv6(Internet Protocol version 6)的地址方案已经开始使用。IPv6使用128位二进制来表示一个IP地址。IPv6正处在不断发展和完善的过程中，在不久的将来将取代目前被广泛使用的IPv4。IP地址只能保证将数据传送到指定的计算机上，由于一台机器中往往有很多应用程序需要进行网络通信，因此还必须知道响应的网络端口号(port)。

端口号是一个标记机器的逻辑通信信道的正整数，端口号不是物理实体。端口号是用一个16位的整数来表达的，其范围为0～65535，其中0～1023为系统所保留，专门给那些通用的服务,如 HTTP 服务的端口号为 80,Telenet 服务的端口号为 21,FTP 服务的端口为 23。因此,当我们编写通信程序时,应选择一个大于 1023 的数作为端口号,以免发生冲突。

TCP 和 UDP 都提供了端口的概念。端口和 IP 地址一起为网络通信的应用程序之间提供了一种确切的地址标识,IP 地址标识了目的计算机,而端口标识了将数据包发送给目的计算机上的应用程序,如图 15-6 所示。

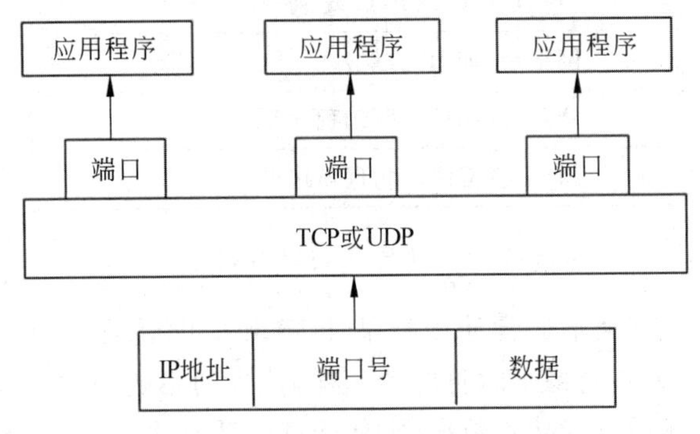

图 15-6　端口与 IP 地址的标识作用

3. 统一资源定位(URL)

统一资源定位符(Uniform Resource Locator,URL)是用于完整地描述 Internet 上网页和其他资源的地址的一种标识方法。Internet 上的每一个网页都具有一个唯一的名称标识,通常称为 URL 地址,这种地址可以是本地磁盘,也可以是局域网上的某一台计算机,更多的是 Internet 上的站点。简单地说,URL 就是 Web 地址,俗称网址。

采用 URL 可以用一种统一的格式来描述各种信息资源,包括文件、服务器的地址和目录等。典型 URL 的格式由协议、地址、资源三部分组成。例如:

```
http://www.sohu.com/web/index.html
http://www.jsit.edu.cn:80/ index.html
ftp://ftp.tsinghua.edu.cn/nyclass
```

(1) 协议:指明了文档存放的服务器类别。比如 HTTP 协议,简单地说就是 HTTP 协议规定了浏览器从 WWW 服务器获取网页文档的方式。常用的 HTTP、FTP、File 协议都是虚拟机支持的协议。

(2) 地址:由主机名和端口号组成。其中主机名是保存 HTML 和相关文件的服务器名。每个服务器中的文档都使用相同的主机名。端口号用于指定客户端要连接的网络服务器程序的监听端口号,每一种标准的网络协议都有一个默认的端口号。当不指定端口时,客户端程序会使用协议默认的端口号去连接网络服务器。

(3) 资源:可以是主机上的任何一个文件,需包括该资源对应的文件夹和文件名。

4. C/S 和 B/S 模式

在客户机/服务器(Client/Server)中,主机叫作服务器,网络通常是局域网(LAN)或是广域网(WAN)。每一台 PC 都是一个客户机,都有访问网络的功能,允许在客户机和服务器之间通信。客户机/服务器模式的工作模式是:网络中的一些计算机运行服务程序,充当专门提供服务的服务器,其他需要服务的计算机作为客户机。当用户需要某项服务时,客户机通过网络与能提供该种服务的服务器建立连接,向它发出服务请求,服务器根据该请求作出相应的处理,并返还处理结果。

B/S(Browser/Server)结构即浏览器和服务器结构,它是随着 Internet 技术的兴起,对 C/S 结构的一种变化或者改进的结构。在这种结构下,用户工作界面是通过 WWW 浏览器来实现,也就是极少部分事务逻辑在前端(Browser)实现,但是主要事务逻辑在服务器端(Server)实现,这样就大大简化了客户端计算机的载荷,减轻了系统维护与升级的成本和工作量,降低了用户的总体成本。

15.2.2 Java 常用网络类

java.net 包中提供了常用的网络功能类:InetAddress、URL、Sockets、Datagram。其中 InetAddress 面向的是网络层(IP 层),用于标识网络上的硬件资源。URL 面向的是应用层,通过 URL,Java 程序可以直接送出或读入网络上的数据。Sockets 和 Datagram 面向的则是传输层。Sockets 使用的是 TCP 协议,这是传统网络程序最常用的方式,可以想象为两个不同的程序通过网络的通信信道进行通信。Datagram 则使用 UDP 协议,是另一种网络传输方式,它把数据的目的地记录在数据包中,然后直接放在网络上。本小节主要介绍 InetAddress 类和 URL 类。

1. InetAddress 类

java.net 包中的 InetAddress 类用于创建包含一个 Internet 主机地址、域名和 IP 地址对象。它提供了一系列方法用于描述、获取及使用网络资源。InetAddress 类没有构造函数,因此不能用 new()方法来创建一个 InetAddress 对象,但是可以用它提供的静态方法来生成。InetAddress 类的常用方法如表 15-1 所示。

表 15-1 InetAddress 类的常用方法

常用方法	用途
public static InetAddress getLocalHost()	获取本机 IP 地址
public Static InetAddress getByName(String host)	在给定主机名的情况下确定主机的 IP 地址
public static InetAddress[] getAllByName(String host)	获取本机的所有 IP 地址
public byte[] getAddress()	获得本对象的 IP 地址(存放在字节数组中)
public String getHostAddress()	获得本对象的 IP 地址
public String getHostName()	获得本对象的机器名

在例 15-1 的程序中,通过 InetAddress 类提供的方法可以获得给定的网址主机名和 IP 地址。

【例 15-1】 InetAddressDemo. java

```
1   import java.net.*;
2   public class InetAddressDemo{
3     public static void main(String args[]) {
4       InetAddress so=null;
5       try{
6           so=InetAddress.getByName("www.sohu.com");
7       }catch(UnknownHostException e) {}
8       System.out.println("主机名为: "+so.getHostName());
9       System.out.println("IP 地址为: "+so.getHostAddress());
10    }
11  }
```

【程序运行结果】

```
主机名为: www.sohu.com
IP 地址为: 101.227.172.11
```

【程序解析】

- 第 6 行代码创建包含一个 www. sohu. com 域名的对象。
- 第 8 行代码输出对象的主机名。
- 第 9 行代码输出对象的 IP 地址。

2. URL 类

在 java. net 包中,提供了 URL 类来表示 URL。URL 类的常用构造函数和方法如表 15-2 所示。

表 15-2 URL 类的常用构造函数和方法

常用构造函数和方法	用　途
public URL(String url)	创建指向 url 资源的 URL 对象
public URL(URL baseur,String relativeurl)	通过 URL 地址和相对于该地址的资源名创建 URL 对象
public URL(String protocol,String host,String file)	通过给定的协议、主机和文件名创建 URL 对象
public URL(String protocol,String host,int port,String file)	通过给定的协议、主机、端口号和文件名创建 URL 对象
public String getProtocol()	获取该 URL 的协议名
public int getPort()	获取该 URL 的端口号
public String getHost()	获取该 URL 的主机名
public String getPath()	获取该 URL 的文件路径
public String getFile()	获取该 URL 的文件名
public String getRef()	获取该 URL 在文件中的相对位置

URL 类的具体应用见例 15-2。

【例 15-2】 URLDemo.java

```
1   import java.net.*;
2   public class URLDemo{
3    public static void main(String args[]) {
4       try{
5          URL tuto=new URL("http://www.sun.com:80/products/index.jsp");
6          System.out.println("protocol="+tuto.getProtocol());
7          System.out.println("host="+tuto.getHost());
8          System.out.println("filename="+tuto.getFile());
9          System.out.println("port="+tuto.getPort());
10         System.out.println("ref="+tuto.getRef());
11         System.out.println("query="+tuto.getQuery());
12         System.out.println("path="+tuto.getPath());
13         System.out.println("UserInfo="+tuto.getUserInfo());
14         System.out.println("Authority="+tuto.getAuthority());
15      }catch(Exception e){
16        System.out.println(e);}
17   }
18  }
```

【程序运行结果】

```
protocol=http
host=www.sohu.com
filename=/products/index.jsp
port=80
ref=null
query=null
path=/products/index.jsp
UserInfo=null
Authority=www.sohu.com:80
```

【程序解析】

- 第 5 行代码创建指向 url 资源的 URL 对象。
- 第 6 行代码输出获取的 URL 协议名。
- 第 7 行代码输出获取的 URL 主机名。
- 第 8 行代码输出获取的 URL 文件名。
- 第 9 行代码输出获取该 URL 的端口号。
- 第 10 行代码输出获取的 URL 在文件中的相对位置。
- 第 11 行代码输出获取的 URL 查询部分。
- 第 12 行代码输出获取的 URL 的文件路径。
- 第 13 行代码输出获取的 URL 的 userInfo 部分。
- 第 14 行代码输出获取的 URL 的授权部分。

15.2.3 TCP网络编程

1. 套接字(Socket)

Socket这个词的一般意义是自然的或人工的插口,类似于家用电器的电源插口等,一般翻译成套接字。应用层通过传输层进行数据通信时,在Java语言中提供了两种Socket通信方式,即TCP Socket和UDP Socket,它们分别对应着面向连接的通信方式和无连接的通信方式。

网络中通信双方进行数据交换时,发送方将要传输的数据放入套接字中,套接字通过和网络驱动程序绑定将数据发送到接收方。因此在Soket编程中,允许把网络连接看作一种流,通信的两端可以通过流进行读写数据。Java网络编程中,一个Socket由主机号、端口号和协议名三部分内容组成。Socket是网络上两个应用程序之间双向通信的一端,不仅可以接收消息,而且还可以发送消息,它是TCP和UDP的基础。

Java将TCP/IP协议封装到java.net包的Socket类和ServerSocket类中,它们可以通过TCP/IP协议建立网络上的两台计算机(程序)之间的可靠连接,并进行双向通信。Java语言中的套接字(Socket)编程就是网络通信协议的一种应用。

在使用Socket进行通信的过程中,主动发起通信的一方通常被称为客户端,接收请求进行通信的一方则被称为服务器端。应用Socket进行网络编程,基本过程可以分为以下三个步骤。

(1) 由服务器端建立服务器套接字(ServerSocket),使其负责监听指定端口是否有来自客户端的连接请求。

(2) 由客户端创建一个Socket对象,包括欲连接的主机IP地址和端口号以及指定使用的通信协议一起发送给服务器端,请求与服务器建立连接。

(3) 服务器端监听到客户端的请求后,也创建一个Socket对象用来接收该请求,此时双方建立连接,服务器端和客户端可以进行通信。

2. 客户端套接字(Socket类)

建立客户端的网络应用程序是通过Socket类完成的,使用Socket时,需要指定欲连接服务器的IP地址和端口号。客户端创建好Socket对象后,将立即与指定的IP和端口连接。服务器端将创建新的Socket客户端Socket连接起来。当服务器端Socket与客户端Socket连接成功后,就可以获取Socket的输入/输出流,通信双方可以进行数据交换。

Socket类的常用构造函数如表15-3。

表15-3 Socket类的常用构造函数

常用构造函数	用　　途
public Socket(InetAddress address,int port)	创建一个Socket对象,并将它连接到指定服务器的端口上
public Socket(String host,int port)	创建一个Socket对象,并将它连接到指定主机的端口上

续表

常用构造函数	用　　途
public Socket(InetAddress address,int port,InetAddress localaddr,int localport)	创建一个 Socket 对象,并将它连接到指定服务器的端口上,同时指出本地 IP 地址和端口号
public Socket(String host,int port,InetAddress localaddr,int localport)	同上

下面是一个典型的创建客户端 Socket 的过程。

```
try{
    Socket socket=new Socket(host, 8888);
    }catch(IOException e){
    System.out.println("Error:"+e);
}
```

这是在客户端创建的 Socket 的一个小程序段,也是使用 Socket 进行网络通信的第一步。

3. 服务端套接字(ServerSocket 类)

为创建 TCP 服务器端的 Socket,Java 提供了 ServerSocket 类。服务器端的 Socket 通过指定的端口来等待连接的 Socket。服务器 Socket 一次只能与一个 Socket 进行连接。ServerSocket 类允许程序绑定一个端口,等待客户端程序请求,然后根据客户的请求执行一定的操作,并对请求作出响应。

ServerSocket 类常用构造函数及方法如表 15-4 所示。

表 15-4　ServerSocket 类常用构造函数及方法

常用构造函数及方法	用　　途
public ServerSocket(int port)	在指定端口上创建一个服务器 Socket。如果端口号为 0,则在任意可用的端口上创建服务器 Socket。该 Socket 可以提供的最大连接数为 50。如果连接数超过 50,那么这个连接就会被拒绝
public ServerSocket(int port,int count)	实现的功能类似第 1 种,只是该 Socket 可以提供的最大连接数为 count。如果连接数超过 count,那么这个连接就会被拒绝
public ServerSocket(int port,int count,InetAddress bindAddr)	创建一个服务器 Socket。如果 bindAddr 为空,那么它将认为是本地的任何一个有效地址。参数 bindAddr 为该服务器绑定的本地 IP 地址
public Socket accept()	建一个服务器 Socket 后,调用 accept()方法等待客户的请求。在等待客户请求的过程中,accept()方法将处于阻塞状态(即无限循环状态),直到接收到连接请求后,返回一个用于连接客户端 Socket 的实例
public InetAddress getInetAddress()	返回与服务器套接字结合的 IP 地址
public int getLocalPort()	获取服务器套接字等待的端口号
public void close()	关闭此套接字

在上述三个构造函数中，若不能在指定的端口上正确创建服务器套接字，将抛出一个 IOException 异常，因此在使用这 3 个构造函数创建 ServerSocket 对象时要对可能发生的异常进行捕获。

下面是一个典型的创建 Server 端 ServerSocket 的过程。

```
try {
    ServerSocket server=new ServerSocket(8888);
        //创建一个 ServerSocket,在 8888 端口监听客户请求
}catch(IOException e){}
try {
    Socket socket=server.accept();
} catch(IOException e){}
```

以上的程序是 Server 的典型工作模式，只不过在这里 Server 只能接收一个请求，接收完后 Server 就退出了。实际的应用中总是让它不停地循环接收，一旦有客户请求，Server 总是会创建一个服务线程来服务新来的客户，而自己继续监听。程序中 accept() 是一个阻塞方法，所谓阻塞性方法就是该方法被调用后，将等待客户的请求，直到有一个客户启动并请求连接到相同的端口，最后 accept()方法返回一个对应于客户端的 Socket。

4. Socket 间的通信

当服务器与客户端连接成功后，同时服务器端的 Socket 和客户端 Socket 也分别建立，网络通信实际上变成了对流对象的读写操作，如图 15-7 所示。

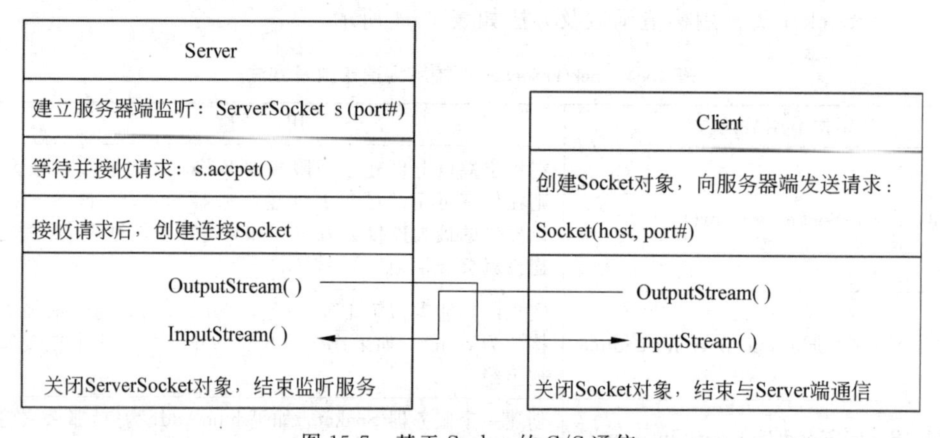

图 15-7　基于 Socket 的 C/S 通信

Socket 类提供了 getInputStream()方法和 getOutputStream()方法来得到 Socket 对应的输入/输出流以进行数据读/写操作，它们分别返回 InputStream 对象和 OutputStream 对象。

(1) public OutputStream getOutputStream()

功能：从 Socket 中获得一个输出流，用于向 Socket 写数据。

(2) public InputStream getInputStream()

功能：从 Socket 中获得一个输入流，用于从 Socket 中读数据。

为了便于读/写数据，可以在返回的输入/输出流对象上建立过滤流，如DataInputStream、DataOutputStream 或 PrintStream 类的对象。对于文本方式流对象，可以采用 InputStreamReader 和 OutputStreamWriter、PrintWirter 等处理。例如：

```
BufferedReader in=new ButfferedReader(new InputSteramReader(Socket.
getInputStream()));
DataInputStream is=new DataInputStream(socket.getInputStream());
PrintStream os=new PrintStream(new BufferedOutputStreem(socket.
getOutputStream()));
PrintWriter out=new PrintWriter(socket.getOutStream(),true);
```

下面通过例 15-3 的服务端程序和例 15-4 的客户端程序介绍 C/S 编程模式。服务器启动后监听客户端的连接请求，一旦接收请求后，客户端将用户输入的用户名信息发送到服务器端，服务器端作出判断该用户名是否正确，若正确将“用户名正确”发送至客户端，否则发送“用户不存在”。

【例 15-3】 ServerDemo .java（服务器端程序）

```
1   import java.net.*;
2   import java.io.*;
3   public class ServerDemo{
4     public static void main(String args[]){
5     ServerSocket ss=null;
6     PrintStream out=null;
7     BufferedReader in=null;
8     String str;
9     try{
10        ss=new ServerSocket(8888);
11        System.out.println("服务器已启动,等待客户端连接...");
12        while(true){
13          Socket s=ss.accept();
14          System.out.println("一个客户端已连接上...");
15          out=new PrintStream(s.getOutputStream(), true);
16          in=new BufferedReader(new InputStreamReader(s.getInputStream()));
17          str=in.readLine();
18          System.out.println("客户端用户名: "+str);
19          if(str.equals("JSIT"))
20              out.println("用户名正确");
21          else out.println("用户不存在");
22          out.close();
23          in.close();
24        }
25      }catch(IOException e){}
26    }
27  }
```

【程序运行结果】

```
服务器已启动,等待客户端连接...
一个客户端已连接上...
```

```
客户端用户名：JSIT
```

【程序解析】

- 第 10 行代码创建 ServerSocket 端口并用于在 8888 处监听客户端。
- 第 13 行代码创建服务器端 Socket。
- 第 15 行代码由 Socket 输出流创建 PrintStream 对象。
- 第 16 行代码由 Socket 输入流创建 BufferedReader 对象。
- 第 17 行代码由标准设备输入。

【例 15-4】 SingleClient .java(客户端程序)

```
1   import java.net.*;
2   import java.io.*;
3   public class SingleClient{
4     public static void main(String args[]){
5       try{
6         Socket s=new Socket("127.0.0.1",8888);
7           //对指定服务器的指定端口建立客户端套接字
8         PrintStream out=new PrintStream(s.getOutputStream());
9       BufferedReader in=new BufferedReader(new InputStreamReader
        (s.getInputStream()));
10      BufferedReader stdin=new BufferedReader(new InputStreamReader
        ((System.in)));
11          System.out.print("用户名:");
12        String str=stdin.readLine();
13        out.println(str);
14        System.out.println(in.readLine());
15        in.close();
16        out.close();
17      }
18        catch(IOException e){}
19    }
20  }
```

【程序运行结果】

```
用户名：JSIT
用户名正确
```

【程序解析】

- 第 6 行代码通过本机地址 127.0.0.1 和 8888 端口构造客户端 Socket。
- 第 8 行代码由 Socket 输出流创建 PrintStream 对象。
- 第 9 行代码由 Socket 输入流创建 BufferedReader 对象。
- 第 10 行代码由系统标准输入流创建 BufferedReader 对象。
- 第 11～16 行代码关闭输入、输出流。

5. 支持多客户的网络通信

在例 15-3 中，服务器端同一时间只能与一个客户建立连接，直到与客户操作完毕后才断开连接，然后再与下一个客户建立连接。假如同时有多个客户请求建立连接，这些客户就必须排队等候服务器的响应，因服务器无法同时与多个客户通信。这时可以采用多线程技术，服务器的主线程只负责循环等待接收客户的连接，每次接收到一个客户连接就会创建一个工作线程，由它负责与客户的通信，不同的处理线程为不同的客户服务。下面通过例 15-5 予以演示。

【例 15-5】 MultiServerDemo.java

```
1   import java.net.*;
2   import java.io.*;
3   public class MultiServerDemo{
4     public static void main(String args[]){
5     ServerSocket ss=null;
6     try{
7       System.out.println("服务器已启动,等待客户端连接...");
8       ss=new ServerSocket(8888);
9       while(true){
10      Socket s=ss.accept();
11      new MultiServerThread(s).start();
12      s.close();
13      }
14    }catch(IOException e){}
15    }
16  }
17  class MultiServerThread extends Thread{
18    Socket s=null;
19    String str;
20    MultiServerThread(Socket socket){
21      super("MultiServerThread ");
22      this.s=socket;
23      System.out.println("一个客户端已连接上...");
24    }
25    PrintStream out=null;
26    BufferedReader in=null;
27    public void run(){
28      try{
29      out=new PrintStream(s.getOutputStream(), true);  //自动刷新
30      in=new BufferedReader(new InputStreamReader(s.getInputStream()));
31          //获取客户端套接字输入/输出流
32      str=in.readLine();
33      System.out.println(" 客户端用户名: "+str);
34      if(str.equals("JSIT"))
35          out.println("用户名正确");
36      else out.println("用户不存在");
37      out.close();
38      in.close();
39      } catch(IOException e){}
40    }
41  }
```

【程序运行结果】

```
服务器已启动,等待客户端连接...
一个客户端已连接上...
一个客户端已连接上...
```

【程序解析】

- 第8行代码创建ServerSocket端口以便在8888端口处监听客户端。
- 第11行代码构造MultiServerThread类对象以便对客户请求进行监听,并启动线程。
- 第17~41行代码定义负责监听客户端请求的MultiServerThread类。

15.2.4 UDP网络编程

UDP协议是无连接的协议,它以数据报作为数据传输的载体。数据报是一个在网络上发送的独立信息,包含该报完整的源和目的信息,以指明其走向。UDP协议无须在发送方和接收方建立连接,但也可以先建立连接。数据报在网上可以以任何可能的路径发送到目的地。数据报的到达、到达时间以及内容本身都不能得到保证。数据报的大小是受限制的,每个数据报的大小限定在64KB以内。UDP协议不要求网络通信双方有严格的服务器端和客户端之分,一个基于UDP的数据报套接字既可以发送数据,也可以接收数据。

在网络传输中,速度的要求相对于可靠性来说一般更为重要。例如,传输声音信号时,少量数据报的丢失对整体音效没有太大影响。在网络组波及大多数的网络游戏中,一般也采用UDP协议进行通信。

在Java中,基于UDP协议实现网络通信的类有两个:一个是用于封装具体的数据信息的数据报类DatagramPacket;另一个是用于数据报通信中收发数据报的DatagramSocket类。

1) 发送数据报

首先需要创建一个DatagramPacket对象将具体的数据信息封装为一个数据报,指定要发送的数据及长度、目的地主机名和端口号,然后使用DatagramSocket对象的成员方法send()来发送数据。

2) 接收数据报

类似TCP的socket。接收数据报也需要创建一个DatagramSocket对象来监听指定主机的端口;然后再创建一个DatagramPacket对象,用于从缓冲区接收数据。最后DatagramPacket对象调用receive()方法使其处于阻塞状态,直到接收到数据,接着循环调用receive()方法使其处于阻塞状态,等待接收下一个数据。

DatagramPacket类和DatagramSocket类常用的构造函数及方法如表15-5和表15-6所示。

表 15-5　DatagramPacket 类常用的构造函数及方法

常用的构造函数及方法	用　途
public DatagramPacket(byte[] buf,int length)	创建数据报对象，用于保存接收到的数据报
public DatagramPacket(byte[] buf, int length, InetAddress iaddr,int port)	当接收到一个数据报后，DatagramPacket 类提供了多个方法来读取其中的数据信息
public synchronized InetAddress getAddress()	返回数据报中包含的 IP 地址
public synchronized byte[] getData()	返回数据报中的数据信息
public synchronized int getLength()	返回数据长度
public synchronized int getPort()	返回数据报中的端口信息

表 15-6　DatagramSocket 类常用的构造函数及方法

常用的构造函数及方法	用　途
public DatagramSocket()	创建一个 UDP Socket，并由系统分配一个可用的端口号
public DatagramSocket(int port)	创建一个 UDP Socket，并指定端口号
public DatagramSocket(int port,InetAddress laddr) throws SocketException	创建一个 UDP Socket，并将其绑定到指定的地址和端口上
public send(DatagramPacket p)	发送一个数据报，数据报中包含数据、数据的长度、目的地址及端口信息
public synchronized void receive(DatagramPacket p)	该方法运行后将进入阻塞状态，直到接收到一个数据报
public synchronized void close()	关闭 UDP Server

对于例 15-6 和例 15-7，首先运行 UDPReceive，则程序处于监听状态；然后运行 UDPSend，通过该程序发送数据；UDPReceive 接收一旦接收到数据，则显示及输出。如果先运行 UDPSend 程序，尽管此时没有接收端与之建立连接，数据仍然正常发送出去，因此所发送的数据没有被接收，体现了 UDP 协议下发送数据的不可靠性。

【例 15-6】　UDPReceive.java(接收数据端)

```
1  import java.io.*;
2  import java.lang.*;
3  import java.net.*;
4  public class UDPReceive{
5    private DatagramSocket dser;
6    private DatagramPacket dpac;
7    private byte rb[];
8    private String rev;
9    public UDPReceive() {
10      Init();
11   }
```

```
12    public void Init() {
13    try {
14      //创建接收数据报的套接字
15      dser=new DatagramSocket(8888);
16      System.out.println("接收消息端已启动并已处于监听状态!");
17      rb=new byte[1024];
18      dpac=new DatagramPacket(rb,rb.length);
19      rev="";
20      //接收数据报并输出
21      dser.receive(dpac);
22      rev=new String(rb,0,dpac.getLength());
23      System.out.println("从发送端接收到的信息:"+rev);
24    }
25    catch(Exception e) { }
26    }
27    public static void main(String args[]) {
28      new UDPReceive();
29    }
30  }
```

【程序运行结果】

```
接收消息端已启动并已处于监听状态!
从发送端接收到的信息:2020,北京欢迎您!
```

【程序解析】

- 第15行代码使用DatagramSocket(PORT)构造DatagramSocket对象。
- 第21行代码等待接收发送的数据。
- 第22行代码指定接收到数据的长度,可使接收数据正常显示。

【例15-7】 UDPSend.java(发送数据端)

```
1   import java.io.*;
2   import java.lang.*;
3   import java.net.*;
4   public class UDPSend{
5    private DatagramSocket cli;
6    private DatagramPacket pac;
7    private byte sb[];
8    private String sen;
9    public UDPSend(){
10    Init();
11   }
12   public void Init() {
13     try{
14       cli=new DatagramSocket(8888);
15       sb=new byte[1024];
16       sen="2020,北京欢迎您!";
17       sb=sen.getBytes();
18       pac=new DatagramPacket(sb,sb.length,InetAddress.getByName
```

```
           ("localhost"),8888);
19          System.out.println("开始发送数据..."+sen);
20          cli.send(pac);
21          System.out.println("数据发送完毕");
22        }
23        catch(SocketException se) {}
24        catch(IOException ie) { }
25      }
26      public static void main(String args[]){
27        new UDPSend();
28      }
29    }
```

【程序运行结果】

```
开始发送数据...2020,北京欢迎您!
数据发送完毕
```

【程序解析】

- 第 14 行代码使用 DatagramSocket(PORT)构造 DatagramSocket 对象。
- 第 18 行代码创建发送数据报的套接字对象。
- 第 20 行代码发送消息。

15.3　任务实施

在学生考试系统(单机版)的基础之上略做修改,就可以实现学生考试系统(C/S 版)。

(1) 学生考试系统(C/S 版)需要将原有的考试系统中的功能模块进行划分。可以将单机版中的登录界面程序(Login_GUI. java)、注册界面程序(Register_GUI. java)、计算器程序(Calulator. java)和考试界面程序(Test_GUI. java)作为客户端应用程序。可以将单机版的客户端 Login_GUI. java 中的登录按钮事件、Register_GUI 注册按钮事件、Test_GUI提交试题按钮事件中的相关对本地文件的操作改成和服务器端的通信操作即可。

(2) 服务器端存放试题文件和用户信息。可以将用户的信息验证和信息写入服务器端,因此把对用户登录和注册信息的程序(Register_Login. java)放在服务器端。当客户端的用户成功登录后,服务器端的试题文件将下载到本地,各客户端对本地的试题文件进行操作,互不干扰,因此在客户端增加一个下载服务器端试题文件的程序(Load_Text. java)。

(3) 服务器端设计成一个简单的监听窗口,对客户端的相关活动进行监听。在服务器端的窗口程序和管理程序(Server. java),可以为客户端不同的操作创建不同的线程,从而可以实现多个客户端同时进行考试。

(4) 当客户端发出下载试题文件的请求时,服务器端要把本地试题文件中的试题读取出来,进行相关处理后再传给客户端,相关操作由 Server_ReadText. java 完成。

(5) 当客户端有新用户登录时,需要验证该用户是否已经登录,管理已经登录用户账号的程序(UserOnly.java)可以完成相关操作。

(6) 当用户完成考试并退出考场时,需要将该用户的账号从已登录用户的账号中删除,为此创建了一个接收客户端用户退出考场信息的类(Exit_Test.java)。

下面仅以输入的用户名和密码与服务器端的信息进行比较,并返回给客户端后,来学习 C/S 模式下的程序设计。

客户端用于用户登录的代码如例 15-8 所示。

【例 15-8】 Login_GUI.java

```
1   String logininfo=name+"^"+password+"^";  //定义由用户名和密码加逗号组成的
                                               登录字符串
2   int port1=8001;
3   try{
4      socket=new Socket(ip, port1);
5      in=new DataInputStream(socket.getInputStream());
6      out=new DataOutputStream(socket.getOutputStream());
7      out.writeUTF(logininfo);
8      }
9      catch(IOException ee) {
10    JOptionPane.showMessageDialog(null,"服务器不存在,请先启动服务器!");
11    }
12    if(socket !=null){  //如果连接成功,对返回信息进行分析
13    try {
14        String loginmessage=in.readUTF().trim();
15        if(loginmessage.equals("登录成功")){
16          new Load_Text(ip);
17        JOptionPane.showMessageDialog(null,"\t 恭喜,您已成功登录!","登录成功
          提示", JOptionPane.PLAIN_MESSAGE);
18        new Test_GUI(namefield.getText().trim(),ip);
19        frame.dispose();
20    }
21        else{
22        JOptionPane.showMessageDialog(null,loginmessage);
23          namefield.setText("");
24        pwdfield.setText("");
25        }
26    }
27    catch(IOException e1){
28    e1.printStackTrace();
29    }
30  }
```

【程序解析】

- 第 3~8 行代码建立网络连接。
- 第 9~11 行代码为连接失败时进行的异常处理。
- 第 14 行代码存放返回的信息。

相应的服务器端 Server.java 代码如例 15-9 所示。

【例 15-9】 Server.java

```
1   public class Server{
2     public static void main(String args[]){
3        Server_Frame sf=new Server_Frame();
4        sf.setDefaultCloseOperation(JFrame.EXIT_ON_CLOSE);
5        sf.setVisible(true);
6     }
7   }
8   //框架类
9   class Server_Frame extends JFrame{
10      private Toolkit kit=Toolkit.getDefaultToolkit();
11      public Server_Frame(){
12        setTitle("服务器端(CS_Exam System Server V1.2)");
13        Dimension ds=kit.getScreenSize();
14        int w=ds.width;
15        int h=ds.height;
16        setBounds((w-420)/2,(h-400)/2,420,400);
17        Server_Panel sp=new Server_Panel();
18        add(sp);
19      }
20    }
21    //容器类
22    class Server_Panel extends JPanel{
23       private JTextArea area;
24       private JLabel copyright;  //版权信息标签
25       private Box box,box1;
26       private String  ServerIPaddress=null;
27       private String  ServerName=null;
28       public Server_Panel(){
29         area=new JTextArea(18,35);
30         area.setBackground(Color.BLACK);
31         area.setForeground(Color.WHITE);
32         area.setEditable(false);
33         JScrollPane sp=new JScrollPane(area);
34         copyright=new JLabel();
35         copyright.setHorizontalAlignment(JLabel.RIGHT);
36         copyright.setFont(new Font("宋体",Font.PLAIN,14));
37         copyright.setForeground(Color.GRAY);
38         copyright.setText("copyright@  developed by yunchen");
39         box=Box.createVerticalBox();
40         box1=box.createHorizontalBox();
41         box1.add(Box.createHorizontalStrut(160));
42         box1.add(copyright);
43         box.add(sp);
44         box.add(Box.createVerticalStrut(15));
45         box.add(box1);
46         add(box);
```

```
47          new Server_Manager(area);
48          area.setText("服务器已启动,正在监听...");
49          UserOnly uo=new UserOnly();
50             //获得服务器的计算机名和 IP 地址
51          try {
52             ServerIPaddress=InetAddress.getLocalHost().getHostAddress();
53             ServerName=InetAddress.getLocalHost().getHostName();
54          }
55          catch  (UnknownHostException e){ }
56          area.append("\n 服务器计算机名是: "+ServerName+"\n 服务器的 IP 地址是:
            "+ServerIPaddress);
57        }
58    }
59    class Server_Manager extends Thread{
60       private JTextArea iarea;
61       public Server_Manager(JTextArea area){
62          iarea=area;
63          Thread thread1=new Thread() {
64          public void run(){
65            ServerSocket server1=null;
66            Socket client1=null;
67            int port1=8001;
68            try {
69             server1=new ServerSocket(port1);
70            }
71            catch(IOException e) {
72                e.printStackTrace();
73            }
74            while(true){
75              try {
76                 client1=server1.accept();
77              }
78               catch(IOException e){
79                 e.printStackTrace();
80               }
81               if(client1 !=null){
82                 Server_Login sl=new Server_Login(client1,iarea);
83                 sl.start();
84                 iarea.append("\n user's IP"+client1.getInetAddress()+
85                   " connected "+port1+"正在登录...");
86                }
87                else {
88                  iarea.append("\n user's IP"+client1.getInetAddress()+
89                    " connected "+port1+"中断线程启动");
90                }
91             }
92           }
93          };
94          thread1.start();
```

```
95      Thread thread2=new Thread("two") {
96          public void run() {
97              ServerSocket server2=null;
98              int port2=8002;
99              try {
100                 server2=new ServerSocket(port2);
101             }
102             catch(IOException e){
103                 e.printStackTrace();
104             }
105             while(true){
106                 Socket client2=null;
107                   try{
108                       client2=server2.accept();
109                   } catch(IOException e)      {
110                       e.printStackTrace();
111                   }
112                   if(client2 !=null) {
113                       Server_Register sr=new Server_Register(client2,iarea);
114                       sr.start();
115                       iarea.append("\n user's IP"+client2.getInetAddress()+
                          " connected "+port2+"注册信息...");
116                   }
117               }
118           }
119       };
120       thread2.start();
121       Thread thread3=new Thread("three") {
122         ServerSocket server3=null;
123         int port3=8003;
124         public void run(){
125           try {
126             server3=new ServerSocket(port3);
127           }
128           catch(IOException e){
129             e.printStackTrace();
130           }
131           while(true) {
132              Socket client3=null;
133              try {
134                  client3=server3.accept();
135             } catch(IOException e){
136                  e.printStackTrace();
137             }
138             if(client3 !=null){
139                  new Server_ReadText(client3,iarea).start();
140                  iarea.append("\n user's IP"+client3.getInetAddress()+
                     " connected "+port3+"正在读取试题...");
141             }
```

```
142                }
143              }
144          };
145          thread3.start();
146          //启动一个响应客户端退出考场的线程
147          Thread thread4=new Thread("four") {
148            public void run() {
149                ServerSocket server4=null;
150                int port4=8004;
151                try {
152                  server4=new ServerSocket(port4);
153                }
154                catch(IOException e){
155                  e.printStackTrace();
156                }
157                while(true) {
158                  Socket client4=null;
159                  try{
160                     client4=server4.accept();
161                  }
162                  catch(IOException e){
163                     e.printStackTrace();
164                  }
165                  if(client4 !=null){
166                     Exit_Test lr=new Exit_Test(client4,iarea);
167                     lr.start();
168                  }
169                }
170            }
171        };
172        thread4.start();
173    }
174 }
```

【程序解析】

- 第 64 行代码启动一个响应客户端登录的线程。
- 第 81 行代码启动第一个线程。
- 第 95 行代码启动一个响应客户端注册的线程。
- 第 112 行代码启动第二个线程。
- 第 121 行代码启动一个客户端下载试题的线程。
- 第 138 行代码启动第三个线程。

自 测 题

一、选择题

1. 对于编写 Socket 程序效果不同的步骤是(　　)。

A. 打开 Socket　　B. 关闭 Socket
C. 对 Socket 进行 I/O 操作　　D. 打开连接到 Socket 的 I/O 流

2. 下列说法错误的是(　　)。
A. 每个 UDP 报文都包含了完整的源地址和目的地址
B. UDP 协议中,发送方和接收方之间不用建立可靠的连接
C. UDP 协议的传输是可靠的,而且操作简单
D. UDP 报文最大是 64KB

3. 下列不属于 URL 资源名中包含内容的是(　　)。
A. 传输协议名　　B. 端口号　　C. 文件名　　D. 主机名

4. 下列不属于传输协议名称的一项是(　　)。
A. ftp　　B. http　　C. www　　D. file

5. 下列不适于使用 UDP 协议进行传输的一项是(　　)。
A. 广播　　B. 传输时钟信息　　C. ping 命令　　D. 聊天室

二、填空题

1. URL 是________的简称,它表示 Internet/Intranet 上的资源位置。这些资源可以是一个文件、一个________或一个________。

2. 每个完整的 URL 由四部分组成:________、________、________以及________。

3. 两个程序之间只有在________和________方面都达成一致时才能建立连接。

4. 使用 URL 类可以简单方便地获取信息。但是如果希望在获取信息的同时还能够向远方的计算机节点传送信息,就需要使用另一个系统类库中的类 ________。

5. Socket 称为 ________,也有人称为“插座”。在两台计算机上运行的两个程序之间有一个双向通信的连接点,而这个双向链路的每一端就称为一个________。

6. Java.net 中提供了两个类为________和________,它们分别用于服务器端和客户端的 Socket 通信。

7. URL 和 Socket 通信是一种面向________的流式套接字通信,采用的协议是________协议。UDP 通信是一种________的数据报通信,采用的协议是数据报通信协议________。

8. Java.net 软件包中的________类和________类为实现 UDP 通信提供了支持。

9. ________和________是 DatagramSocket 类中用于实现数据包传送和接收的两个重要方法。

拓 展 实 践

【实践 15-1】 调试并修改以下程序,使其能正确读取文件相关信息。

```
import java.net.*;
import java.io.*;
```

```
public class Ex13_1{
  public static void main(String args[]) {
    String urlname="http://www.jsit.edu.cn/";
    new Ex13_1().display(urlname);
  }
  public void display(String urlname){
      URL url=new URL(urlname);
      URLConnection uc=url.openConnection();
      System.out.println("当前日期："+new Date(uc.getDate())+"\r\n"+"文件类型：
      "+uc.getContentType()+"\r\n"+"修改日期："+new Date(uc.getLastModified
      ()));
       int c, len;
       len=uc.getContentLength();                //获取文件长度
       System.out.println("文件长度："+len);
       if(len>0){
          System.out.println("文件内容：");
          InputStream in=uc.getInputStream(); //建立数据输入流
          int i=len;
          while(((c=in.read())!=-1) &&(i>0)){ //按字节读取所有内容
              System.out.print((char)c);
                 i--;
          }
      }
    }
```

【实践 15-2】 编写一个客户端/服务器端程序，客户端向服务器端发送 10 个整数，服务器端将最大值和最小值送回客户端。

【实践 15-3】 将 15.3 节中的学生在线考试系统(C/S 版)进一步完善，使其完成网络环境下的用户注册、登录、考试等基本功能。

【实践 15-4】 在学生在线考试系统(C/S 版)中增加对数据库的操作，其中用户信息和试题信息以数据库形式存储。

面试常考题

【面试题 15-1】 编写一个有客户端与服务器端的网络应用程序，客户端向服务器端发送一个字符串；服务器收到该字符串后将其打印到命令行上，然后向客户端返回该字符串的长度；最后客户端输出服务器端返回的该字符串的长度。

【面试题 15-2】 如何创建 TCP 通信的服务器端的多线程模型？

附录A　Java 程序编码规范

程序编码规范是软件项目管理的一个重要项目。一些习惯了自由的程序人员可能对这些规则很不适应，但是在多个开发人员共同写作的情况下，这些规则是必需的。良好的程序编码规范，可以增加程序的可读性、可维护性，同时也对后期维护有一定的好处。

1. 命名规范

(1) Package 的命名：采用完整的英文描述符，一般都是由小写字母组成。

(2) Class 的命名：采用完整的英文描述符，所有单词的第一个字母大写。

(3) Class 变量的命名：必须以小写字母开头，后面的单词用大写字母。

(4) Static Final 变量的命名：都用大写，并且指出完整含义。

(5) 参数的命名：参数的名字必须和变量的命名规范一致。

(6) 数组的命名：数组应该总是用“byte[] buffer;”的方式来命名，而不是用“byte buffer[];”的方式。

(7) 方法的参数使用有意义的词汇命名，如果有可能，使用与要赋值的字段一样的名字，例如：

```
SetCounter(int size){
    this.size=size;
}
```

2. Java 文件样式

Java 文件(* .java)都必须遵守如下的样式规则。

1) 版权信息

版权信息必须在 Java 文件的开头，例如：

```
/**
* Copyright & reg; 2008 Jiangsu Co.Ltd.
* All right reserved.
* /
```

其他不需要出现在 JavaDoc 中的信息也可以包含在这里。

2) package/import

package 行要在 import 行之前。import 中标准的包名要在本地的包名之前，而且按照字母顺序排列。如果 import 行中包含了同一个包中的不同子目录，则应该用“ * ”来处理。例如：

```
package hotlava.net.stats;
import java.io.* ;
import java.util.observable;
import hotlava.util.Application;
```

这里使用 java.io. * 来代替 InputStream and OutputStream。

3) Class

接下来是类的注释，一般是用于解释类的。例如：

```
/**
 * 计算器
 */
```

接下来是类定义，可能包含了 extends 和 implements。例如：

```
public class Calulator extends JFrame implements ActionListener
```

4) Class Fields

接下来是类的成员变量。例如：

```
/**
 * private Toolkit kit;
 * private JMenuBar menubar;
 * private JMenu edit,view,help;
 */
```

public 的成员变量必须生成文档(JavaDoc)。proceted、private 和 package 定义的成员变量如果名字含义明确，可以没有注释。

5) 存取方法

接下来是类变量的存取方法。如果只是简单地通过将类的变量赋值来获取值，可以简单地写在一行上。其他的方法不要写在同一行。

6) 构造函数

接下来是构造函数。它应该用递增的方式写(例如，参数多的写在后面)。访问类型(public 或 private 等)和任何 static、final 或 synchronized 应该在一行中，并且方法和参数另写一行，这样可以使方法和参数更易读。例如：

```
public
CounterSet(int size){ this.size=size; }
```

7) 克隆方法

如果某个类是可以被克隆的，那么下一步就是实现 clone()方法。例如：

```
public
Objec clone(){
    try {
```

```
        CounterSet obj=(CounterSet) super . clone();
        obj.packets=(int[]) packets . clone();
        obj.size=size;
        return obj;
    }catch(CloneNotSupportedException e) {
        throw new InternalError("Unexpected CloneNotSUpportedException :"+e.
        qetMessage());
    }
}
```

8) 类方法

接下来是实现类的方法。例如:

```
/**
 * 在此进行方法说明
 * /
public void actionPerformed(ActionEvent ae) {
  //方法体
}
```

9) toString()方法

每一个类都可以定义 toString()方法。例如:

```
public String toString(){
    String retval=" Counterset : ";
    for(int i=0; i<data . length(); i++) {
    retval+=data . bytes . toStrinq();
    retval+=data . packets . toString();
    }
    return retval;
}
```

10) main()方法

如果已经定义了 main (String[])方法,那么它应该写在类的底部。

3. 代码编写格式

1) 代码样式

代码应该尽可能使用 UNIX 的格式,而不是 Windows 的格式(例如,回车变成"回车+换行")。

2) 文档化

必须用 JavaDoc 来为类生成文档。不仅因为它是标准,这也是被各种 Java 编译器都认可的方法。

3) 缩进

缩进应该是每行两个空格。不要在源文件中保存 Tab 字符,在使用不同的源代码管理工具时,Tab 字符将因为用户设置的不同而扩展为不同的宽度。请根据源代码编辑器进行相应的设置。

4）页宽

页宽应该设置为80字符，源代码一般不会超过这个宽度。但这一设置也可以灵活调整，在任何情况下，超长的语句应该在一个逗号或者一个操作符后折行。一条语句折行后，应该比原来的语句再缩进两个字符。

5）“{”与“}”对

“{”与“}”中的语句应该单独作为一行。例如：

```
if(i>0){ i++};
```

不推荐“{”和“}”在同一行，推荐修改为如下代码格式：

```
if(i>0){
    i++
};
```

“}”语句通常单独作为一行。“}”语句应该缩进到与其相对应的“{”处于左对齐的位置。

6）括号

左括号和后一个字符之间不应该出现空格，同样，右括号和前一个字符之间也不应该出现空格。例如：

```
CallProc(AParameter);          //错误
CallProc(AParameter);          //正确
```

提示：不要在语句中使用无意义的括号，括号只应该为达到某种目的而出现在源代码中。例如：

```
if ((I)=42) {                  //错误,括号毫无意义
if (I==42) or (J==42) then     //正确,的确需要括号
```

4. 程序编写规范

1）exit()方法

exit()方法除了在main()方法中可以被调用外，在其他的地方不应该调用。因为这样做就不会给任何代码机会来截获程序并使之退出。一个类似后台服务的程序不应该因为某一个库模块决定了要退出就退出。

2）异常

声明的错误应该抛出一个RuntimeException或者派生的异常。顶层的main()方法应该可以截获所有的异常，并且显示在屏幕上或者记录在日志中。

3）垃圾收集

Java使用成熟的后台垃圾收集技术代替引用计数。但是这样会导致一个问题：必须在使用完对象的实例以后进行清场工作，必须使用诸如close()等方法完成。例如：

```
FileOutputStream fos=new FileoutputStream(projectFile);
project.save(fos, "IDE Project File");
```

```
fos.close();
```

4) clone()方法

可以在程序中适当地使用 clone()方法。例如：

```
implements Cloneable
public
Object clone()
{
    try {
        Thisclass obj=( ThisClass) super.olone();
        obj.fieldl=(int [ ]) fieldl · Clone();
        obj.field2=field2;
        return obj;
    } catch(CloneNotSupportedException e) {
        throw new InternalError("Unexpected CloneNotSupportedException: "+e.
        getMessage());
    }
}
```

5) final 类型

绝对不要因为性能的原因将类定义为 final 类型，除非程序的框架有要求。如果一个类还没有准备好被继承，最好在类文档中注明，而不要将它定义为 final 类型。这是因为没有人可以保证会不会由于某种原因需要继承它。

6) 访问类的成员变量

大部分的类成员变量应该定义为 protected 类型，以防止继承类使用它们。

5. 编程技巧

1) byte 数组转换到 characters 类型

为了将 byte 数组转换到 characters 类型，可以做如下处理：

```
"Helloworld !".getBytes();
```

2) Utility 类

Utility 类(仅仅提供方法的类)应该被声明为抽象的，以防止被继承或被初始化。

3) 初始化

下面的代码是一种很好的初始化数组的方法：

```
objectArquments=new object []{ arguments };
```

4) 枚举类型

Java 对枚举的支持不好，下面的代码是一种很有用的模板。

```
class Colour{
    public static final Colour BLACK=new Colour(0,0,0);
    public static final Colour RED=new Colour(oxFF, 0,0);
    public static final Colour GREEN=new Colour(0, oxFF, 0);
```

```
    public static final Colour BLUE=new Colour(0, 0, oxFF);
    public static final Colour WHITE=new Colour(oxFF, oxFF, oxFF);
}
```

这种技术实现了 RED、GREEN 和 BLUE 等可以像其他语言的枚举类型一样使用的常量，也可以用“==”操作符来比较。

但是这样使用有一个缺陷：如果一个用户用 new Colour(0,0,0)方法来创建颜色对象 BLACK，那么这就是另外一个对象，“==”操作符就会产生错误。它的 equal()方法仍然有效。由于这个原因，这个技术的缺陷最好在文档中注明，或者只在自己的包中使用。

5) Swing 组件

避免使用 AWT 组件。

6) 混合使用 AWT 组件和 Swing 组件

尽量不要将 AWT 组件和 Swing 组件混合起来使用。

7) 滚动的 AWT 组件。

AWT 组件不要用 JscrollPane 类来实现滚动。滚动 AWT 组件时一定要用 AWTScrollPane 组件来实现。

8) 避免在 InternalFrame 组件中使用 AWT 组件

尽量不要这么做，否则会出现不可预料的后果。

9) Z-Order 问题

AWT 组件总是显示在 Swing 组件之上，当使用包含 AWT 组件的弹出菜单时要小心。尽量不要这样使用。

10) 调试

调试在软件开发中是一个很重要的环节，存在软件生命周期的各个环节中。调试时用配置的开、关是最基本的方法。很常用的一种调试方法就是用一个 PrintStream 类成员，在没有定义调试流时为 null。类要定义一个 debug 方法来设置调试用的流。

11) 性能

在写代码时，从头至尾都应该考虑性能问题。这不是说时间都应该浪费在优化代码上，而是我们应该时刻提醒自己要注意代码的效率。例如，如果没有时间来实现一个高效的算法，那么应该在文档中记录下来，以便在以后有空时再来实现它。不是所有的人都认同在写代码时应该优化性能，他们认为性能优化的问题应该在项目的后期再去考虑，也就是在程序的轮廓已经实现了以后。

12) 不必要的对象构造

不要在循环中构造和释放对象。

13) 使用 StringBuffer 对象

在处理 String 对象时要尽量使用 StringBuffer 类，StringBuffer 类是构成 String 类的基础。String 类将 StringBuffer 类封装了起来(以花费更多时间为代价)，为开发人员提供了一个安全的接口。当我们在构造字符串时，应该用 StringBuffer 类来实现大部分的功能，在功能完成后，将 StringBuffer 对象再转换为需要的 String 对象。例如，如果有一个字符串必须不断地在其后添加许多字符来完成构造，那么应该使用 StringBuffer 对象和它的 append()方法。如果用 String 对象代替 StringBuffer 对象，会花费许多不必要的创建和释放对象的 CPU 时间。

14）避免过多地使用 synchronized 关键字

避免不必要地使用 synchronized 关键字，应该在必要时再使用它，这是一个避免死锁的好方法。

15）可移植性

在编写程序时应尽量考虑到程序的可移植性。

16）换行

如果需要换行，尽量用 println()方法来代替在字符串中使用"\n"实现的换行。

17）PrintStream 类

PrintStream 类已经不被推荐使用，现在用 PrintWrite 类来代替它。

附录B Java语言的类库

包 名	项	类名或接口名	说 明
java. lang	类	Class Boolean	布尔类，封装了布尔类型的值和处理布尔值的一些常用方法
		Class Character	字符类，提供了很多处理字符类型的方法
		Class Class	Class(类)的实例，主要用于表示当前运行的Java应用程序中的类和接口信息。当各类被自动调入时，由Java虚拟机自动构造Class对象
		Class ClassLoader	ClassLoader类是一个抽象类，负责装入程序运行时需要的所有代码，包括程序代码中调用到的所有类
		Class Compiler	主要用于支持Java编译器及其相关功能
		Class Double	双精度浮点数类，提供了处理双精度浮点数的各种方法
		Class Float	单精度浮点数类，提供了处理单精度浮点数的各种方法
		Class Integer	整数类，提供了处理整数的各种方法
		Class Long	长整数类，提供了处理长整数的各种方法
		Class Math	数学类，提供了许多用于实现标准数学函数的基本方法。该类中所有成员都是静态的，引用过程中不用创建Math类的实例
		Class Number	该类是抽象类，是Double类、Float类、Integer类和Long类的超类
		Class Object	Object是Java语言中层次最高的类，是所有类的超类
		Class Process	Process类的实例用于实现有关进程以及获得相关信息
		Class Runtime	每个Java应用程序都有一个Runtime类实例，以便使应用程序可以与运行环境相接
		Class SecurityManager	该类是安全管理类，是一个抽象类，应用程序通过它可以实现各种安全策略

续表

包　名	项	类名或接口名	说　　明
java. lang	类	Class String	String类中提供了处理字符串的一些基本方法。该类用于处理不变的字符串常量。如果在使用某个字符串的过程中不希望该字符串的内容改变,则应该使用String类
		Class StringBuffer	StringBuffer类处理可变字符串
		Class System	System类属于final类型,无法被继承,也无法被实例化。该类提供的功能主要包括标准输入流、标准输出流、错误输出流、获得当前系统属性、装载动态库及数据复制等功能
		Class Thread	Thread类用于对Java的线程进行管理
		Class ThreadGroup	ThreadGroup类用于对线程组进行管理
		Class Throwable	Throwable类是Java异常类层次的最顶层。只有它的后代才可以作为一个异常被抛出
	接口	Interface Cloneable	一个实现Cloneable接口的类用于指明Object类中的clone()方法,可以合法实现该类实例的复制
		Interface Runnable	使用Runnable接口实现的类
java. io	类	Class BufferedInputStream	该类实现一个缓冲输入流
		Class BufferedOutputStream	该类实现一个缓冲输出流
		Class ByteArrayInputStream	该类为应用程序建立一个输入流,其读取的字节是由字节数组提供的
		Class ByteArrayOutputStream	该类为应用程序建立一个输出流,其写入的字节是由字节数组提供的
		Class DataInputStream	数据输入流,从底层输入流读取基本Java数据类型
		Class DataOutputStream	数据输出流,从底层输出流输出基本Java数据类型
		Class File	File类表示主机文件系统的文件名或目录名
		Class FileDescriptor	这是文件描述类,应用程序不能自己创建
		Class FileInputStream	这是文件输入流类,用于从文件中读数据的输入流
		Class FileOutputStream	这是文件输出流类,用于写数据到文件中
		Class FilterInputStream	该类是所有输入流过滤器类的超类
		Class FilterOutputStream	该类是所有输出流过滤器类的超类
		Class InputStream	该类是一个抽象类,它是所有字节输入流的类的超类

续表

包名	项	类名或接口名	说明
java. io	类	Class LineNumberInputStream	该类是一个输入流过滤器,它提供跟踪当前行号的附加功能
		Class OutputStream	该类是一个抽象类,它是所有字节输出流类的超类
		Class PipedInputStream	这是管道输入流,一个通信管道的接收端
		Class PipedOutputStream	这是管道输出流,一个通信管道的发送端
		Class PrintStream	这是打印流,是一个输出流过滤器
		Class PushbackInputStream	这是一个输入流过滤器,它提供一个"一字节回送"缓冲器
		Class RandornAccessFile	该类的实例支持对随机文件的读和写操作
		Class SequenceInputStream	这是序列输入流类,允许应用程序把几个输入流连续地合并起来
		Class StreamTokenizer	该类把一个输入流解剖成多个标记,允许一次读一个标记
		Class StringBufferInpultSteam	该类允许应用程序创建一个可读取的字节,这是由一个串提供的输入流
	接口	Interface DataInput	这是数据输入接口
		Interface DataOutput	这是数据输出接口
		Interface FilenameFilter	这是文件名过滤接口,实现这个接口的类的实例用于过滤文件名
java. util	类	Class Bitset	这是位集合类,它的每一个元素都是布尔值
		Class Date	该类提供了进行时间、日期处理的许多方法
		Class Dictionary	该类是一个抽象类,为相关联表提供了统一的接口
		Class Hashtable	该类实现了哈希表功能,可以生成关键字与值的映射关系
		Class Observable	该类表示了一个可用于观察的对象。使用时必须对它进行子类化
		Class Properties	该类用于表示属性列表
		Class Random	该类的实例用于实现伪随机数
		Class Stack	该类实现了一个后进先出的对象
		Class StringTokenizer	该类允许应用程序将字符串分解为一个个标记(单词)
		Class Vector	该矢量类实现了动态可扩充数组
	接口	Interface Enumeration	实现该接口的类的对象可以生成多元素序列
		Interface Observer	实现该接口的 Observable 对象在被修改后可以使它让某类获知

续表

包 名	项	类名或接口名	说 明
java. net	类	Class ContentHandler	该类为抽象类，是所有用于从 URLConnection 中读取对象的类的超类
		Class DatagramPacket	该类用于代表一个数据报。数据报可是用于实现无固定通信管道的数据包的传输功能
		Class DatagramSocket	该类表示一个用于发送和接收数据报的 Socket
		Class InetAddress	该类代表一个 Internet 协议地址（IP 地址）
		Class ServerSocket	该类用于实现服务器 Socket。一个服务器 Socket 等待来自网络的各种请求，并基于这些请求进行相应的操作，向请求者作出相应的回答
		Class Socket	该类实现用户端 Socket。一个用户端 Socket 是两台机器间联系的端点
		Class SocketImpl	该类为抽象类，是所有实现 Socket 的类的共同超类
		Class URL	该类用于表示统一资源定位（Uniform Resource Locator，URL）
		Class URLConnection	该类为抽象类，是所有代表应用程序与 URL 间通信管道的类的超类
		Class URLEncoder	该类中包含一些工具方法，用于将一个字符串转换成 MIME 格式
		Class URLStreamHandler	该类为抽象类，为所有流协议句柄的超类
	接口	Interface ContentHandlerFactory	该接口定义了一个内容句柄的发生器
		Interface SocketImplFactory	该接口为“socket 实现”定义了一个发生器
		Interface URLStreamHandlerFactory	该接口为 URL 流协议句柄定义了一个发生器
java. awt	类	Class BorderLayout	该类把容器的空间分为 5 个区域，分别为 North、South、East、West 和 Center
		Class Button	该类用于创建一个按钮
		Class Canvas	该类用于创建画布
		Class CardLayout	该类为布局管理器，能够帮助用户处理多个成员共享同一显示空间
		Class Checkbox	该类用于创建一个复选框
		Class CheckboxGroup	该类为复选框组，可用该类管理一组复选框
		Class CheckboxMenuItem	该类提供了一种类似于复选框的菜单项
		Class Choice	该类创建一个下拉式列表框
		Class Color	该类为颜色类，包装了对颜色进行操作的方法
		Class Component	该类是一个抽象类，是所有 AWT 组件的超类

续表

包　名	项	类名或接口名	说　　明
java. awt	类	Class Container	该类是一个抽象类，主要用于表示可以包含其他组件的组件
		Class Dialog	该类用于表示对话框
		Class Dimension	该类将一个组件的宽度和高度封装到一个对象中
		Class Event	该类封装了来自本地 GUI 的用户事件及其处理方法
		Class FileDialog	该类表示文件选择对话框
		Class FlowLayout	该类生成的外观管理器，是 AWT 为 Panel 预设的外观管理器
		Class Font	该类用于决定显示文字时的字体
		Class FontMetrics	该类表示字体规格对象，通过它可以获得更详细的字体数据
		Class Frame	该类提供了一个顶层窗口，包含了标题和布局管理器
		Class Graphics	该类是处理各种图形对象的基本抽象类
		Class GridBagConstraints	该类为使用 GridBagLayout 布局管理器的组件提供约束参数
		Class GridBagLayout	该类是 AWT 中使用最灵活的布局管理器，以矩形单元格为单位
		Class GridLayout	该布局管理器将组件按网格型排列
		Class Image	该类是一个抽象类，它是所有表示图形的类的超类
		Class Insets	该类用于定义容器周围的区域
		Class Label	该类是用于创建一个标签
		Class List	该类用于创建一个列表框
		Class MediaTracker	该类是一个实用工具类，可以跟踪监控多种媒体对象
		Class Menu	该类用于创建一个下拉式菜单
		Class MenuBar	该类用于创建一个菜单中的菜单条
		Class MenuComponent	该类是一个抽象类，是所有与菜单相关的组件的超类
		Class Menultem	该类用于创建一个菜单项
		Class Panel	该类创建一个面板，是最简单的一个容器类
		Class Point	该类用于表示一个二维坐标系中的点
		Class Polygon	该类创建一个多边形

续表

包　名	项	类名或接口名	说　　明
java. awt	类	Class Rectangle	该类创建一个矩形区域
		Class Scrollbar	该类创建一个滚动条
		Class TextArea	该类创建一个文本编辑区域
		Class TextComponent	该类是所有与编辑文本有关的组件的超类
		Class TextField	该类创建一个单行文本编辑区域
		Class Toolkit	该类是一个抽象类,是实现 AWT 的所有工具的超类
		Class Window	该类创建一个顶层窗口,它既没有边框,也没有菜单条
	接口	Interface LayoutManager	该接口指定了所有布局管理器应该实现的方法
		Interface MenuContainer	该接口指定了所有与菜单相关的容器都应实现的方法
java. swing	类	Class AbstractButton	该类是一个抽象类,它定义了按钮和菜单项的一般行为
		Class BorderFactory	该类提供标准 Border 对象的工厂类
		Class BoxLayout	该类允许纵向或横向布置多个组件的布局管理器
		Class ButtonGroup	该类用于为一组按钮创建一个多斥(multiple-exclusion)作用域
		Class ImageIcon	该类是一个 Icon 接口的实现,它根据 Image 绘制 Icon
		Class JApplet	该类是 java. applet. Applet 的扩展版,它添加了对 JFC/Swing 组件架构的支持
		Class JButton	该类用于创建一个按钮
		Class JCheckBox	该类用于创建一个复选框
		Class JCheckBoxMenuItem	该类可以被选定或取消选定的菜单项
		Class JComboBox	该类是将按钮或可编辑字段与下拉列表组合在一起形成组件
		Class JComponent	该类是除顶层容器外所有 Swing 组件的基类
		Class JDialog	该类用于创建一个对话框
		Class JFrame	该类提供了一个顶层窗口,包含了标题和布局管理器
		Class JLabel	该类用于创建一个标签
		Class JList	该类用于创建组件,允许用户从列表中选择一个或多个值
		Class Menu	该类用于创建一个下拉式菜单

续表

包　名	项	类名或接口名	说　　明
java. swing	类	Class JMenuBar	该类用于创建一个菜单中的菜单条
		Class JMenuItem	该类用于创建一个菜单项
		Class JPanel	该类用于创建面板,是最简单的一个容器类
		Class JRadioButton	该类创建一个单选按钮
		Class JTextArea	该类创建一个显示纯文本的多行区域
		Class TextField	该类创建一个允许编辑单行文本的区域
		Class JToolBar	该类提供了一个用于显示常用的动作或控件的组件
java. applet	类	Class Applet	applet是一种被嵌入HTML主页中,有兼容Java语言的浏览器执行的小应用程序。它无法单独执行。在设计applet程序时,所有的applet一定要继承自Applet类。该Applet类提供了小应用程序及其环境之间的标准接口
	接口	Interface AppletContext	该接口与Applet所处的环境相关联。通过使用该接口中的方法,用户可以获取Applet的环境信息
		Interface AppletStub	在一个applet被首次创建时,将通过Applet类中的setstub()方法创建该applet的存根(Applet Stub)
		Interface AudioClip	该接口封装了有关播放声音的一些常用方法

附录 C　Java 打包指南

要将 Java 程序编译成.exe 文件，常用的方法是制作一个可执行的 JAR 文件包，像.chm 文档一样双击即可运行。

1. JAR 文件包

JAR 文件就是 Java Archive File，它的应用与 Java 是息息相关的，是 Java 的一种与平台无关的文档格式。JAR 文件与 ZIP 文件非常类似，唯一的区别就是在 JAR 文件的内容中包含了一个 META-INF/MANIFEST.MF 文件，这个文件是在生成 JAR 文件时自动创建的。

2. jar 命令详解

jar 是随 JDK 安装的，保存在 JDK 安装目录下的 bin 目录中。Windows 下的文件名为 jar.exe，Linux 下的文件名为 jar。它的运行需要用到 JDK 安装目录下 lib 目录中的 tools.jar 文件。不过我们除了安装 JDK，什么也不需要做，因为 SUN 已经帮我们做好了。甚至不需要将 tools.jar 放到 CLASSPATH 中。jar 命令格式如下：

```
jar {ctxu}[vfm0M][jar-文件][manifest-文件][-C 目录] 文件名 ...
```

其中，{ctxu}是 jar 命令的子命令，每次 jar 命令只能包含 ctxu 中的一个，它们分别表示如下。

-c：创建新的 JAR 文件包。

-t：列出 JAR 文件包的内容列表。

-x：展开 JAR 文件包的指定文件或者所有文件。

-u：更新已存在的 JAR 文件包(添加文件到 JAR 文件包中)。

[vfm0M]：其中的选项可以任选，也可以不选，它们是 jar 命令的选项参数。

-v：生成详细报告并打印到标准输出中。

-f：指定 JAR 文件名，通常这个参数是必需的。

-m：指定需要包含的 MANIFEST 清单文件。

-0：只存储方式，未用 ZIP 压缩格式压缩。

-M：不产生所有项的清单(MANIFEST)文件，此参数会忽略-m 参数。

[jar-文件]：即需要生成、查看、更新或者释放JAR文件包，它是-f参数的附属参数。

[manifest-文件]：即MANIFEST清单文件，它是-m参数的附属参数。

[-C目录]：表示转到指定目录下去执行jar命令的操作。它相当于先使用cd命令转到该目录下，再执行不带-C参数的jar命令。它只能在创建和更新JAR文件包时可用。

文件名…：指定一个文件/目录列表，这些文件/目录就是要添加到JAR文件包中的文件/目录。如果指定了目录，那么jar命令打包时会自动把该目录中的所有文件和子目录打入包中。

3. 示例

将一个带有main()方法的example.java文件打包成JAR(Java文件必须带有main()方法，这样打包成的JAR才能双击即可直接运行)。下面介绍利用jar命令打包Java程序的步骤。

(1) 编译example.java，得到example.class文件。

(2) 准备一个清单文件manifest.mf，此文件和example.class在同一目录里，可以先建一个mainfest.txt文件，然后再把扩展名改成.mf，用记事本打开manifest.mf，在里面输入以下内容：

```
Manifest-Version: 1.0
Main-Class: example
Created-By: JSIT Company
```

注意：冒号后有一个空格。

(3) 打开命令提示符(前提是系统的path路径和classpath路径都已经设置好了)，输入如下代码：

```
jar cvfm example.jar manifest.mf example.class
```

其中c参数表示新建一个JAR文件；v参数表示输出打包结果；f参数表示JAR文件名；m参数表示清单文件名。

如果example.java编译后得到多个class文件，例如example1.class、example2.class，则输入以下代码：

```
jar cvfm example.jar manifest.mf example1.class example2.class
```

若得到多个编译文件，也可以将这些.class文件全部移入一个新的文件夹(例如classes文件夹。classes文件夹和manifest.mf文件在同一目录)，然后输入以下代码：

```
jar cvfm example.jar manifest.mf -C classses\.
```

注意：\和.之间有一个空格。

需要注意的是，创建的JAR文件包中需要包含完整的、与Java程序的包结构对应的目录结构，而Main-Class指定的类也必须是完整的、包含包路径的类名。

参 考 文 献

[1] Cay S. Horstmann. Java2 核心技术(卷 1)：基础知识(原书第 10 版)[M]. 北京：机械工业出版社，2018.

[2] 明日科技. Java 从入门到精通[M]. 5 版. 北京：清华大学出版社，2019.

[3] 李刚. 疯狂 Java 讲义[M]. 5 版. 北京：电子工业出版社，2019.

[4] 布洛克. Effective Java 中文版[M]. 3 版. 杨春花，俞黎敏，译. 北京：机械工业出版社，2019.

[5] 李兴华. Java 第一行代码[M]. 北京：人民邮电出版社，2017.

[6] 梅特斯克，韦克. Java 设计模式[M]. 2 版. 龚波，赵彩琳，等译. 北京：人民邮电出版社，2012.

[7] 明日科技. 零基础学 Java[M]. 长春：吉林大学出版社，2017.

[8] 李兴华. Java 开发实战经典[M]. 2 版. 北京：清华大学出版社，2017.